GO语言
项目开发上手指南

谢 伟 编著

机械工业出版社
China Machine Press

图书在版编目（CIP）数据

Go语言项目开发上手指南/谢伟编著. —北京：机械工业出版社，2021.6

ISBN 978-7-111-68456-5

Ⅰ. ①G… Ⅱ. ①谢… Ⅲ. ①程序语言－程序设计－指南 Ⅳ. ①TP312-62

中国版本图书馆CIP数据核字（2021）第110901号

　　本书是学习 Go 语言项目开发的指南。全书共 13 章，前 4 章介绍 Go 语言的特性，接下来的 8 章针对不同的应用场景介绍如何进行功能的开发，内容包括图表库、单元测试、网络爬虫程序、私有库、RESTful 风格的 Web 开发、面向接口编程等，最后一章介绍 Go 开发的路线。

　　本书推崇以实例的方式来学习编程，给出了相对完整的项目开发过程，并对具体的应用进行了较为详细的说明，以便帮助读者快速上手项目开发工作。

　　本书既适合初学者学习，也适合有一定 Go 语言基础的读者参考。

Go 语言项目开发上手指南

出版发行：机械工业出版社（北京市西城区百万庄大街 22 号　邮政编码：100037）

责任编辑：迟振春　　　　　　　　　　　　　　　　责任校对：王叶

印　　刷：中国电影出版社印刷厂　　　　　　　　　版　　次：2021 年 8 月第 1 版第 1 次印刷

开　　本：188mm×260mm　1/16　　　　　　　　　印　　张：28.75

书　　号：ISBN 978-7-111-68456-5　　　　　　　　定　　价：119.00 元

客服电话：（010）88361066　88379833　68326294　　　投稿热线：（010）88379604

华章网站：www.hzbook.com　　　　　　　　　　　　读者信箱：hzit@hzbook.com

前　言

　　我刚学编程的时候，经常找大量的相关图书进行学习，有些图书确实很专业，详细地介绍了编程语言的各种语法细节，但是初学者甚至有一定编程基础的人还是会有困惑：这些语法究竟该如何应用，具体的应用场景有哪些？往往因为无法解决这些困惑，初学编程或者经验不是很丰富的人轻易就放弃了，最终还是没能学会编程。

　　后来我工作了，接触的项目越来越多，知道了越来越多的实际应用场景，对这些问题也就顿悟了。解决当年的困惑是编写本书的初衷。本书以丰富的实例对编程过程中高频出现的应用场景一一进行讲解，比如图表库、开源库、命令行客户端、网络爬虫、Web 编程等。

　　本书为了照顾初学 Go 语言的读者，用前 4 章介绍 Go 语言的基础知识，聚焦在内置库的使用上。接下来的 8 章侧重于演示使用 Go 语言实现各种功能应用，如果读者从事编程工作，相信这些实例在以后的工作中会经常出现。对这些实例侧重介绍设计思路和具体解决方案，比如网络爬虫有不同的获取网页源代码的方法、不同的解析网页的方法、不同的分析网络请求的方法……书中一一进行了详细的介绍。希望这些实例能让读者少走弯路，掌握解决问题的思路和方法。最后一章介绍 Go 开发的路线。

　　本书的学习建议是：先掌握 Go 语言相关的基础知识，对编程有一定的"感知"能力后，再着手学习具体的开发实例。每个实例相互独立，读者可以按需学习，比如：对 Web 开发感兴趣，可以看 Web 开发相关的环境和实例；对面向 API 编程感兴趣，可以看面向 API 编程相关的实例。

　　本书的资源文件可以登录机械工业出版社华章公司的网站（www.hzbook.com）下载，方法是：搜索到本书，然后在页面上的"资源下载"模块下载即可。如果下载有问题，请发送电子邮件至 booksaga@126.com。

　　本书在构思和写作的过程中得到了诸多老师、同行、同事的帮助，在此表示感谢。感谢互联网平台，诸多的分享平台使得我们学习知识的途径大大增加，每一位认真分享、学习的人都可以在互联网上发光发热。在写书的过程中发生了很多事，感谢家人对我的支持，感谢编辑的认真负责，大家的共同努力才使本书得以面世。

谢　伟

2021 年 3 月 23 日

目　　录

第1章

概　述

Go 语言比较"年轻"，是 Google 的 Robert Griesemer、Rob Pike 及 Ken Thompson 开发的，它是一种静态强类型、编译型、并发型的编程语言，并具有垃圾回收功能。由于 Go 语言拥有丰富的生态系统，且其开发团队阵容强大，因此一经问世就得到众多用户的青睐。

本章将描述 Go 语言的基本特性，并以此为基础带领读者编写第一个程序。本章的内容还包括 Go 语言开发环境的搭建、环境变量的设置、推荐使用的开发工具、Go 命令行工具和工程目录的结构等。

1.1　Go 语言的特性

在学习使用 Go 语言编写程序之前，本节将介绍一些 Go 语言的特性。

1. 优雅的语法

如果读者接触过其他编程语言，就会发现 Go 语言上手非常简单，其语法类似于 C 语言，同时又融合了其他编程语言的优点。Go 语言拥有优雅的语法，使得初学者很容易掌握。这种特性使得使用 Go 语言的人员众多，因而其具有丰富的生态圈。

2. 原生地支持并发

Go 语言原生支持并发，不像其他编程语言需要借助第三方库间接地实现并发（比如 Python 语言需要借助 threading、multiprocess 等来实现并发），因此使用 Go 语言进行并发编程非常简便。Go 语言用类协程的方式来处理并发单元，在运行层面做了更深的优化处理，使用起来超级简便，只需要使用关键字 go 即可。

3. 静态链接

编写完 Go 项目程序后，只需要编译成目标操作系统的可执行文件，即可在对应的平台上执行，无须依赖任何运行库。这种不依赖运行库的特性具有极大的优势。试想一下，假如需要在多种不同操作系统环境下运行程序，项目程序编译后还存在诸多依赖，那么开发者要搞定这些依赖需要花费很多时间，这对于开发者来说不够友好，因为开发者没有把宝贵的时间用在核心开发工作上。

4. 生态圈

一个生态圈是否丰富，首先要看是否有支持的标准库，其次要看其社区是否活跃。Go 语言有着丰富的标准库，这些功能完善、质量可靠的内置标准库为开发者提供了极大的便利，开发者不用借助第三方库即可完成诸多任务，对开发者而言省时省力。

另外，Go 语言也有着丰富的工具，比如内置的 Go 命令行工具，编译、运行、测试、代码结构化等操作都可以使用这个命令行工具来完成。

既然有标准库，那么对第三方库的包管理就非常重要。在 Go 生态圈中，官方没有具体推荐第三方库的包管理工具，但市面上存在诸多包管理工具，如 Govendor、Glide 和 Dep 等。新发布的 Go 1.11 版本开始支持使用 Go Module 来进行项目程序的包管理。

总体来讲，Go 语言的整个生态圈比较丰富，比如在微服务领域中广泛使用的明星产品有 Docker、nsq、etcd 等。

相信未来 Go 语言的生态圈会发展得越来越好。

1.2　开发环境的搭建

"工欲善其事，必先利其器。"既然要使用 Go 语言来编写程序，第一件事便是搭建好开发环境。

1.2.1　下载与目标操作系统匹配的安装包

与绝大多数软件的下载一致，选择与目标操作系统匹配的安装包、二进制文件和源代码。官网提供了各种版本，选择新版本即可（撰写本书时的新版本是 1.13.4）。

与绝大多软件的安装一样，过程比较简单，此处不再赘述。成功安装完成后，需要设置环境变量。

1.2.2　设置环境变量

1. 需要 GOPATH 环境变量支持的设置

环境变量是操作系统在运行时需要设置的参数。和 Go 相关的几个环境变量为：

- GOPATH：项目程序目录。
- GOROOT：Go源代码的安装目录。
- GOBIN：Go程序经编译后生成的可执行文件的存放目录。

以 Linux 操作系统为例，安装步骤如下。

解压至某个目录（用于存放 Go 源代码的目录）：

```
tar -C /usr/local -xzf go$VERSION.$OS-$ARCH.tar.gz
```

VERSION 表示 Go 版本，OS 表示平台，ARCH 表示架构。

环境变量设置为：

```
export GOROOT=/user/local/go
export GOPATH=/Users/xiewei/go
export GOBIN=$GOPATH/bin
export PATH=$PATH:/usr/local/go/bin
```

注意，初学者容易混淆 GOROOT 和 GOPATH。GOROOT 是 Go 源代码的存放目录，比如将源代码解压至某个目录，就可以将这个目录设置为 GOROOT；而 GOPATH 是项目程序的目录，具体的值由使用者确定，比如在/Users/xiewei/目录下创建一个子目录 go，用来存放用 Go 编写的程序，GOPATH 就设置为/Users/xiewei/go。

安装和配置完成后，在 Linux 操作系统终端执行 go env 命令即可看到与 Go 项目相关的环境变量。

```
GOARCH="amd64"
GOBIN="/Users/xiewei/go/bin"
GOCACHE="/Users/xiewei/Library/Caches/go-build"
GOEXE=""
GOFLAGS=""
GOHOSTARCH="amd64"
GOHOSTOS="darwin"
GOOS="darwin"
GOPATH="/Users/xiewei/go"
GOPROXY=""
GORACE=""
GOROOT="/usr/local/go"
// 省略部分
GOGCCFLAGS="-fPIC -m6
```

要查看 Go 的版本，在终端输入：

```
>> go version
go version go1.13.4 darwin/amd64
```

在设置了 GOPATH 环境变量的情况下，开发者创建的项目程序一般都存放在$GOPATH/src 目录下，下载的第三方库也存放在这个目录下：

```
>> ls -l $GOPATH/src
github.com
myproject1
myproject2
...
```

其中，github.com 存储的是第三方库的目录。myproject1 是开发者创建的项目。这种依赖于 GOPATH 环境变量的设置在新版本中逐渐被摒弃，转而推出 Go Module 版本管理，这种版本管理方式不依赖于 GOPATH 环境变量的设置。

2. 不需要 GOPATH 环境变量支持的设置

不需要 GOPATH 环境变量支持的设置的示例如下：

```
export GOPATH="/Users/xiewei/go"
export GOROOT=/user/local/go
export PATH=$PATH:/usr/local/go/bin
```

对于这种方式，开发者可以在任意目录下创建子目录作为项目程序的目录，使用的第三方库会下载至$GOPATH/pkg/mod 目录下。

比如：

```
>> mkdir go-anything
```

此时只需要在 go-anything 目录下执行 go mod init 命令即可。

```
>> go mod init
```

自动创建 go.mod、go.sum 作为版本管理的文件。要使用第三方库，只需执行 go get 命令，它会自动更改 go.mod、go.sum 文件，推荐使用这种方式作为项目程序的版本管理方式。

1.2.3 集成开发环境的选择

市面上有各种各样的集成开发环境（IDE），IDE 的选择没有什么特定的要求，开发者觉得哪个顺手就用哪个，挑选一款友好的 IDE 可以节省开发者的时间成本。

- GoLand：JetBrains旗下优秀的IDE，网址为https://www.jetbrains.com/。
- LiteIDE：网址为http://liteide.org/cn/。
- Visual Studio Code：网址为https://code.visualstudio.com。

如果喜欢颜值高、具有自动补全和高亮功能、集成 Git、有丰富的插件系统的 IDE，那么可以使用 GoLand，这是 JetBrains 旗下专门针对 Go 语言开发的 IDE。JetBrains 为不同的编程语言都开发了对应的 IDE，开发者只要学会其中一款编程语言的 IDE，其他编程语言的 IDE 的用法基本是一致的。

LiteIDE 是一款简单、开源、跨平台的 Go IDE。

Visual Studio Code 是一款强大的轻量级 IDE，支持各种编程语言，当然需要以安装插件的方式来支持。由于它免费且好用，在程序员中广受欢迎。

总的标准是：颜值高、好用、接受付费，可以选择 GoLand；轻量，可以选择 Visual Studio Code。

1.2.4 编写第一个 Go 程序

开发环境安装好，设置好环境变量，集成开发环境（IDE）也选择好，接下来就可以开始编写程序代码了。

```
package main
import "fmt"
func main() {
    var name string
    name = "Golang"
    fmt.Println(fmt.Sprintf("Hello World , Hello %s", name))
}
```

```
>> go run main.go
Hello World , Hello Golang
```

以上是一个简单的 Go 程序及其运行结果：

- package：表示包名。
- import：导入内置fmt的库。
- main：主函数入口。

在 Go 语言中，一般的程序文件包含包名、依赖包、处理逻辑。

1.3 Go 命令行和项目结构

1.3.1 需要 GOPATH 支持的方式

Go 的工作区目录结构有 bin、pkg、src 三个（在 GOPATH 目录下）：

- bin：编译后的可执行程序的存储目录。
- pkg：编译时生成的对象文件。
- src：库文件。

这些都是 Go 设计者的约定，只需按照这样的方式组织目录结构即可。GOPATH 环境变量生效时个人项目可以在 src 目录下创建新目录，第三方库存放在 src 的 github.com 目录下。

1.3.2 不需要 GOPATH 支持的方式

Go 版本 1.11 以上支持设置 GOROOT 环境变量，在任意目录下创建项目程序即可。
安装 Go 语言开发系统后，内置的命令行工具常用的命令如下：

- go build：将程序编译成可执行文件。
- go run：将程序先编译成可执行文件，再运行程序。
- go fmt：格式化代码，比如换行、缩进等。
- go test：运行测试的命令。
- go get：下载第三方库的常用命令。
- go version：查看当前操作系统中安装的Go语言系统的版本信息。
- go env：查看当前操作系统和Go语言相关的环境变量的值。

1.4 本 章 小 结

本章粗略介绍了 Go 语言的一些特性——并发、静态链接、生态圈等，接下来演示了整个开发环境的搭建，并编写了第一个 Go 程序，最后讲述了 Go 内置的命令行工具的简易用法。

第 2 章

基 础 知 识

本章将介绍 Go 语言的基本语法知识。Go 是一门编程语言，该语言的发明者给出了一系列的约定，这些约定称为语法。熟悉了语法相当于熟悉了这门语言工具，这样我们就能更好地利用工具来完成自己的任务或者创建好玩的项目程序。

2.1 引　子

暂且抛开 Go 语言本身的语法，从自己"创造编程语言"的角度来思考，那么需要考虑哪些方面，需要哪些知识呢？

重要的是定义一套规则，应该包含如下内容：

- 变量、常量：定义好需要操作的对象。
- 数据类型：定义好操作对象的类型。
- 基本数据集合：比如相同数据类型的集合、不同数据类型的集合。
- 流程控制：日常生活中会遇到不同的选择，程序也一样，需要判断和选择。
- 相同功能的工具提炼：使用各种工具完成相应的任务，在程序代码中实现相应的功能。
- 错误处理：代码像人一样也会犯错，需要知道面对错误时的处理方式。
- 结构体：可以看作一个组织，组织由各种角色的人完成特定的任务，不同组织由不同的人完成不同的任务。

现在的高级编程语言是对真实世界的一种抽象。从这一点出发理解程序代码，需要理解真实世界。有时对于某些概念的理解不是很清楚，原因有二：第一，一手资料来自国外，有可能翻译得不好，概念翻译得不准确；第二，有可能对真实世界的理解不准确。当然，程序代码最终还是要运行在计算机或智能设备上，多多少少和真实世界不能完全对应，但是这并不妨碍我们思考的方向。

上面讲述的这些内容是编程语言的基本语言特性，无论是学习 Python、Java、JavaScript 还是本书的 Go 语言，每门编程语言都具有这些特性。

2.2 了解 Go 语言的基本语法

下面将从两个角度学习 Go 语言的基本语法：编程风格和语言内涵。所有学习的内容都为了一个目标，即编写易于理解的程序代码。

2.2.1 变量

任何语言都有一套自己的命名规则，比如 Python 建议使用带下画线的命名规则，如 number_list，而 Go 建议使用驼峰式命名规则，如 numberList。

当然，变量命名还遵循其他的规则，比如变量由下画线、字母、数字组成，首个字符不能是数字，并且不能使用语言预留的关键字。虽然有这些规定，但在 Go 中建议仅使用字母为变量命名，其实很简单，使用描述变量含义的英文单词即可。

对于简单的系统，命名是一件很简单的事，但系统复杂时，命名就很重要了，所以这里建议命名遵守一些规范。这样可以增强程序代码的可读性，有利于后期对程序代码的维护和修改。

✪ 使用有具体含义的命名

避免泛化的变量命名，比如用 temp、i、j、k 之类的变量命名，虽然它们有一定的适用场合，但在绝大多数情况下建议使用有具体含义的命名。

比如，变量是一个数组，表示一群学生的学号，那么命名为 studentIDList 是不是更好呢？

再比如，变量用于判断一个值是否为学生的名字，那么命名为 isStudentName 就非常合适。

✪ 变量命名不宜过长，也不宜过短

变量命名以 2～3 个单词的长度为宜。

✪ 变量命名中加上后缀或者前缀

这种命名方式适合变量的值有区间的情况，比如 numberMax、numberMin、timeLast、timeBefore。

2.2.2 声明与赋值

以下是变量的声明。

【示例】

```
var numberOne int
numberOne = 1
numberTwo := 1
var isNumber bool
isNumber = true
canFly := false
var numberMax float64
numberMax = 1.23
numberMin := 3.1415
```

变量的声明使用 Go 内置的关键字 var，可以显式地声明变量的数据类型（比如 numberOne、isNumber、numberMax），也可以在声明变量的同时赋值（比如 numberTwo、canFly、numberMin），具体的数据类型由编译器自动识别。

哪一种更合适呢？建议使用显式的变量声明方式，这样程序代码的可读性更好，在阅读程序的过程中就知道数据的类型。为什么呢？因为有时赋值来自函数的返回值，这时不阅读函数的定义就无法知道变量的数据类型。良好的命名习惯也可以让阅读程序的人知道操作对象的数据类型，并且知道操作对象的具体含义。

例如：

```
numberList := FetchNumberList()
```

2.2.3　多个变量的声明与赋值

多个变量的声明与赋值的示例如下：

```
var strOne, strTwo, strThree string
strOne, strTwo, strThree = "1", "2", "3"
numOne, numTwo, numThree := 1, 2, 4
```

strOne、strTwo、strThree 变量被显式地指定为 string 类型，numOne、numTwo、numThree 变量则被隐式地指定为 int 类型。

赋值操作需要确保赋值运算符右边值的数据类型与赋值运算符左边变量的数据类型一致。

2.2.4　变量的作用域

前文讲了变量的命名，关于变量还有一个比较重要的内容——变量的作用域，即变量有效的范围。变量的作用域包括局部作用域和全局作用域，即所谓的局部变量和全局变量。

- 局部作用域表示变量仅在局部有效，比如在函数内，而且可以和全局的变量名相同，这时优先使用具有局部作用域的变量内的值。
- 全局作用域表示变量全局有效，变量的声明在函数外部。

```
var exampleNumber int=1156143589
var exampleString string="WuXiaoShen"
func varFunc() {
    var exampleNumber=987654321
    fmt.Println(exampleNumber)
}
func varGlobalFunc() {
    fmt.Println(exampleNumber)
}
func main(){
    varFunc()
    fmt.Println(exampleNumber, exampleString)
    varGlobalFunc()
}
>> go run main.go
987654321
```

```
1156143589 WuXiaoShen
1156143589
```

在本示例中，exampleNumber、exampleString 表示的是全局变量，同一个程序包（package）内的任何函数都可以调用，同时 varFunc 函数内又存在 exampleNumber 局部变量。这时局部变量的优先级大于全局变量的优先级，所以先输出 98754321。

2.2.5　常量

变量是运行过程中其值会变动的量，所以一般不适合把变量的作用域设置为全局作用域，如果项目复杂，要多次使用这个变量的值，在运行过程中这个变量的值可能会发生变动，因而对这个变量的追踪不是很容易。

因此，要尽量避免使用全局变量。

相对于变量，还存在一种不会变动的量，称之为常量。因为常量的值不会在运行过程中变动，所以更适用于全局作用域。

```
func main(){
    const Name string="xieWei"
    const Age int=25
    const Info string="ShangHai"
    fmt.Println(Name, Age, Info)
}
>> go run main.go
xieWei 25 ShangHai
```

如果尝试改变常量，编译时就会报错：

```
const Name string="xieWei"
Name="Go"
```

编译报错：cannot assign to Name。

2.2.6　基本数据类型

前文讲解的程序基本上是在操作或处理数值类型和字符类型的数据，Go 语言含有丰富的数据类型，可以满足日常开发的需求，当然这些数据类型不是 Go 语言所特有的，各种编程语言都有丰富的数据类型。

✪ 数值类型

数值类型分为整数类型和浮点类型，整数类型相应地又可细分为有符号类型和无符号类型。数值类型根据数据存储空间的大小，可分为如下几种：

```
int、uint、int8、uint8、float32、float64、complex64、complex128、rune
```

✪ 字符类型

字符类型是一种常见的基本数据类型，包括：

```
string、rune
```

除了数值类型和字符类型这两种数据类型之外，还有哪些基本数据类型呢？

✪ **布尔类型**

布尔类型表示是否、真假，取值有 true 和 false 两种：

```
bool
```

✪ **数组类型**

表示一组具有相同数据类型的数据集合，具有固定的长度：

```
# array
var number=[3]int{1,2,3}
```

✪ **切片类型**

表示一组具有相同数据类型的集合，但是长度不固定，可以扩充：

```
# slice
var number=[]int{1,2,3,4}
```

✪ **结构体类型**

表示一组具有不同数据类型的值的集合，基本定义和 C 语言中的结构体很像，但是用法和 C 语言的差别很大：

```
# struct
type Name struct{

}
```

✪ **函数类型**

函数也可以表示为一种类型：

```
# function
var name=func(){}
```

✪ **interface**

表示任意类型，也可以用来表示一系列方法的集合：

```
# interface
type Name interface{
    Print() string
    Do(int) int
}
```

✪ **map**

键值对（Key-Value Pair）形式的类型被称为 map 类型：

```
# map[key]value
var name=map[string]string
```

✪ **channel**

Go 语言原生支持并发，数据之间使用 channel（管道）来通信：

```
# channel
var name=make(chan string)
```

【示例】

```go
package main
import "fmt"
func main() {
    var (
        number       int    = 1                         // int
        numberFloat  float32 = 1.23                      // float32
        stringExample string  = "hello world"            // string
        char                = 'A'                        // rune
        isChar       bool    = false                     // bool

        numberList = [3]int{1, 2, 3}                      // array
        stringList = [...]string{"212", "234", "345"}    // array

        numberSlice = numberList[1:]                      // slice
        stringSlice = stringList[1:]                      // slice
    )
    type Info struct {
        Name        string
        Age         int
        University  string
        Habit       map[string]string
    } // struct

    habits := make(map[string]string)                    // map
    habits["One"]="Go"
    habits["Two"]="Python"
    var info = Info{
        Name:        "xieWei",
        Age:         23,
        University: "ShangHai",
        Habit:       habits,
    }                                    // struct

    var helloWorld func()               // function
    helloWorld=func() {
        fmt.Println("Hello world")
    }
    var noName interface{}          // interface

    noName=1

    noName="12"
    noName=1.23
    helloWorld()
    fmt.Println(number,
        numberFloat,
        stringExample,
        char,
        isChar,
```

```
        numberList,
        stringList,
        numberSlice,
        stringSlice,
        info,
        noName)
}
>>
Hello world
1 1.23 hello world A false [1 2 3] [212 234 345] [2 3] [234 345] {xieWei 23
ShangHai map[One:Go Two:Python]} 1.23
```

编程语言支持如此多的数据类型，可以让开发者更加专注于业务的逻辑实现。

2.2.7 类型转换

Go 是强数据类型的编程语言，如此多的数据类型相互之间是否可以进行转换呢？

答案是可以。但是，并不是所有数据类型都可以直接进行相互转换，开发者可以选择自己来实现不同数据类型之间数值的转换，也可以使用内置的标准库 strconv 来完成字符串类型和数值类型、布尔类型之间的类型转换。

【示例】

```
func main(){
    var price=100
    fmt.Println(strconv.Itoa(price))              // 数值类型转换为字符串类型

    var isPrice bool = false
    fmt.Println(strconv.FormatBool(isPrice))       // 布尔类型转换为字符串类型
}
```

2.2.8 自定义类型

Go 语言支持用户自定义类型，不过这些类型都是从基本数据类型派生出来的，也就是说自定义类型是由内置的基本数据类型组合而成的。

```
func main(){

    type XieWei int
    type Zhihu string
    type WeChat Zhihu

    var xieWeiName XieWei
    var xieWeiZhihu Zhihu
    var xieWeiWechat WeChat

    xieWeiName=12
    xieWeiZhihu="Learn golang"
    xieWeiWechat="Step by Step"

    fmt.Println(xieWeiName, xieWeiZhihu, xieWeiWechat)
}
```

```
>>
12 Learn golang Step by Step
```

上面这种方式相当于给原生的数据类型重命名，即 XieWei(int)、Zhihu(string)、WeChat(Zhihu(string))。

使用方法：使用关键字 type 即可定义用户自己的类型。

2.2.9 函数

在生活中，我们会使用各种工具来完成特定的任务。在编程中，我们把完成特定任务的程序代码片段的集合称为函数。

首先来看函数在数学中的定义。给定一个数集 A，假设其中的元素为 x。现对 A 中的元素 x 施加对应法则 f，记作 $f(x)$，得到另一个数集 B。假设 B 中的元素为 y，则 y 与 x 之间的等量关系可以用 $y=f(x)$ 来表示。

关键点是给定一个或者多个输入参数，从而得到一个或者多个输出结果。

这里要注意两个关键点：

● 输入参数。
● 输出结果。

函数是结构化编程最小的单元，将一些程序代码片段集合起来完成特定的任务，便于程序代码的复用和程序逻辑的组织。

在 Go 语言中如何定义函数，函数有哪些内容？

【示例】

```
package main
import "fmt"
func PrintHello() {
    fmt.Println("Hello world")
}

var PrintName = func() {            // 匿名函数
    fmt.Println("Hello Name")
}

func main() {
    PrintHello()
    PrintName()
}
>>
Hello world
Hello Name
```

（1）以关键字 func 开头定义一个函数，可以有传入参数，也可以没有传入参数，可以有返回值，也可以没有返回值。

（2）不以 func 开头也可以定义一个函数，称为匿名函数。赋予一个变量，通过该变量即可调用匿名函数，匿名函数多用于简单的处理逻辑。

（3）函数调用需要带上"（ ）"。

（4）返回值使用关键字 return。

（5）函数名称大写，表示可导出；小写则表示私有，不可导出（即不同程序包之间是否可以调用或者引用）。

1. 带参数和返回值

前面讲过函数的两个关键点是：输入和输出。下面看一个例子。

```
func SumNumber(numberOne int, numberTWo int) int {
    return numberOne + numberTWo
}
func main() {
    SumAdd := SumNumber(1,2)
}
>>
3
```

- numberOne、numberTwo是函数的参数，数据类型为int类型。
- 该函数有一个返回值，数据类型为int类型。

2. 带参数和命名返回值

带参数和命名返回值的示例如下：

```
func NameResult(numberOne, numberTwo int) (result int) {
    result = numberOne + numberTwo
    return
}

func main(){
    sumResult := NameResult(10, 20)
    fmt.Println(sumResult)
}

>>
30
```

- 对具有相同类型的多个连续输入参数，可以仅进行一次类型声明，比如只显式地声明int类型。
- 可以给返回值命名，比如result。
- 命名返回值要作为函数的返回值返回给调用者时，在return语句后不用接变量（即命名返回值），直接用return语句即可。
- 函数调用时需要带"（ ）"。

3. 多个返回值

多个返回值的示例如下：

```
func MultiResult(numberOne int, numberTwo int) (int, string) {
    sum := numberOne + numberTwo
```

```
    return sum, strconv.Itoa(sum)
}

func main(){
    fmt.Println(MultiResult(100, 200))
}
>>
300 300
```

- Go是强类型的编程语言，输入参数后，返回值都需要指定数据类型。
- 具有多个返回值需要带 "( )"，比如（int, string）。
- 函数调用时参数的顺序要和定义参数时保持一致。有几个输入参数，就要传入几个输入参数；有几个返回值，就要接收几个返回值。

4. 匿名函数

简而言之，匿名函数是指没有指定名称的函数，一般用于处理逻辑比较简单的场合。

```
var anonymousFuncTimes = func(numberOne int) int {
    return numberOne * 10
}

func main(){
    fmt.Println(anonymousFuncTimes(100))
}

>>
1000
```

- 匿名函数适用于业务逻辑简单的场合。
- 匿名函数通常赋值给一个变量，使用该变量即可实现匿名函数的调用。
- 其他输入参数和返回值的处理方式与一般函数的处理方式一致。

2.2.10 流程控制

流程控制其实是改变程序语句的执行顺序。在程序代码中，满足什么样的条件，就执行相应的程序片段。

1. if 语句

if 关键词在绝大多数编程语言中都有，并非 Go 语言所独有。if 条件判断语句的用法在不同编程语言中基本上是相同的：满足某个条件，就执行相应的操作。

```
package main

import "fmt"

func HelloGolang(language string) {

    if language == "Go" {
        fmt.Println("Hello " + language)
    }
```

```
}
func main() {
    HelloGolang("Go")
}
>>
Hello Go
```

- if后面接用于判断的条件，若表达式为真（true），则执行后续的程序语句，比如language == "Go"。
- 满足条件后需执行的程序片段用"{}"括起来（即用这对大括号设定了程序片段的范围）。
- 不满足条件则直接略过这种if语句的程序片段。

2. if...else 语句

这种条件判断语句具有两个分支的程序片段，满足条件则执行 if 内的程序片段，否则执行 else 内的程序片段。

【示例】

```
func HelloGo(language string) {
    if language == "Go" {
        fmt.Println("Hello " + language)
    } else {
        fmt.Println("Hello ?" + language)
    }
}
func main(){
    HelloGo("Go")
    HelloGo("Python")
}
>>
Hello Go
Hello ? Python
```

- if...else成对出现，程序执行具有两个分支，若条件判断为真（true），则执行if分支内的程序片段，若条件判断为假（false），则执行else分支内的程序片段。

3. if...else if...else 语句

这种语句提供了多个选择分支（大于等于 3 个选择分支），满足 if 条件时执行 if 内的程序片段，否则继续下一层 if 的条件判断，如果都不满足，那么最终执行 else 内的程序片段。

【示例】

```
func HelloLanguage(language string) {
    if language == "Go" {
        fmt.Println("Go Google")
    } else if language == "Python" {
        fmt.Println("import this")
    } else {
```

```go
        fmt.Println("? ? " + language)
    }
}
func main(){
    HelloLanguage("Go")
    HelloLanguage("Python")
    HelloLanguage("Java")
}
>>
Go Google
import this
? ? Java
```

- 除else表示最后一种场景不需要提供判断条件之外，其他else if后面都需要带上判断条件。

4. switch…case

switch…case 也可以用来对流程中的多个分支进行选择。

if…else if…else 已经可以用于进行多重选择，为什么还要使用 switch…case 呢？因为使用场合不同，switch 一方面可以用来进行多分支的选择，另一方面常用来进行类型断言（Type Assertion，即用于判断变量是否为指定的数据类型）。

【示例】

```go
func useSwitch(str string) {
    switch str {
    case "A":
        fmt.Println("Score >=", 90)
    case "B":
        fmt.Println("80 <= Score < 90")
    case "C":
        fmt.Println("70 <= Score < 80")
    case "D":
        fmt.Println("60 <= Score < 70")
    case "E":
        fmt.Println("50 <= Score < 60")
    default:
        fmt.Println("Score < 50")
    }
}

func main(){
    useSwitch("A")
    useSwitch("B")
    useSwitch("D")
    useSwitch("dad")
}
>>
Score >= 90
80 <= Score < 90
60 <= Score < 70
Score < 50
```

- 对于switch后接的变量，其值要和case的条件进行比对。
- 每一个case表示一个比对条件。
- 如果所有的条件都不满足，还存在一个默认的选项，对应没有任意项匹配时所要执行的程序分支。
- 一个case可以收纳多个比对条件，用逗号隔开这些比对项，比如case "A", "B", "C"。
- 建议case条件按照一定的顺序编写，比如"从小到大"或者"从大到小"。

5. for 循环

在编程中，使用 for 循环语句来实现一些需要重复执行的操作。

【示例】

```
func SayGo(number int) {
    for i := 0; i < number; i++ {
        fmt.Println("Hello Golang")
    }
}
func main(){
    SayGo(3)
}
>>
Hello Golang
Hello Golang
Hello Golang
```

- for 语句接收一串表达式，表达式有初始值（i:=0）、终止条件（i<=number）和迭代条件（i++）。
- 未满足循环终止条件就会重复执行多次（number）循环体内的程序片段。

另外，for 循环语句也可以不带任何表达式，这时相当于 while 循环语句。
for 循环还可以用于执行遍历操作。

【示例】

```
func useForRange(names []string) {
    for index, name := range names {
        fmt.Println(index, name)
    }
}
func main(){
    useForRange([]string{"Zhao", "Qian", "Sun", "Li", "Zhou", "Wang"})

}
>>
0 Zhao
1 Qian
2 Sun
3 Li
4 Zhou
5 Wang
```

- for…range配合使用，一般用来遍历数组、切片或者map。
- index表示偏移量（或称为下标值），从0开始。

2.2.11 结构体

在 Go 语言中结构体用来表示不同数据类型的数据集合，属于用户自定义的类型，可以用来完成复杂的结构定义。

1. 声明和初始化

声明和初始化的示例如下：

```
package main
import "fmt"
type Info struct {
    Name       string
    Age        int
    University string
}
func main() {
    var info Info
    info = Info{
        Name:       "XieWei",
        Age:        20,
        University: "ShangHai",
    }
    var infoTwo = new(Info)
    infoTwo.Name = "XieWei"
    infoTwo.Age = 22
    infoTwo.University = "BeiJing"
    fmt.Println(info, infoTwo, *infoTwo)
}
>>
{XieWei 20 ShangHai} &{XieWei 22 BeiJing} {XieWei 22 BeiJing}
```

- 结构体内的字段也称为这个结构体的属性，属性分为外部可访问（公有）的和外部不可访问（私有）的，如何区分呢？其依据是字段名的首字母是否为大写。若为大写字母，则属性为公有的，表示外部库可访问；若为小写字母，则属性为私有的，表示外部库不可访问。
- 属性的赋值或者访问，使用 "." 的形式。
- 结构体的初始化有两种方法——直接声明和使用new关键字，获得内存空间就会分配一个对应的内存地址。

2. 方法

方法（method）是与对象实例绑定的特殊函数，是面向对象程序设计中的基本概念，用来执行对象的某些操作，比如获取值、改变值等其他操作，所以结构体能用来实现面向对象程序设计中的"类"（class）的概念。

【示例】

```
type MyInt struct {
```

```
    Number int
}

func (m MyInt) SayHello() {
    fmt.Println("Hello World")
}

func (m *MyInt) SetNumber(other int) {
    m.Number = other
}
func (m MyInt) SayNumber(){
    fmt.Println(m.Number)
}
func main(){
    var my MyInt
    my.Number = 1
    my.SayHello()
    my.SayNumber()
    my.SetNumber(100)
    my.SayNumber()
}
>>
Hello World
Hello World
1
100
```

- 上文为MyInt结构类型定义了方法SayHello、SayNumber、SetNumber。
- 调用或引用方法也使用 "." 的形式，比如m.SayHello()、m.SayNumber()。
- 若要修改结构体的属性，则需要传入指针，比如func(m *MyInt)。

3. 组合

面向对象程序设计中存在类的继承，继承如何在 Go 语言中实现呢？

Go 语言中的组合即结构体嵌套结构体，组合即可实现类似"继承"的概念。

【示例】

```
type ViewName struct {
    Name string
    ViewOther
}

func (v ViewName) SayName() {
    fmt.Println(v.Name)
}

type ViewOther struct {
    Value string
}
func (v ViewOther) SayValue() {
    fmt.Println(v.Value)
}
```

```
func main(){
    var viewName ViewName
    viewName.Name = "xieWei"
    viewName.Value = "value"
    viewName.SayName()
    viewName.SayValue()
}
>>
xieWei
value
```

- 上文通过组合的方式（ViewName组合ViewOther）使得ViewName字段拥有Value字段和ViewOther的方法SayValue。

- 这种组合方式达到了"继承"的目的。

2.2.12　接口

接口是对其他类型行为的抽象和概括，是一组方法的集合。接口指定了对象的行为，是 Go 语言中非常重要的数据类型。

【示例】

```
package main
import "fmt"
type Controller interface {
    SayHello()
    SayNumber(int)
    SayHi()
}
type DefaultController struct {
}

func (d DefaultController) SayHello() {
    fmt.Println("Hello world")
}

func (d DefaultController) SayNumber(number int) {
    fmt.Println(fmt.Sprintf("%d", number))
}

func (d DefaultController) SayHi() {
    fmt.Println("Say Hi")
}

func main() {
    var d DefaultController
    var c Controller
    c = d

    c.SayHello()
    c.SayNumber(123)
    c.SayHi()
```

```
}
>>
Hello world
123
Say Hi
```

- 定义一个接口Controller，并在其中定义了3个方法：SayHello、SayNumber、SayHi。
- 定义一个结构体DefaultController，并具体实现这3个方法：SayHello、SayNumber、SayHi。
- DefaultController实现了接口Controller。

Go 语言的内置接口代码如下：

```
// 内置接口
type error interface {
    Error() string
}
// 实现内置接口
type ErrorCode struct {
    Code    int
    Message string
}
func (e ErrorCode) Error() string {
    return fmt.Sprintf("Code: %d, Message: %s", e.Code, e.Message)
}
func SayError() error {
    var e ErrorCode
    e.Code = 400
    e.Message = "http status code"
    return e
}

func main(){
    SayError()
}
```

- 内置库中包含error接口，定义了Error方法。
- 定义自己的结构体类型ErrorCode，包含Error方法：具有与error接口中的Error方法相同数量和类型的输入、输出。
- ErrorCode实现了error接口。

从上文可以看出，一个结构体只要实现了接口定义的方法（输入参数的类型、个数一致，返回值类型、个数就一致），就相当于实现了这个接口。

2.3 本章小结

本章介绍了 Go 语言的基本知识，包括基本的数据类型——数值类型、字符类型、数组、切片、结构体等，还介绍了一些基础的编程知识，包括变量、函数、流程控制、循环等。

这些基础知识能够让读者快速掌握 Go 语言，尽快投入实际的编程中。

第3章

数 据 操 作

编程时需要符合编程语言的语法规范，不过不是所有语法规范都是合理的，这是因为编程语言的创造者会在某些方面做出妥协。就好比一个工具，有各种各样的按钮可以完成各种不同的功能，并不是使用了这个工具的所有功能就是一个好的作品，因为一个好的作品最终是给观者带来视觉冲击或者充分表达出创作者的思想。

作为开发者，我们应该坚持那些合理的语法，摒弃那些不容易让人理解的语法，也就是说我们使用编程语言时应该有所取舍。

本章就是在这样的思想指导下，给开发者提出编写易于理解的程序代码的一些建议。

3.1 变 量

有关变量可能存在以下疑问：

- 选择显式声明还是隐式声明？
- 定义多个变量时，使用同时声明多个变量的方式还是以组的形式进行声明？
- 变量的命名还应该遵循哪些规范？

3.1.1 显式声明与隐式声明

既然官方支持显式与隐式两种变量声明的方式，那么如何判断它们分别适合哪种场景呢？

【示例】

```
package main
import "fmt"
func varDeclare() {
    var number int
    var name string

    number = 100
    name = "XieWei"

    fmt.Println(number, name)
```

```
}
func main() {
    varDeclare()
}
>>
100 XieWei
```

- 建议以显式声明为主，即显式指明变量的数据类型，比如var number int指明number的数据类型为int。
- 隐式声明也有适用的场景，建议局部作用域的变量使用隐式声明。

```
func varDeclareHide() {
    // 隐式声明：i是整数类型（局部作用域）
    for i := 0; i < 3; i++ {
        fmt.Println(i)
    }
}
func main(){
    varDeclareHide()
}
>>
0
1
2
```

- 建议在 for 循环中使用隐式的变量声明方式，因为变量隐式声明之后，for 条件操作可以明确知道变量的数据类型。

3.1.2　组织多个变量

多个变量可以拆分成各个变量单独声明的方式，也可以采用成组的声明方式，哪种方式更合理呢？

```
func manyVarDeclare() {
    var numberOne, numberTwo, numberThree int
    var name string
    numberOne, numberTwo, numberThree, name = 1, 2, 3, "XieWei"

    fmt.Println(numberOne, numberTwo, numberThree, name)
}

// 块的组织方式
func manyVarDeclareBlock() {
    var (
        numberOne, numberTwo, numberThree int
        name                              string
    )
    numberOne, numberTwo, numberThree=1, 2, 3
    name = "XieWei"

    fmt.Println(numberOne, numberTwo, numberThree, name)
}
```

```
func main(){
    manyVarDeclare()
    manyVarDeclareBlock()
}
>>
1 2 3 XieWei
1 2 3 XieWei
```

- 上面的示例代码实现的最终效果是完全一致的，只不过声明变量的方式略有不同。
- 建议在声明两个以上的变量时使用块的组织方式，即采用成组声明变量的形式。
- 变量的声明应遵守"就近原则"，即在需要使用变量的地方声明，而不是提前声明，比如在函数开头就声明一堆变量。

3.1.3 变量的命名应遵循的原则

变量的命名应遵循以下原则：

- 多使用有具体含义的单词，比如项目是构建某方面内容的API，那么给变量或者函数命名尽可能使用该领域的单词。
- 给变量加上更多的细节，比如加上前缀和后缀，这种前缀和后缀一般都是对仗的关系，比如Last和First、Begin和End、Max和Min，后缀还可以加上单位，表示更多的细节。

```
// 获取切片中最小的值
func fetchNumberListMin(values []int) int {
    if len(values) < 1 {
        return 0
    }
    if len(values) == 1 {
        return values[0]
    }
    var numberMin int
    numberMin = values[0]
    for _, value := range values {
        if numberMin > value {
            numberMin = value
        }
    }
    return numberMin
}
// 获取切片中最大的值
func fetchNumberListMax(values []int) int {
    if len(values) < 1 {
        return 0
    }
    if len(values) == 1 {
        return values[0]
    }
    var numberMax int
    numberMax = values[0]
```

```
    for _, value := range values {
        if numberMax < value {
            numberMax = value
        }
    }

    return numberMax
}
```

- 上面的示例程序中使用了Max和Min作为后缀的变量名，给变量名或者函数名加上了更多的细节，更易于阅读和理解。
- 布尔类型建议使用含有真、假含义的单词。

```
type Info struct {
    Name      string    `json:"name"`
    Age       int       `json:"age"`
    Number    int       `json:"number"`
}
// 判断结构体 Info 是否存在 Name 属性
func hasInfoName(value string) bool {
    var info Info
    info.Name = "XieWei"
    info.Age = 20
    info.Number = 100

    var typeInfo reflect.Type
    typeInfo = reflect.TypeOf(info)
    if _, ok := typeInfo.FieldByName(value); ok {
        return ok
    }
    return false
}
func main(){
    fmt.Println(hasInfoName("Name"))
}
>>
true
```

- 布尔类型表示真或假，以下单词特别适合表示这种场景：

ok、has、can、should、found、is......

3.2 运　　算

在编程语言中，运算分为算术运算和逻辑运算。算术运算与数学中的算术运算差不多，逻辑运算则与逻辑操作相关。

3.2.1 算术运算

简单的算术运算就是加、减、乘、除。

```
package main
import "fmt"
var add = func(numberOne int, numberTwo int) int {
    return numberOne + numberTwo
}
var minus = func(numberOne int, numberTwo int) int {
    return numberOne - numberTwo
}
var multiply = func(number int, price float64) float64 {
    return float64(number) * price
}
var division = func(numberOne float64, numberTwo int) float64 {
    return float64(float64(numberOne) / float64(numberTwo))
}
func main() {
    fmt.Println(add(1, 2))
    fmt.Println(minus(1, 2))
    fmt.Println(multiply(1, 2))
    fmt.Println(division(1.234, 2))
}
>>
3
-1
2
0.617
```

稍微复杂的数学操作可以借助内置库 math，还要注意的一点是，Go 语言是强类型的编程语言，在操作中尤其需要注意数据类型之间的转换，因为稍微不注意就可能会得到意想不到的结果。

3.2.2　逻辑运算

逻辑运算通常配合 if...else 来判断"真假"或"是非"操作。

- ||（或）：或运算符两边的一个条件满足（为真），逻辑运算的结果即为"真"。
- &&（与）：与运算符两边的两个条件都满足（为真），逻辑运算的结果才为"真"。
- !=（非）：求反，即是非运算符后接条件的反面。

```
var judgeMarry = func(manAge int, womanAge int) bool {
    if manAge >= 22 && womanAge >= 20 {
        return true
    }
    return false
}
func main(){
    fmt.Println(judgeMarry(20, 20))
    fmt.Println(judgeMarry(25, 26))
    fmt.Println(judgeMarry(18, 20))
}
>>
false
true
false
```

上面的示例代码表示根据年龄判断是不是法定结婚年龄，判断条件是：manAge>=22 并且 womanAge>=20。

如果有多个条件判断，如何编写一个更易于理解的 if…else？

- 常量放右边，变量放左边：if number<=10。
- 先判断正向逻辑，再判断负向逻辑。
- 先处理简单的。
- 先处理有趣的或者可疑的。

上面几条规则可以帮助读者梳理编写多个条件判断语句的思路。

3.3 数组和切片

数组和切片的操作几乎相同，区别在于数组是固定长度的，而切片可以扩充容量。

【示例】

```go
var opList = func(number [4]int) {
    // 第 2 个值和类型
    fmt.Println(number[1], reflect.TypeOf(number[1]))
    // 长度
    fmt.Println(len(number))
    // 切片和类型
    fmt.Println(number[1:], reflect.TypeOf(number[1:]))
    // 数组的遍历
    for index, one := range number {
        fmt.Println(index, one)
    }
    for i := 0; i < len(number); i++ {
        fmt.Println(i, number[i])
    }
}
var opSlice = func(name []string) []string {
    // 第 2 个值和类型
    fmt.Println(name[1], reflect.TypeOf(name[1]))
    // 切片的遍历
    for index, one := range name {
        fmt.Println(index, one)
    }
    // 把数据追加到切片内
    name = append(name, "XieWei")
    return name
}
func main(){
    var number [4]int = [...]int{1, 2, 3, 4}
    opList(number)

    var name []string = []string{"Go", "Python", "Java", "C++", "C#"}
    fmt.Println(opSlice(name))
```

```
}
>>
2 int
4
[2 3 4] []int
0 1
1 2
2 3
3 4
0 1
1 2
2 3
3 4
Python string
0 Go
1 Python
2 Java
3 C++
4 C#
[Go Python Java C++ C# XieWei]
```

从上面的示例程序可以看出，数组和切片的操作几乎相同，只是因为切片可以扩充容量，所以多了 append 方法。

虽然切片可以自动扩充容量（长度），但是底层并不是动态数组或者数组指针，而是通过指针指向底层数组，所以经常使用数组来创建切片，比如：

```
numberList[1:]
```

切片是引用类型，所以对切片初始化时可以采用显式的方式对切片赋值，也可以使用 make 关键字。

3.4　字　　典

字典（映射类型的一种）是一种搜索速度非常快的数据结构，日常使用的频率非常高，是一种无序键值对的集合。

既然是键值对，那么核心的操作是键和值。

```
var opMap = func(name map[string]int) {
    // 遍历键和值
    for key, value := range name {
        fmt.Println(key, value)
    }
    // 赋值
    name["Life"] = 100
    // 判断是否存在 key: Go
    if value, ok := name["Go"]; ok {
        fmt.Println(value)
    } else {
```

```
        fmt.Println("no exists Go")
    }
    // 删除 key: java
    delete(name, "java")
}
func main(){
    nameMap := make(map[string]int)
    nameMap["java"] = 200
    nameMap["php"] = 100
    nameMap["python"] = 180
    nameMap["js"] = 220
    opMap(nameMap)
}
>>
java 200
php 100
python 180
js 220
no exists Go
map[Life:100 js:220 php:100 python:180]
```

- map是引用类型，使用make初始化。
- 无序：输出键的顺序和定义顺序不一致。
- 可以遍历键和值。
- 可以判断是否存在某个键。
- 可以删除某个键。
- map是引用类型，作为参数传入，在操作过程中会改变其值，请慎重使用。

3.5 结 构 体

在第 2 章中已经提到过结构体，它是不同类型的字段集合的复合类型，同时可以为结构体对象绑定方法。通过组合的方式既可以继承结构体字段，又可以继承相应的方法。

- 结构体是不同数据类型集合的复合字段。
- 结构体可以绑定相应的方法。
- 结构体的字段和方法是否可以访问需要根据字段和方法首字母的大小写来确定，大写表示可访问（公有），而小写表示私有。

【示例】 定义结构体及相应操作。

```
package main
import "fmt"
type Info struct {
    Name string
    _    int // _ 表示占位符
    Age  int
}
func main() {
```

```
    var infoOne Info = Info{
        Name: "XieWei",
        Age: 20,
    }
    var infoTwo = Info{"XieWei", 20000, 20}
    var infoThree = new(Info)
    infoThree = &Info{
        Name: "XieWei",
        Age: 20,
    }
    fmt.Println("One", infoOne)
    fmt.Println("Two", infoTwo)
    fmt.Println("Three", *infoThree)
}
>>
One {XieWei 0 20}
Two {XieWei 0 20}
Three {XieWei 0 20}
```

- 可以使用占位符 "_"。
- 3种方式（infoOne、infoTwo和infoThree）都可以用于声明和赋值操作。建议使用方法1（infoOne），即以命名方式进行初始化操作，因为这样的话就可以不考虑字段的顺序进行赋值，而且更容易理解。

```
type Info struct {
    Name string
    Age  int
}
func main() {
    var infoOne Info = Info{
        Name: "XieWei",
        Age: 20,
    }
    // unsafe.Sizeof 获取占用的空间大小
    fmt.Println(
    unsafe.Sizeof(infoOne),
    fmt.Sprintf("%x - %d - %x - %d",
    &infoOne.Name,
    unsafe.Sizeof(infoOne.Name),
    &infoOne.Age,
    unsafe.Sizeof(infoOne.Age)))
}
>>
24 c00000a080 - 16 - c00000a090 - 8
```

- 结构体初始化操作，分配一段连续的内存地址，结构体占用空间大小等于各属性占用空间大小之和（24=16+8）。

3.5.1 匿名字段

结构体中有数据类、没有变量名称的字段，称为匿名字段。

```
type Student struct {
    Name string
    University
}
type University struct {
    Name     string
    Location string
}
func main(){
    var std Student
    std.Name = "XieWei"
    std.University.Name = "ShangHai"
    std.Location = "ShangHai"
    fmt.Println(std)
}
>>
{XieWei {ShangHai ShangHai}}
```

- 匿名字段为University。
- 匿名字段具有和主结构体相同的字段Name，初始化赋值时需要采用多层级 "." 的形式来引用，比如std.University.Name="ShangHai"，以这种方式可以直接赋值。

```
type Student struct {
    Name string
    University
}
func (s Student) PrintName() {
    fmt.Println(s.Name)
}
type University struct {
    Name     string
    Location string
}
func (u University) PrintName() {
    fmt.Println(u.Name)
}
func main(){
    var std Student
    std.Name = "XieWei"
    std.University.Name = "ShangHai"
    std.Location = "ShangHai"
    fmt.Println(std)

    std.PrintName()
    std.University.PrintName()
}
>>
XieWei
ShangHai
```

3.5.2　小结

- 结构体在 Go 语言中是不同数据类型的集合，包含字段和方法。

- 方法和函数的区别在于，方法绑定给了对象，即结构体类型，而函数是代码块的封装。
- 结构体能够以不同的组合继承相应结构体的字段和方法。
- 匿名字段的主结构体可以自动拥有字段和方法。
- 结构体初始化时会分配一段连续的内存地址。

3.6　接　　口

第 2 章已经讲过接口是方法的集合（注意不是函数的集合），只定义操作，而不关注具体的实现。既然是方法的集合，需要绑定给对象，接口的具体实现就需要靠结构体，而且不同的结构体具体实现也不同。

本节来看内置的接口是如何定义和操作的。

3.6.1　error

内容 error 接口的源码如下：

```
type error interface {
    Error() string
}
```

通常，在项目内创建 error 值有下面两种方式：

- errors.New
- fmt.Errorf

```
var ErrExampleNew = errors.New("hello world error")
var ErrExampleFmt = fmt.Errorf("hello world %s", "error")

func main(){
    fmt.Println(reflect.TypeOf(ErrExampleNew),
reflect.TypeOf(ErrExampleFmt))
}
>>
*errors.errorString *errors.errorString
```

可以继续看看底层的实现。

（1）errors.New 的底层实现

```
func New(text string) error {
    return &errorString{text}
}
// errorString is a trivial implementation of error.
type errorString struct {
    s string
}
func (e *errorString) Error() string {
    return e.s
}
```

（2）fmt.Errorf 的底层实现

```
func Errorf(format string, a ...interface{}) error {
    return errors.New(Sprintf(format, a...))
}
```

可以看出，实际上是结构体 errorString 实现了 Error 方法，从而实现了 error 接口。

通过对底层 error 值创建的源码进行分析，我们得到一个启发，即如何优雅地定义自己项目的错误类型，这对大型项目而言非常重要。如果不合理地组织代码的错误处理，就会导致代码中充斥着各种类型的错误，非常不利于错误的排除。正确的做法应该是统一组织。

【示例】

```
type ErrorMessage struct {
    Err      error
    Code     int
    Message  string
}
func (e *ErrorMessage) Error() string {
    return fmt.Sprintf("e.err = %s, e.code = %d, e.message = %s", e.Err.Error(),
e.Code, e.Message)
}

var (
    ErrNotRoute   = ErrorMessage{Err: errors.New("no route"), Code: 404,
Message: "check route"}
    ErrParamNotOk = ErrorMessage{Err: errors.New("param not ok"), Code: 10000,
Message: "check param"}
)
```

下面有几点建议：

- 单独组织一个package，用来定义错误类型和相应的错误处理。
- 自定义的错误类型实现Error方法，从而实现error接口。
- 每个错误类型尽量带上关键字Err或者Error。

3.6.2 Marshaler

内置 JSON 序列化接口的源码如下：

```
type Marshaler interface {
    MarshalJSON() ([]byte, error)
}
```

序列化和反序列化在编程语言中非常重要，如何在 Go 语言中将结构体转换为 JSON 数据类型呢？

【示例】

```
type University struct {
    Name     string `json:"name"`
    Location string `json:"location"`
```

```
    Number    float64 `json:"student_number,string"`
    President string  `json:"-"`
}
func main() {
    var university University
    university = University{
        Name:      "ShangHaiUniversity",
        Location:  "ShangHai",
        Number:    2000000,
        President: "XXXXX",
    }
    universityByte, _ := json.Marshal(university)
    fmt.Println(string(universityByte))
}
>>
{"name":"ShangHaiUniversity","location":"ShangHai","student_number":"20000
00"}
```

- 默认情况下，使用json.Marshal将Go数据类型转换为JSON类型。
- 具体的转换还可以根据tag（标签）进行定义。比如转换字段，把Name转换为name；再比如转换类型，把Number float64转换为string。

如何定义自己的序列化格式呢？

实现 MarshalJSON 方法，从而实现 Marshaler 接口：

```
type University struct {
    Name      string  `json:"name"`
    Location  string  `json:"location"`
    Number    float64 `json:"student_number,string"`
    President string  `json:"-"`
}
func (u University) MarshalJSON() ([]byte, error) {
    result := fmt.Sprintf("name: %% %s, location: %% %s , 人数: %% %f", u.Name,
u.Location, u.Number)
    return json.Marshal(result)
}
func main() {
    var university University
    university = University{
        Name:      "ShangHaiUniversity",
        Location:  "ShangHai",
        Number:    2000000,
        President: "XXXXX",
    }
    universityByte, _ := json.Marshal(university)
    fmt.Println(string(universityByte))
}
>>
"name: % ShangHaiUniversity, location: % ShangHai , 人数: % 2000000.000000"
```

- 序列化成用户自定义的样子。
- 本质上也是实现了Marshaler接口。

3.7　库（包）管理

在 Go 语言中，函数或者对象及其方法的调用需要先把所依赖的库导入。本节将讲述如何在 Go 语言中进行库的导入。

3.7.1　库（包）的导入

- 默认导入方式：全路径导入，fmt在$GOROOT/src目录下。

```
package main
import "fmt"
func main() {
    fmt.Println("Hello World")
}
```

- 只导入不使用：表示只调用和实现导入库的初始化函数（init），使用场景多是数据库的连接。

```
import _ "fmt"
```

- 重命名：给库重新定义一个名称。

```
package main
import Print "fmt"
func main() {
    Print.Println("Hello World")
}
```

- 不显示库的名称，直接调用方法。

```
package main
import . "fmt"

func main() {
    Println("Hello World")
}
```

- 多个库的导入方式，最好按ASCII码的顺序排列，并且用"( )"来组织库的导入。

```
import (
    "errors"
    "fmt"
    "log"
)
```

虽然官方支持多种导入方式，但是为了便于理解，笔者建议使用默认的导入方式，即全路径的导入方式，主要原因如下：

（1）便于知道函数或者类型来自哪个库。

（2）防止冲突，函数或者类型命名冲突的情况非常容易发生。

3.7.2　下载库（包）

使用 go 命令来下载库（包）：

```
go get -u -v github.com/PuerkitoBio/goquery
```

【说明】

- u: 表示更新, 比如远程代码更新, 本地库还是旧版的。
- v: 显示下载库的文件详细信息。

因为 Go 语言是谷歌公司出品的, 有些库托管在谷歌服务器上, 所以有时下载库会连接不上, 这时推荐设置代理的方式, 具体的设置可参照官方网站（https://goproxy.cn/）, 以便提升下载速度。

3.8　项目组织的结构

项目组织讲究的是将项目按照功能划分, 将完成相似功能的代码块组织在一起, 这样便于理解项目, 同时有利于项目的拓展和解耦。

本节结合实际项目中的结构给出可以参考的项目组织方式, 希望对读者有所启发。

3.8.1　领域驱动的方式

领域驱动讲究的是将项目整体按照领域驱动的方式进行组织。领域驱动设计主要包括以下 4 部分:

- 应用层（Application）。
- 基础设施层（Infrastructure）。
- 领域层（Domain）。
- 用户界面层（UserInterface）。

（1）应用层
主要完成的任务是为程序提供任务处理, 即调用抽象之后的应用。

（2）基础设施层
主要是与业务不相关的代码块的集合, 比如字符串操作、数值运算、文件操作等。

（3）领域层
领域层是领域驱动设计的核心, 首先需要根据项目抽象出领域内的相关概念, 再在领域内相关概念的基础上完成资源的操作。

（4）用户界面层
负责向用户展现信息, 并且会解析用户行为, 即常说的展现层。

以设计一个 RESTful API 风格的项目为例, 领域驱动设计的项目组织的结构大概如下:

```
workspace
   app
   domain
   infra
   main
```

```
scheduler
    scheduler.go
ui
  api-server
    api_server.go
    router_function.go
  parse
    parse
```

3.8.2　业务驱动的方式

在日常开发过程中，编写 API 的业务需求应该很多，特别是选择 Web 方面的工作。下面这种风格的项目组织适合绝大多数 Web 层面的项目开发。

- cmd：命令行功能集合。
- configs：项目的配置文件集合。
- deployments：构建Docker镜像等文件集合。
- docs：文档集合。
- initializers：初始化文件集合。
- logs：存储项目日志文件集合。
- pkg：项目辅助功能，比如中间件、插件等。
- scripts：脚本文件集合。
- src：项目的核心文件，核心的处理环节。
- tools：项目辅助工具。
- vendor：第三方库文件集合。
- main.go：项目函数入口。
- Makefile：项目构建命令集合。

希望对大家有所启发，后面也会以这个项目组织的结构作为参考进行项目开发。

3.9　本 章 小 结

在学习本章内容时，应该注意以下事项：

- 变量：哪种方式的变量和命名方式较佳，易于理解。
- 运算：包括算术运算和逻辑运算，补充了逻辑运算下如何编写易于理解的if…else条件判断语句。
- 数组和切片：包括数组和切片的常用操作。
- 字典：键值对类型的数据类型的变量声明，键和值的遍历和判断。
- 结构体：包括结构体的声明方式、匿名字段以及方法，用组合的方式实现继承。
- 接口：包括常见的内置接口的实现方式，特别讲述了错误类型的借鉴方式。
- 包管理：包括包的导入的不同方式，推荐使用默认的导入方式，还包括如何获取第三方库。
- 项目组织的结构：两种风格的项目组织方式，便于理解项目和对项目拓展与解耦。

第4章

内置库的常用操作

学习了 Go 语言的基本使用方法之后，若想要完成开发任务，则还要学习和掌握丰富的内置库和优秀的第三方库。内置库很重要，使用也很频繁，无数优秀的第三方库都是根据内置库不断扩充的，以降低开发者的使用难度。

无论是为了完成日常的开发任务，还是基于内置库进行开源项目的开发，内置库的使用都必不可少，初学者尤其需要掌握内置库的使用。

本章将结合项目介绍常用内置库的基本使用方法，并对整体的知识进行梳理。

介绍内置库的主要流程如下：

⊛ 思维导图，将常见的 API 图形化。
⊛ 给出示例，将用法示例化。
⊛ 总结，重新梳理。

我们不仅要关注内置库的用法，还需要关注其命名方式，经常查看源代码并不断学习和借鉴，才能持续提高个人的开发水平和能力。

4.1 字　符　串

字符串（string）是日常开发过程中使用频繁的数据类型之一。关于字符串有哪些常见的操作呢？具体的思维导图如图 4-1 和图 4-2 所示。

- 包含：某个字符串是否包含另一个字符串。
- 索引：获取字符串中某个子串的第一个字符的位置。
- 清洗：去除前后的空格或者特定的字符。
- 替换：替换字符串中原有的字符。
- 分割：将字符串按特定的字符分割成字符串数组。
- 统计：统计某字符出现的次数。
- 大小写转换：转换字符串中字母的大小写。
- 前后缀：判断某个字符串是不是以另一个字符串开头或者结尾。

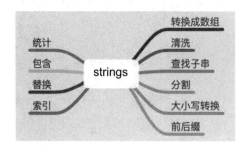

图 4-1　字符串

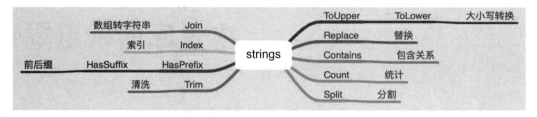

图 4-2　字符串操作

内置库对常用的操作有相应的 API。

仅仅查看这些 API 可能不能真切地感受它们是如何操作的，下面以 Golang 官网介绍 Go 编程语言的字符串作为范例来说明如何进行字符串的操作。

```
Go is an open source programming language that makes it easy to build simple,
reliable, and efficient software.
const Values = "Go is an open source programming language that makes it easy
to build simple, reliable, and efficient software."
```

1. 判断是否包含子字符串

【示例】

```
func StringsContains(subStrings string) bool {
    return strings.Contains(Values, subStrings)
}
fmt.Println(StringsContains("Go"))
>>
true

fmt.Println(StringsContains("Java"))
>>
false
```

这个函数的作用通常是判断是否包含，在开发过程中需要判断字符串是否包含某些特定的特征时，该函数就可以发挥作用了。

```
// 源代码
// Contains reports whether substr is within s.
func Contains(s, substr string) bool {
    return Index(s, substr) >= 0
}
```

2. 字符串比较

【示例】

```
func StringsCompare(values string, subString string) int {
    return strings.Compare(values, subString)
}
fmt.Println(StringsCompare("Java", "Go"))
>>
1

fmt.Println(StringsCompare("Go", "Java"))
>>
-1

fmt.Println(StringsCompare("A", "B"), rune('A'), rune('B'))
>>
-1 65 66
```

这个函数的作用是比较两个字符串的关系。相等的话，比较结果为 0；前者大于后者则比较结果为 1；否则为–1。字符串的比较方法是根据单个字符的 ASCII 编码来进行的，比如 A 的编码为 65，B 的编码为 66，如果 A 和 B 作为字符串进行比较，就会返回–1。

关于字符串的比较关系，可以通过非负值来表示大于关系，负值来表示小于关系，零值来表示相等关系。

3. 大小写转换

【示例】

```
func StringsToUpper(subStrings string) string {
    return strings.ToUpper(subStrings)
}
func StringsToLower(subStrings string) string {
    return strings.ToLower(subStrings)
}
func StringsToTitle(subStrings string) string {
    return strings.ToTitle(subStrings)
}
fmt.Println(StringsToUpper("goLang, hello world"))
>>
GOLANG, HELLO WORLD

fmt.Println(StringsToLower("GoLang"))
>>
golang

fmt.Println(StringsToTitle("goLang, hello world"))
>>
GOLANG, HELLO WORLD
```

字母大小写转换是比较常用的字符串操作,那么如何转换呢？若字符串中包含 26 个字母，则可以将 26 个大小写字母组成两个映射表（或字典），在遍历字符串时，将搜索这两个映射表，进行大小写字母的转换，最后组成完整的字符串并返回值。

```go
var UpperCase = map[string]string{
    "a": "A",
    "b": "B",
    ...
}
var LowerCase = map[string]string{
    "A": "a",
    "B": "b",
    ...
}
```

这样的想法不够严谨，比如字符串中并不都是字母时应该如何操作？可以参考如下的源代码：

```go
func ToUpper(s string) string {
    isASCII, hasLower := true, false
    for i := 0; i < len(s); i++ {
        c := s[i]
        if c >= utf8.RuneSelf {
            isASCII = false
            break
        }
        hasLower = hasLower || (c >= 'a' && c <= 'z')
    }

    if isASCII { // optimize for ASCII-only strings.
        if !hasLower {
            return s
        }
        b := make([]byte, len(s))
        for i := 0; i < len(s); i++ {
            c := s[i]
            if c >= 'a' && c <= 'z' {
                c -= 'a' - 'A'
            }
            b[i] = c
        }
        return string(b)
    }
    return Map(unicode.ToUpper, s)
}
```

4. 统计子串出现的次数

【示例】

```go
func StringsCount(subStrings string) int {
    return strings.Count(Values, subStrings)
}
fmt.Println(StringsCount("Go"))
```

```
>>
1
fmt.Println(StringsCount("s"))
>>
6
```

上述例子用于统计子串在源字符串中出现的次数。

5. 字符串的前后缀

【示例】

```
// 前缀
func StringsHasPrefix(subStrings string) bool {
    return strings.HasPrefix(Values, subStrings)
}
// 后缀
func StringsHasSuffix(subStrings string) bool {
    return strings.HasSuffix(Values, subStrings)
}
fmt.Println(StringsHasSuffix("software"))
>>
false

fmt.Println(StringsHasSuffix("software."))
>>
true

fmt.Println(StringsHasPrefix("Java"))
>>
false

fmt.Println(StringsHasPrefix("Go"))
>>
True
```

进行前后缀逻辑判断的源代码特别简单，就是判断字符串截取之后的子字符串是否相等，源码如下：

```
// HasPrefix tests whether the string s begins with prefix.
func HasPrefix(s, prefix string) bool {
    return len(s) >= len(prefix) && s[0:len(prefix)] == prefix
}
// HasSuffix tests whether the string s ends with suffix.
func HasSuffix(s, suffix string) bool {
    return len(s) >= len(suffix) && s[len(s)-len(suffix):] == suffix
}
```

6. 分割和连接

【示例】

```
func StringsSplit(split string) []string {
    return strings.Split(Values, split)
```

```
}
func StringsJoin(subStrings []string) string {
    return strings.Join(subStrings, " ")
}
fmt.Println(StringsSplit(","), len(StringsSplit(",")))
>>
[Go is an open source programming language that makes it easy to build simple
reliable  and efficient software.] 3

fmt.Println(StringsJoin([]string{"Go", "Java", "Python"}))
>>
Go Java Python
```

这两个操作是一对互逆的操作，一个是按照指定的字符分割成字符数组，另一个是按照指定的字符数组连接成字符串。

7. 索引

【示例】

```
func StringsIndex(subStrings string) int {
    return strings.Index(Values, subStrings)
}
fmt.Println(StringsIndex("o"))

>>
1
```

这个操作获取指定字符首次出现的位置，通常用来判断子字符串在对应字符串中的位置。

8. 清洗

【示例】

```
func StringsTrim(values string) string {
    return strings.TrimSpace(values)
}
fmt.Println(StringsTrim("  hello world  "))
>>
hello world
```

清洗操作可以将字符串两端的一些字符删掉。当然，常用的是去除两端的空格，所以内置库提供了专门的 API。

9. 替换操作

【示例】

```
func StringsReplacer(values string) string {
    newReplacer := strings.NewReplacer("\n", "", "\t", "", " ", "")
    return newReplacer.Replace(values)
}
fmt.Println(StringsReplacer(" hello world ,\n golang"))
>>
helloworld,golang
```

清洗操作只能完成首尾的空格或者指定字符的替换，要完成更为复杂的操作则需要调用 NewReplacer 函数。该替换函数用于应对复杂的字符串清洗过程。比如，网络爬虫程序获取的数据经常包含一些用户并不需要的字符，使用字符串替换操作可以完成数据层面的清洗工作，方便后续更加复杂的操作。

10. 小结

本节列举了关于字符串的常用操作，我们从中可以学到：

- 语义化：字符串操作相关的函数一般按照其功能进行命名，这样能够更加直观地知道其语义。
- 丰富的对外 API 接口。

关于语义化命名，表示转换操作时可以使用 To 开头，表示是否为布尔结果类型时可以使用 Has、Is 或者 Can 等开头。

4.2　bytes

内置库 bytes 提供了与 strings 库几乎相同的常用操作，只不过两者的数据类型不一样，前者是字节数组，后者是字符串。其实两者可以相互转换，所以只需记住一个常用的用法即可。bytes 的思维导图如图 4-3 所示。

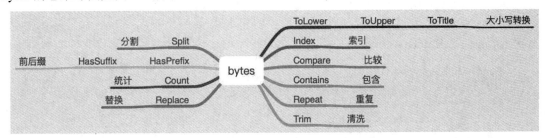

图 4-3　bytes 操作

如果只想记住其中一种类型的用法，就可以对两者进行转换。

```
func ToString(value []byte) string {
    return string(value)
}
func ToBytes(value string) []byte {
    return []byte(value)
}

var A []byte
A = []byte("a b")

var B string
B = "a b"

// %T 获取数据类型
fmt.Println(fmt.Sprintf("%T,%T", A, B))
>>
[]uint8,string
```

```
fmt.Println(fmt.Sprintf("%T,%T", ToString(A), ToBytes(B)))
>>
string,[]uint8
```

进行强制类型转换之后，就可以使用对应的数据类型进行后续的操作。

除此之外，bytes 还有 Buffer 和 Reader 两个重要的对象。

在网络请求过程中经常会用到 Http.NewRequest 来创建新的请求，请求函数的定义如下：

```
func NewRequest(method, url string, body io.Reader) (*Request, error)。
```

其中定义了类型为 body 的 io.Reader，io.Reader 的定义如下：

```
type Reader interface {
    Read(p []byte) (n int, err error)
}
```

可以看出是接口类型，bytes 中的 Buffer、Reader 和 strings 中的 Reader 对应的结构体实现了 Read 方法，也就实现了 Reader 接口，如图 4-4 所示。

基于此，我们经常在网络请求中构造 body 时如下操作：

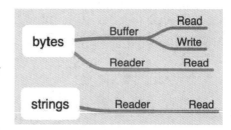

图 4-4 bytes 和 strings 接口

- bytes.NewBuffer(p []bytes)
- bytes.NewReader(p []bytes)
- strings.NewReader(s string)

```
func HttpByBytes() {
    url := "http://httpbin.org/anything?name=xix"
    var body map[string]string
    body = make(map[string]string)
    body["age"] = "20"
    body["school"] = "ShangHai"
    by, _ := json.Marshal(body)
    request, _ := http.NewRequest(http.MethodPost, url, bytes.NewBuffer(by))
    client := http.DefaultClient
    response, err := client.Do(request)
    if err != nil {
        panic(err)
    }
    content, _ := ioutil.ReadAll(response.Body)
    fmt.Println(string(content))
}
func HttpByByteNewReader() {
    url := "http://httpbin.org/anything?name=xix"
    var body map[string]string
    body = make(map[string]string)
    body["age"] = "20"
    body["school"] = "ShangHai"
    by, _ := json.Marshal(body)
    request, _ := http.NewRequest(http.MethodPost, url, bytes.NewReader(by))
```

```
        client := http.DefaultClient
        response, err := client.Do(request)
        if err != nil {
            panic(err)
        }
        content, _ := ioutil.ReadAll(response.Body)
        fmt.Println(string(content))
    }
    func HttpByStrings() {
        url := "http://httpbin.org/anything?name=xix"
        request, _ := http.NewRequest(http.MethodPost, url,
    strings.NewReader(`{"name":"XieWei", "school":"ShangHai"}`))
        client := http.DefaultClient
        response, err := client.Do(request)
        if err != nil {
            panic(err)
        }
        content, _ := ioutil.ReadAll(response.Body)
        fmt.Println(string(content))
    }
```

内置库 bytes 和内置库 strings 的使用方法一致，读者可以根据数据类型是 strings 还是 bytes 来选择不同的库进行操作。

4.3 json

JSON 是一种常见的数据交换格式，也是后端编写 RESTful 风格 API 时常采用的数据格式。JSON 数据格式通常包含两个操作：序列化（把对象转换成 JSON 数据类型）和反序列化（把 JSON 数据类型转换成对象），这是两个互逆的操作。在 Go 语言中，json 操作的内置库名为 encoding/json，常见的用法如图 4-5 所示。

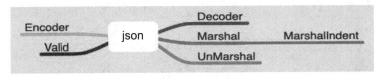

图 4-5 json 操作

【示例】

```
type JsonExample struct {
    Name   string `json:"name, omitempty"`
                                // 序列化之后显示 name，如果为空值，就不显示该字段
    Age    int    `json:"age"`              // 序列化之后显示 age
    School string `json:"university"`       // 序列化之后显示 university
}
func JsonMarshal() {
    var jex JsonExample
    jex = JsonExample{
        Name:   "Go",
```

```
        Age:    10,
        School: "Google",
    }
    by, _ := json.Marshal(jex)
    fmt.Println(string(by))
}
func JsonUnmarshal() {
    var v JsonExample
    by := []byte(`{"name":"Go","age":10, "university":"google"}`)
    json.Unmarshal(by, &v)
    fmt.Println(v)

    var vother JsonExample
    byOther := []byte(`{"name":"","age":10, "school":"google"}`)
    json.Unmarshal(byOther, &vother)
    fmt.Println(vother)
}

JsonMarshal()

>>
{"name":"Go","age":10,"university":"Google"}

JsonUnmarshal()
>>
{Go 10 google}
>>
{ 10 }  // 反序列化只对应 age 字段
```

使用过程中需注意以下几点：

- 如果知道反序列化之后的具体结构，那么应该先定义一个符合反序列之后的结构体。
- 如果不知道反序列化之后的具体结构，那么应该使用interface来表示任意类型。
- 结构体定义时的标签指定序列化之后的显示，比如上文的json:"name, omitempty"，序列化之后该字段显示name，如果为空值，就不显示（omitempty）。

4.4　io/bufio

io 库提供了常见的 I/O 接口，bufio 库实现了缓存 IO。

1. io 库

io 库的两个基本接口为 Reader 和 Writer。

```
type Reader interface {
    Read(p []byte) (n int, err error)
}
type Writer interface {
    Write(p []byte) (n int, err error)
}
```

- 接口是方法的集合。

- 接口的命名建议采用 X_er 这种形式。
- 接口的具体实现依赖于其他结构体。

内置的其他很多库都实现了这两个接口，具体如图 4-6 所示。

如何知道是否实现了对应的接口？只需查看具体的结构体是否实现了相应的方法即可。

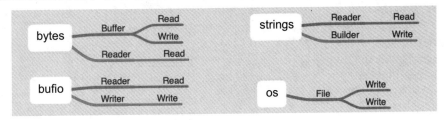

图 4-6　实现的接口

以 strings 的 Reader 为例：

```
type Reader struct {
    // contains filtered or unexported fields
}
func NewReader(s string) *Reader
func (r *Reader) Len() int
func (r *Reader) Read(b []byte) (n int, err error)
func (r *Reader) ReadAt(b []byte, off int64) (n int, err error)
func (r *Reader) ReadByte() (byte, error)
func (r *Reader) ReadRune() (ch rune, size int, err error)
func (r *Reader) Reset(s string)
func (r *Reader) Seek(offset int64, whence int) (int64, error)
func (r *Reader) Size() int64
func (r *Reader) UnreadByte() error
func (r *Reader) UnreadRune() error
func (r *Reader) WriteTo(w io.Writer) (n int64, err error)
```

Reader 有 Read 方法，与 io 库中 Reader 的 Read 方法带有相同的参数和返回值，所以 strings 库的 Reader 实现了 io 库的 Reader 接口。

【示例】网络请求

```
func IoUsage() {
    url := "http://httpbin.org/anything?name=xix"
    request, _ := http.NewRequest(http.MethodPost, url,
strings.NewReader(`{"name":"XieXie"}`))
    client := http.DefaultClient
    response, _ := client.Do(request)
    defer response.Body.Close()
    by, _ := ioutil.ReadAll(response.Body)
    fmt.Println(string(by))
}

IoUsage()
>>
{
```

```
  "args": {
    "name": "xix"
  },
  "data": "{\"name\":\"XieXie\"}",
  "files": {},
  "form": {},
  "headers": {
    "Accept-Encoding": "gzip",
    "Content-Length": "17",
    "Host": "httpbin.org",
    "User-Agent": "Go-http-client/1.1"
  },
  "json": {
    "name": "XieXie"
  },
  "method": "POST",
  "origin": "128.14.137.131, 128.14.137.131",
  "url": "https://httpbin.org/anything?name=xix"
}
```

- http.NewRequest函数签名为func NewRequest(method, url string, body io.Reader) (*Request, error)。其中，strings的Reader实现了io.Reader接口，所以符合函数签名中定义的类型。
- ioutil.ReadAll函数签名为func ReadAll(r io.Reader) ([]byte, error)。其中，response.Body的类型io.ReadCloser包含Reader接口，所以同样符合函数签名中定义的类型。

通过上面的示例，希望读者可以进一步理解如图 4-7 所示接口的含义。

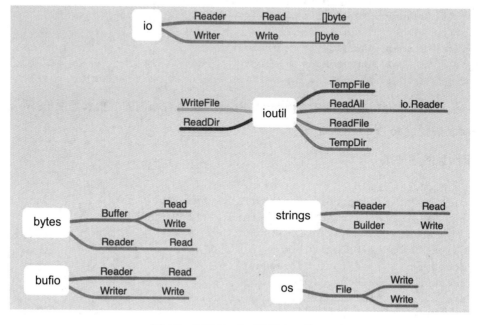

图 4-7　实现 Reader 和 Writer 接口

2. bufio 库

bufio 库实现了缓存 IO，其中常见的方法如图 4-8 所示。

【示例】按行读取文件

```go
func ReadFile() {
    f, err := os.Open("io_test.go")
    if err != nil {
        panic(err)
    }
    defer f.Close()
    rd := bufio.NewReader(f)
    for {
        line, err := rd.ReadString('\n')
        if err != nil || io.EOF == err {
            break
        }
        fmt.Println(line)
    }
}
```

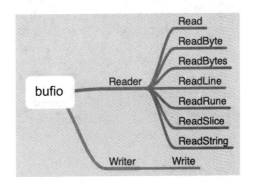

图 4-8   bufio 操作

4.5   fmt

fmt 实现了格式化输出，并提供了相应的占位符。fmt 支持的占位符比较多。
Go 语言内部支持的数据类型如下：

- 数值类型：整数类型、浮点类型。
- 字符类型。
- 指针类型。
- 布尔类型。
- 其他。

1. 数值类型

- %b: 二进制。
- %o: 八进制。
- %x: 十六进制。
- %X: 十六进制。
- %d: 十进制。
- %f: 浮点类型。
- %e: 科学记数法。
- %E: 科学记数法。

```go
func FmtUsage() {
    var number = 100.203
    var numberInt = 100
    fmt.Printf("%d\n", numberInt)
    fmt.Printf("%o\n", numberInt)
    fmt.Printf("%x\n", numberInt)
    fmt.Printf("%b\n", numberInt)
```

```
    fmt.Printf("%f\n", number)
    fmt.Printf("%e\n", number)
    fmt.Printf("%E\n", number)
}

FmtUsage()
>>
100
144
64
1100100
100.203000
1.002030e+02
1.002030E+02
```

2. 字符类型

- %s: 字符类型。
- %q: 带双引号。

```
func FmtStringUsage() {
    var values = "golang"
    fmt.Printf("%s\n", values)
    fmt.Printf("%q\n", values)
}

FmtStringUsage()
>>
golang
"golang"
```

3. 布尔类型

- %t: 布尔类型。

```
func FmtBoolUsage() {
    var ok = true
    fmt.Printf("%t\n", ok)
}

FmtBoolUsage()

>>true
```

4. 其他

- %T: 判断类型。
- %p: 指针类型。
- %v: 默认格式。
- %#v: 带语法的格式。

```
func FmtOtherUsage() {
    var a = 1
```

```
    var b = 2.0
    var ok = true
    number := &a
    var s = struct {
        Name string `json:"name"`
    }{
        Name: "Go",
    }
    fmt.Printf("%T\n", a)
    fmt.Printf("%T\n", b)
    fmt.Printf("%T\n", ok)
    fmt.Printf("%p\n%d\n", &a, number)
    fmt.Printf("%v\n", s)
    fmt.Printf("%#v\n", s)
}
FmtOtherUsage()
>>
int
float64
bool
0xc000090638
824634312248
{Go}
struct { Name string "json:\"name\"" }{Name:"Go"}
```

fmt 占位符小结如图 4-9 所示。

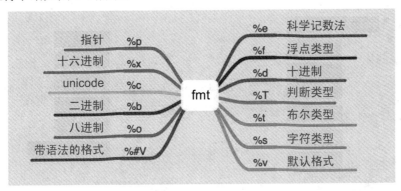

图 4-9　fmt 占位符

fmt 对不同的功能提供了非常类似的 API：

- Fprint/Fprintf/Fprintln：带格式的输出。
- Print/Printf/Println：标准输出。
- Sprint/Sprintf/Sprintln：格式化内容为 string。

其中，Fprint/Print/Sprint 表示使用默认的格式输出或格式化内容。Fprintf/Printf/Sprintf 表示使用指定的格式输出或格式化内容。Fprintln/Println/Sprintln 表示使用默认的格式输出或格式化内容，同时会在最后加上换行符（'\n'）。

```
func Fprint(w io.Writer, a ...interface{}) (n int, err error) {
    p:= newPrinter()
    p.doPrint(a)
    n, err = w.Write(p.buf)
    p.free()
    return
}
```

Print/Printf/Println是将内容输出到标准输出设备，底层调用的是Fprint/Fprintf/Fprintln，只是将第一个参数设置为os.Stdout（标准输出设备）。

```
func Print(a ...interface{}) (n int, err error) {
    return Fprint(os.Stdout, a...)
}
```

总之，常用的是标准输出Print/Printf/Println方法和格式化字符串输出Sprint/ Sprintf/Sprintln方法。

5. 错误类型

创建一个错误类型有两种方式：

- errors.New()
- fmt.Errorf

其实，fmt.Errorf 底层就是调用 errors.New 来格式化字符串的。

```
func Errorf(format string, a ...interface{}) error {
    return errors.New(Sprintf(format, a...))
}
```

6. 输出定制化

fmt 还提供了几个接口，有些结构体实现了接口内定义的方法就能定制化输出。

```
type Stringer interface {
    String() string
}
type GoStringer interface {
    GoString() string
}
```

两者的区别在于：Stringer 提供了内置库实现的输出，而 GoStringer 只有带格式的输出才会生效，即%#v。

【示例】

```
type Val struct {
    Name string `json:"name"`
    Age  int    `json:"age"`
}

func (v Val) String() string {
    return fmt.Sprintf("%s + %d", v.Name, v.Age)
```

```
}
func (v Val) GoString() string {
    return fmt.Sprintf("%s + %d", v.Name, v.Age)
}
var a = Val{
    Name: "go",
    Age:  20,
}
fmt.Println(a)
>>
go + 20
fmt.Printf("%#v\n", a)
>>
go + 20
```

可以看到结构体实现了 Stringer 和 GoStringer 接口，即实现了定制化输出。

7. 小结

fmt 的主要功能是格式化输出，不同的数据类型对应不同的占位符来实现格式化输出。

4.6　strconv

strconv 提供了字符串类型和其他常用的数据类型之间的转换，常用的基本数据类型包括数值类型、字符串类型和布尔类型，如图 4-10 所示。

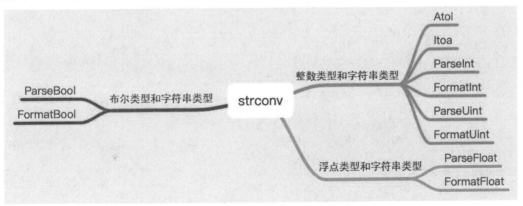

图 4-10　strconv 操作

在日常开发过程中，关于数据类型的转换有很多种方式，比如强制数据类型转换，而内置库 strconv 的转换效率比其他方式更高效，推荐大家使用。

1. 字符串类型和布尔类型的转换

字符串类型和布尔类型直接转换。

```
func ToBool() {
    var a bool
```

```
        a = true
        b := strconv.FormatBool(a)
        fmt.Println(b)
        c, _ := strconv.ParseBool("false")
        fmt.Println(c)
    }
    ToBool()
    >>
    true
    false
```

能够将字符串类型转换为布尔类型的字符串如下：

`1, t, T, TRUE, true, True, 0, f, F, FALSE, false, False`

可以看出，需要有一定的规范，并不是随意的字符串都能转换为布尔类型，将字符串类型转换为布尔类型时有相应的错误处理。

2. 字符串类型与数值类型的转换

数值类型是很常用的数据类型，数值类型又分为整数类型和浮点类型，对应不同的转换处理函数。

```
func ToNumber() {
    var (
        a int
        b uint64
        c float64
    )
    a = 1
    b = 2
    c = 3.14
    fmt.Println(strconv.Itoa(a))
    fmt.Println(strconv.FormatUint(b, 10))
    fmt.Println(strconv.FormatFloat(c, 'f', 1, 32))
    d := "4.178"
    floatD, _ := strconv.ParseFloat(d, 64)
    fmt.Println(floatD)
}
ToNumber()

>>
1
2
3.1
4.178
```

可以看出，Parse_X 和 Format_X 是两个互逆的转换过程。

```
func FormatFloat(f float64, fmt byte, prec, bitSize int) string {
    return string(genericFtoa(make([]byte, 0, max(prec+4, 24)), f, fmt, prec,
bitSize))
    }
```

- 参数fmt byte是之前介绍过的格式化占位符，比如f、b。
- 对于int类型（整数类型）和字符串类型的转换，strconv库提供了Atoi和Itoa两个转换函数。

3. 小结

内置库 strconv 提供了基本数据类型和字符串类型之间的转换。另外，命名规则是用正确的反义词组命名具有互斥意义或相反动作的函数等，比如 format 和 parse。

4.7　time

时间类型也是常用的类型，在日常开发中经常设置数据库的字段为时间类型，比如当天、一天前、一年前等数据。与时间有关的操作如图 4-11 所示。

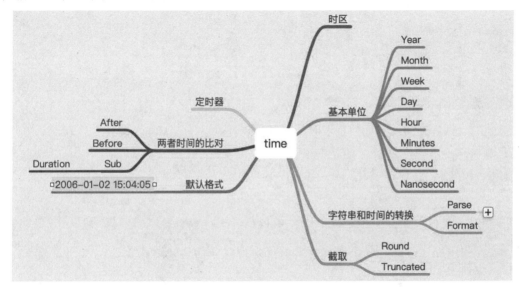

图 4-11　time 库中与时间有关的操作

要用好 time 库，重要的是理解时间的基本单位：年、月、日、时、分、秒等。

time 库提供了两个比较常用的数据类型 Time 和 Duration，同时提供了非常多的方法。

与时间有关的常用操作如下：

```
func TimeUsage() {
    now := time.Now()
    // 获取年份
    fmt.Println(now.Year())
    // 获取月份
    fmt.Println(now.Month())
    // 获取日期
    fmt.Println(now.Date())
    // 获取天
    fmt.Println(now.Day())
    // 获取小时
    fmt.Println(now.Hour())
```

```
    // 获取分
    fmt.Println(now.Minute())
    // 获取秒
    fmt.Println(now.Second())
    // 获取毫秒
    fmt.Println(now.Unix())
    // 获取纳秒
    fmt.Println(now.UnixNano())
}

TimeUsage()

>>
2019
April
2019 April 7
7
18
44
20
1554633860
1554633860056071000
```

上面的示例程序演示了如何获取时间的基本属性。

```
func TimeOperate() {
    start := time.Now()
    time.Sleep(1 * time.Second)
    // 两个时间差
    fmt.Println(time.Now().Sub(start))
    // 格式化
    fmt.Println(start.Format("2006-01-02 15:04:05"))
    // 截取
    fmt.Println(start.Round(time.Second))
    fmt.Println(start.Truncate(time.Second))
    stringTime := "1991-12-25 19:00:00"
    birthday, _ := time.ParseInLocation("2006-01-02 15:04:05", stringTime,
time.Local)
    fmt.Println(birthday.String())
}
TimeOperate()

>>
1.004847901s
2019-04-07 19:02:19
2019-04-07 19:02:49 +0800 CST
2019-04-07 19:02:49 +0800 CST
1991-12-25 19:00:00 +0800 CST
```

上面的示例程序对几天前后的操作调用了 Add 和 AddDate 两个方法，Add 用来完成小时、分、秒等操作，AddDate 用来完成年、月、日等操作。正数表示之后的时间，负数表示之前的时间。

```
func TimeAdd() {
    now := time.Now()
    // 一天前
    oneDayBefore := now.AddDate(0, 0, -1)
    fmt.Println(now.String(), oneDayBefore.String())
    // 一小时前
    oneHourBefore := now.Add(-1 * time.Hour)
    fmt.Println(oneHourBefore)
}
TimeAdd()
>>
2019-04-07 19:23:25.696645 +0800 CST m=+1.006443777 2019-04-06 19:23:25.696645
+0800 CST
2019-04-07 18:23:25.696645 +0800 CST m=-3598.993556223
```

定时器代码如下：

```
func main() {
    ticker := time.NewTicker(time.Second)
    defer ticker.Stop()
    done := make(chan bool)
    go func() {
        time.Sleep(10 * time.Second)
        done <- true
    }()
    for {
        select {
        case <-done:
            fmt.Println("Done!")
            return
        case t := <-ticker.C:
            fmt.Println("Current time: ", t)
        }
    }
}
```

每隔一秒运行一次，持续时间 10 秒。

有关时间的操作，要了解如下内容：

（1）获取时间的属性，比如基本单位。

（2）有关时间的操作，比如两个时间的间隔，以及前几天、后几天之类的操作。

（3）定时器操作。

另外，关于时间的基本格式是 2006-01-02 15:04:05，这是约定俗成的格式。

4.8　regexp

关于字符串的操作，除了 strings 提供的基本操作外，还包括一个与字符串相关的重要操作——搜索。对字符串按指定规则进行搜索，可以使用正则表达式。

1. 正则表达式

正则表达式的主要规则如表 4-1 所示。

表4-1　正则表达式的主要规则

规　　则	说　　明	规　　则	说　　明
^	匹配字符串开始位置	x|y	匹配 x 或者 y
$	匹配字符串结束位置	[xyz]	匹配字符集合
*	零次或多次	[^xyz]	匹配除字符集合之外的其他字符
+	一次或多次	[a-z]	匹配的字符范围
?	零次或一次	\b	单词边界
{n}	匹配 n 次，n 非负	\B	非单词边界
{n,}	至少 n 次	\d	数字
{n,m}	匹配 n~m 次，n≤m	\D	非数字
?	匹配模式非贪婪	\w	匹配包括下划线的任何单词字符
.	匹配除\n 之外的任何单个字符	\W	匹配任何非单词字符

这些规则组合成一个字符串，形成匹配规则，即使用正则表达式来匹配指定规则的内容。

2. 使用正则表达式

在 Go 语言中如何使用正则表达式呢？

使用正则表达式包含两方面的内容：需要匹配的内容和匹配的规则。解析器根据匹配的规则在指定的匹配内容中进行匹配，具体如图 4-12 所示。

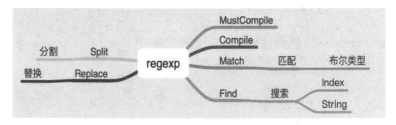

图 4-12　regexp 库提供的操作

如果要判断字符串是否与正则表达式匹配，那么可以调用 Match_X 函数，所有的匹配规则需要经过 Compile 函数编译之后才能使用，匹配函数只负责确认是否匹配，返回值为布尔类型。

```go
func SimpleUsage() {
    Slogan := "Go is an open source programming language that makes it easy to
build simple, reliable, and efficient software."
    reg, _ := regexp.Compile("open source programming language")
    if reg.Match([]byte(Slogan)) {
        fmt.Println("byte: Match")
    }
    if reg.MatchString(Slogan) {
        fmt.Println("string: Match")
    }
}
```

```
SimpleUsage()
>>
byte: Match
string: Match
```

- Match函数接收参数 []byte。
- MatchString函数接收参数string。
- 返回值为布尔类型。
- []byte和string在多种场景下的使用方法相同，可以互换。

Compile 函数是 regexp 的核心，规则一定需要经过 Compile 函数编译之后才能使用。还有一个函数是 MustCompile，两个函数的用法一致。后者需要确保匹配规则的表达式完全正确，不合法的匹配规则会导致程序报错。

Match_X 函数用于判断内容是否匹配。除此之外，正则表达式的另一个常用功能是搜索，即根据匹配规则得出相匹配的子集。

```
func SearchUsage() {
    Slogan := "Go is an open source programming language that makes it easy to
build simple, reliable, and efficient software."
    reg, _ := regexp.Compile("open source programming language")
    v := reg.Find([]byte(Slogan))
    fmt.Println(string(v))
    v2 := reg.FindString(Slogan)
    fmt.Println(v2)
}

SearchUsage()
>>
open source programming language
open source programming language
```

对于搜索功能，regexp 库提供了更为丰富的函数。

```
func (re *Regexp) Find(b []byte) []byte
func (re *Regexp) FindAll(b []byte, n int) [][]byte
func (re *Regexp) FindAllIndex(b []byte, n int) [][]int
func (re *Regexp) FindAllString(s string, n int) []string
func (re *Regexp) FindAllStringIndex(s string, n int) [][]int
func (re *Regexp) FindAllStringSubmatch(s string, n int) [][]string
func (re *Regexp) FindAllStringSubmatchIndex(s string, n int) [][]int
func (re *Regexp) FindAllSubmatch(b []byte, n int) [][][]byte
func (re *Regexp) FindAllSubmatchIndex(b []byte, n int) [][]int
func (re *Regexp) FindIndex(b []byte) (loc []int)
func (re *Regexp) FindReaderIndex(r io.RuneReader) (loc []int)
func (re *Regexp) FindReaderSubmatchIndex(r io.RuneReader) []int
func (re *Regexp) FindString(s string) string
func (re *Regexp) FindStringIndex(s string) (loc []int)
func (re *Regexp) FindStringSubmatch(s string) []string
func (re *Regexp) FindStringSubmatchIndex(s string) []int
func (re *Regexp) FindSubmatch(b []byte) [][]byte
func (re *Regexp) FindSubmatchIndex(b []byte) []int
```

　　另外，可以根据指定的匹配规则，使用正则表达式进行替换操作。strings 库的 NewReplacer 已经能完成绝大部分替换功能。正则表达式的替换功能可以用于更加复杂的应用场景。

```
func ReplaceUsage() {
    Slogan := "Go is an open source programming language that makes it easy to
build simple, reliable, and efficient software."
    reg, _ := regexp.Compile(`^Go`)
    result := reg.ReplaceAllString(Slogan, "Python")
    fmt.Println(result)
}

ReplaceUsage()
>>
Python is an open source programming language that makes it easy to build simple,
reliable, and efficient software.
```

　　另一个功能是分割，同样 strings 库也支持按指定字符分割。

```
func SplitUsage() {
    Slogan := "Go is an open source programming language that makes it easy to
build simple, reliable, and efficient software."
    reg, _ := regexp.Compile(`\s|\,|\.`)         // 按 " " "," "." 分割
    result := reg.Split(Slogan, -1)
    fmt.Println(result)
}

SplitUsage()
>>
[Go is an open source programming language that makes it easy to build simple
reliable  and efficient software ]
```

3. 小结

　　regexp 库提供了匹配（Match_X）、搜索（Find_X）、替换（Replace_X）和分割（Split）等功能，完成这些任务有以下两个关键点：

　　（1）使用 Compile 函数编译正则表达式。

　　（2）编写符合场景的匹配规则，匹配规则又取决于开发者对正则表达式的熟悉程度。

4.9　log

　　在日常开发中，有效地处理日志信息对应用程序的调试和排错都非常重要。当系统不复杂时，在终端打印出有效的处理信息就能够完成查看等功能。但是如果系统报错，终端打印的信息是不会存储下来的，如果没有日志信息，就会错过一些重要的信息，不利于调试和排错。

　　关于日志需要关注哪些内容呢？具体如图 4-13 所示。

- 日志的级别：Print_X系列、Fatal_X系列、Panic_X系列。
- 日志的格式：比如文件的名称、具体的报错位置、时间等，方便开发人员调试和排错。
- 日志的输出：比如将日志存储在磁盘上。

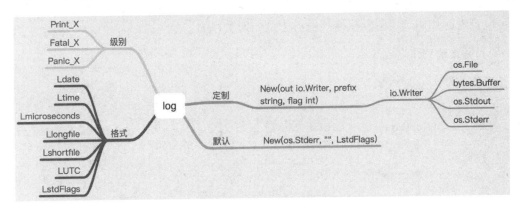

图 4-13　log 库提供的操作

有些基于内置库衍生出来的第三方日志库无非是在日志级别、日志格式、日志输出等层面进行了优化，比如将日志级别划分为 Debug、Info、Warn、Panic、Error 和 Fatal，在不同的应用场景下使用合适的日志级别。

内置日志库分为两种：一种是默认的日志信息输出格式，另一种是支持定制的日志信息输出格式。

1. 默认日志格式

默认日志格式如下：

```
func DefaultUsageForLog() {
    log.Print("Hello World, Golang")
    log.Println("Hello World, Golang")
    log.Printf("Hello World, %s", "Golang")
    fmt.Println("log Prefix", log.Prefix())
    fmt.Println("log Flags", log.Flags())
}

DefaultUsageForLog()
>>
2019/04/11 23:50:35 Hello World, Golang
2019/04/11 23:50:35 Hello World, Golang
2019/04/11 23:50:35 Hello World, Golang
log Prefix
log Flags 3
```

内置的日志库分为 3 种日志级别：Print_X、Fatal_X 和 Panic_X。每个级别又分为 3 种可导出函数：

- Print、Printf和Println。
- Fatal、Fatalf和Fataln。
- Panic、Panicf和Panicln。

它们分别表示不带格式化的日志、带格式化的日志、不带格式化但带换行的日志，这些可导出函数和 fmt 库中函数的处理方式几乎一致。这再次给了我们启发：在项目开发中，相同的代码风格非常重要。

可以查看源代码，了解默认格式的日志是如何实现的。

（1）定义结构体

【示例】

```
type Logger struct {
    mu     sync.Mutex  // ensures atomic writes; protects the following fields
    prefix string      // prefix to write at beginning of each line
    flag   int         // properties
    out    io.Writer   // destination for output
    buf    []byte      // for accumulating text to write
}
```

（2）给定初始化函数

【示例】

```
func New(out io.Writer, prefix string, flag int) *Logger {
    return &Logger{out: out, prefix: prefix, flag: flag}
}
```

接收参数是：io.Writer、string 和 flag。因为 io.Writer 是内置库 io 的 Writer 接口，所以具体的实现方式有很多种，只要对于结构体实现 Writer 接口提供的方法即可。

接着查看 log.Print 是如何实现的。

（3）log.Print的实现

```
func Print(v ...interface{}) {
    std.Output(2, fmt.Sprint(v...))
}
var std = New(os.Stderr, "", LstdFlags)
```

原来默认格式的日志是用内置的一个初始化 Logger 结构体来实现的。

2. 定制化日志格式

前文介绍了默认格式的日志是如何处理的，那么定制化怎么处理呢？核心是使用初始化 Logger 结构体的 New 方法，实例化结构体 Logger，再调用结构体 Logger 的方法。

定制化日志格式如下：

```
func SpecialUsageLog() {
    // 实例化 log.Logger 结构体
    logger := log.New(os.Stdout, "Golang ", log.Lshortfile)
    logger.Println("Hello World, Golang")
}


SpecialUsageLog()
>>
Golang log.go:23: Hello World, Golang
```

上述输出带自定义的前缀字符串 Golang，采用 log.Lshortfile 格式输出。

之前讲过 func New(out io.Writer, prefix string, flag int) *Logger 接收的第一个参数是

io.Writer 接口，而 os.Stdout 实质是 Stdout=NewFile(uintptr(syscall.Stdout), "/dev/stdout")，即 os.File，实现了 io.Writer 接口的方法。

基于相同的道理，在日常开发中还可以使用日志的定制模式，代码如下：

```
func SpecialUsageWithBytes() {
    var buf bytes.Buffer
    logger := log.New(&buf, "Hi! ", log.Lshortfile)
    logger.Println("Hello World, Golang")
    fmt.Println(buf.String())
}

SpecialUsageWithBytes()
>>
Hi! log.go:33: Hello World, Golang
```

bytes.Buffer 实现了 io.Writer 接口，所以上述示例代码中的第一个参数是 &buf。

```
func SpecialUsageWithFile() {
    file, _ := os.Create("log.log")
    logger := log.New(file, "Hi!", log.Lshortfile)
    logger.Println("Hello World, Golang")
}

SpecialUsageWithFile()
```

在同一个目录下生成一个 log.log 文件，写入的内容是"Hi!log.go:43: Hello World, Golang"。

3. 小结

日志的有效使用能够让我们在遇到问题时快速定位问题，否则查找问题的效率将大打折扣。日志的使用需要注意以下三点：

（1）正确使用日志的级别，什么时候使用输出级别，什么时候使用报错级别，等等。

（2）默认的日志格式，实质上默认初始化了 log.Logger 结构体。

（3）定制化日志格式，需要实例化 log.Logger 结构体，再调用相应的方法。

4.10　reflect/unsafe

反射操作是指通过某种机制能够实现对自己行为的描述，根据自身行为的状态和结果去调整或修改应用所描述行为的状态和相关的语义。

在 Go 语言中，支持反射操作的内置库是 reflect，在反射中包括 Type 类型和 Value 值两大核心，具体如图 4-14 所示。

关于类型和值的操作，其中简单的操作是调用 TypeOf 和 ValueOf 分别获取类型和值。

```
func main() {
    Age := 20
    fmt.Printf("%T\n", Age)
    typ := reflect.TypeOf(Age)
    fmt.Println(typ)
```

```
    fmt.Println(reflect.ValueOf(Age))
}
>>
int
int
20
```

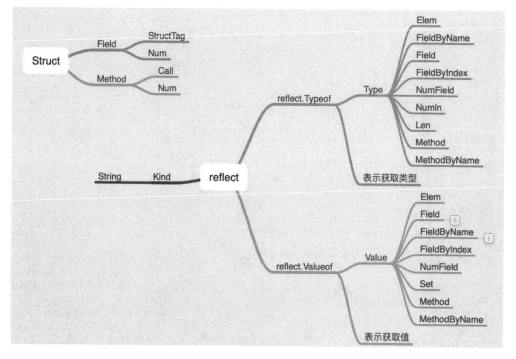

图 4-14　reflect 库提供的操作

格式化输出%T 用于获取类型。reflect.TypeOf 用于获取类型，reflect.Valueof 用于获取对象的值。

更为常见的关于反射操作的应用场景是对结构体进行操作，通过之前的学习可知，结构体的基本结构如下：

```
type Example struct {
    Field   int `json:"one"`
    Field2  string `json:"two"`
}
func (e Example) String() string {
    return fmt.Sprintf("%d: %s", e.Field, e.Field2)
}
```

关于结构体有如下知识点：

（1）字段（属性分为是否可导出，判断标准为字段名的首字母是否为大小写），上例中为 Field 和 Field2。

（2）结构体标签，上例中为 one 和 two。

（3）方法，上例中为 String 方法。

对结构体的反射操作能够让我们很轻松地操作结构体，通过结构体标签和方法同样能够改变结构体中各字段的值。

```
type ReflectUsage struct {
    Name string `json:"name"`
    Age  int    `json:"age"`
}
func (ref ReflectUsage) String() string {
    return fmt.Sprintf("Name: %s, Age: %d", ref.Name, ref.Age)
}
func (ref *ReflectUsage) AddAge(add int) int {
    ref.Age += add
    return ref.Age
}
func (ref ReflectUsage) MarshalJSON() ([]byte, error) {
    var buf bytes.Buffer
    buf.WriteString(fmt.Sprintf("Name: %s", ref.Name))
    return buf.Bytes(), nil
}
```

为了演示方便，我们定义一个结构体 ReflectUsage，该结构体包含 Name 和 Age 两个字段，相应的类型为 string 和 int，同时定义了该结构体的 String、AddAge 和 MarshalJSON 三个方法，其中 AddAge 是指针方法，其他是值方法。

通过反射来操作该结构体，使其能获取到结构体的字段、方法并进行相应的操作。

```
func Usage() {
    var example ReflectUsage
    example.Name = "XieWei"
    example.Age = 20
    // 获取类型的两种方法
    typ := reflect.TypeOf(example)
    fmt.Printf("%T\n", example)
    fmt.Println(typ)
    // 获取值的两种方法
    val := reflect.ValueOf(example)
    fmt.Printf("%#v\n", example)
    fmt.Printf("%v\n", example)
    fmt.Println(val)
    // 结构体包含字段（标签、值）和方法
    fmt.Println(typ.NumField(), typ.NumMethod())
    fmt.Println(val.NumField(), val.NumMethod())
    // 通过 type 获取标签属性
    fmt.Println(typ.FieldByName("Name"))
    fmt.Println(typ.FieldByName("Age"))

    // 通过 value 获取标签值
    fmt.Println(val.FieldByName("Name"))
    fmt.Println(val.FieldByName("Age"))
    // 函数的个数是根据传值计数的
```

```
fmt.Println(typ.NumMethod(), typ.Method(0))
fmt.Println(typ.NumMethod(), typ.Method(1))
methodOne := val.Method(1)
args := make([]reflect.Value, 0)
result := methodOne.Call(args)
fmt.Println(result)
methodTwo := val.MethodByName("MarshalJSON")
argsTwo := make([]reflect.Value, 0)
resultTwo := methodTwo.Call(argsTwo)
fmt.Println(string(resultTwo[0].Bytes()))
// 可以重新对结构体进行赋值操作，前提是获得指针
valCanSet := reflect.ValueOf(&example)
ptr := valCanSet.Elem()
ptr.FieldByName("Age").SetInt(100)
fmt.Println(example)
}
```

从这些基本的使用来看，反射库提供的函数基本是在操作对象的属性和方法。根据类型和值，开发人员可以灵活地操作对象，比如判断类型、获取值、改变值等。

如何才能快速记忆反射提供的方法呢？主要还是对结构体的理解，毕竟一般的反射操作的是结构体。

- 结构体包含字段、标签和方法。
- 字段有类型、名称和索引。
- 方法有名称、索引、参数和返回值。
- 指针即为指向对象的地址，可以更改对象。

与此相对应的是，可以记忆反射提供的这些函数：FieldByName/FieldByIndex/Filed、MethodByName/Method。

反射操作中统计对象（结构体）方法的个数其依据是值传递，如果是引用传递，就不统计该方法，比如AddAge方法。另外，方法的排序是根据方法名称的ASCII码排序的，虽然支持索引的方式获取字段和方法，但是建议使用X_ByName形式的函数，这样不容易出错。

要改变结构体中属性的值，需要先获取指针，再调用Set_X函数。

内置库 unsafe 提供了更为纯粹的操作指针的库，从库名可以看出，官方并不推荐使用unsafe库，因为它绕过了 Golang 的内存安全原则，是不安全的，除非开发者知道它具体在做什么。

unsafe 库仅提供了 3 个可导出的函数和两个类型：

- 类型1：ArbitraryType。
- 类型2：Pointer。
- 函数Sizeof：获取所占内存空间的字节数。
- 函数Offsetof：获取偏移量，比如数组是连续分配内存空间的，索引 index 表示的就是偏移量。
- 函数Alignof：边界对齐。

```
func UnsafeUsage() {
    var example ReflectUsage
    example.Name = "XieWei"
    example.Age = 20
    typ := reflect.TypeOf(unsafe.Sizeof(example))
    fmt.Println(typ)
    fmt.Println(unsafe.Sizeof(example))

    ptr := unsafe.Pointer(&example)  // 第一个字段地址
    fmt.Println(ptr)
    fmt.Println(*(*string)(ptr))         // 强制类型转换成第一个字段类型，获取值

    ptrOfSecondField := unsafe.Pointer(uintptr(ptr) +
unsafe.Offsetof(example.Age))
    fmt.Println(ptrOfSecondField)
    fmt.Println(*(*int)(ptrOfSecondField))

    *(*int)(ptrOfSecondField) = 32
    fmt.Println(example)
}

UnsafeUsage()

>>
uintptr
24
0xc00009c6a0
XieWei
0xc00009c6b0
20
Name: XieWei, Age: 32
```

- unsafe.Pointer：将对象转换为指针。
- uintptr：可以实现指针的操作，即和偏移量相加等。
- unsafe.Offsetof：获取偏移量。

具体用法参考图 4-15。

图 4-15　unsafe 库提供的操作

　　结构体在内存分配上是连续的，如果知道结构体字段的属性，就可以通过指针的操作来改变属性的值，同时根据偏移量也能获取或者改变属性。结构体的内存地址表示的是第一个字段的内存地址。

4.11　os/path/filepath

　　在日常开发中经常需要与操作系统打交道，比如执行 shell 命令、获取环境变量、操作文件系统等。内置库 os 提供了对应的操作方法。

1. os

常见的关于操作系统的操作是文件系统的操作，比如读取目录、改变目录、创建文件、文件内容读取等。

绝大多数操作系统都是类 UNIX 操作系统，所以其文件系统也是类 UNIX 的文件信息。Linux 就是类 UNIX 操作系统中的一种。Linux 文件包含很多标识信息，比如所属组、属主、所属其他用户等。

整个文件信息可以使用图 4-16 所示的思维导图来呈现。

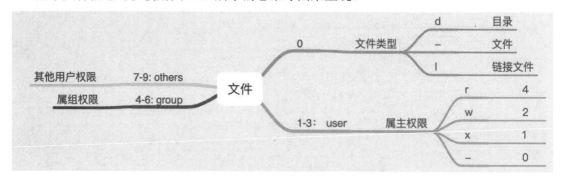

图 4-16　文件信息

为了更好地理解这些信息，可以在 Linux 系统下的工作目录执行命令，查看文件属性，如图 4-17 所示。

```
>> ll say.log
-rw-r--r-- 1 xiewei staff  201B  4 15 19:00 say.log
```

文件 类型	属主 权限	属组 权限	其他用户 权限
0	1 2 3	4 5 6	7 8 9
d	**rwx**	**r-x**	**r-x**
目录 文件	读 写 执行	读 写 执行	读 写 执行

图 4-17　文件属性

- 前10位依次表示：文件、属主权限rw-、属组权限r--、其他用户权限r--。
- 文件大小：201B。
- 文件最后更改的时间：4 15 19:00。
- 文件名：say.log。

Linux 操作系统还提供了更改属性的相应操作。

- chgrp：更改文件属组。
- chown：更改文件属主。
- chmod：更改文件的9个属性。

- r: 代表权限数字4。
- w: 代表权限数字2。
- x: 代表权限数字1。

在 Linux 操作系统下经常会执行如下操作:

```
chmod 644 say.log
chmod 777 say.log
```

为什么要了解这些内容呢? 因为编程语言要实现对操作系统内文件的操作, 而文件具备这些属性, 所以使用编程语言必然要实现这些操作。

比如更改文件属性:

```
func Chdir(dir string) error
func Chmod(name string, mode FileMode) error
func Chown(name string, uid, gid int) error
func Chtimes(name string, atime time.Time, mtime time.Time) error
...
```

内置库关于文件属性 (读、写、可执行) 的定义如下:

```
const (
    // Exactly one of O_RDONLY, O_WRONLY, or O_RDWR must be specified.
    O_RDONLY int = syscall.O_RDONLY // open the file read-only.
    O_WRONLY int = syscall.O_WRONLY // open the file write-only.
    O_RDWR   int = syscall.O_RDWR   // open the file read-write.
    // The remaining values may be or'ed in to control behavior.
    O_APPEND int = syscall.O_APPEND // append data to the file when writing.
    O_CREATE int = syscall.O_CREAT  // create a new file if none exists.
    O_EXCL   int = syscall.O_EXCL   // used with O_CREATE, file must not exist.
    O_SYNC   int = syscall.O_SYNC   // open for synchronous I/O.
    O_TRUNC  int = syscall.O_TRUNC  // if possible, truncate file when opened.
)
```

【示例】文件操作

```
func OsUsage() {
    // 判断文件是否存在, 获取文件信息
    fileMode, err := os.Stat("log.log")
    if os.IsNotExist(err) {
        return
    }
    fmt.Println(fileMode.Name(), fileMode.Mode(), fileMode.Size())
}

func OSUsageWith() {
    // 创建文件, 并以追加的方式写入内容
    file, _ := os.OpenFile("os.log", os.O_APPEND|os.O_CREATE|os.O_WRONLY, 0644)
    fmt.Println(file.Name())
    file.WriteString("Hello")
    file.WriteString("HelloWorld")
```

```
}
OsUsage()
OSUsageWith()

>>
log.log -rw-r--r-- 34
os.log
```

内置了打开和创建文件的两种快速操作：os.Open 和 os.Create，底层其实是 os.OpenFile。

```go
// 源代码
// 可读文件
func Open(name string) (*File, error) {
    return OpenFile(name, O_RDONLY, 0)
}
// 创建文件，文件属性为 rw-rw-rw-
func Create(name string) (*File, error) {
    return OpenFile(name, O_RDWR|O_CREATE|O_TRUNC, 0666)
}
```

对文件的操作，常用的还是关于文件的读写。

```go
type File
    func Create(name string) (*File, error)
    func NewFile(fd uintptr, name string) *File
    func Open(name string) (*File, error)
    func OpenFile(name string, flag int, perm FileMode) (*File, error)
    func (f *File) Chdir() error
    func (f *File) Chmod(mode FileMode) error
    func (f *File) Chown(uid, gid int) error
    func (f *File) Close() error
    func (f *File) Fd() uintptr
    func (f *File) Name() string
    func (f *File) Read(b []byte) (n int, err error)
    func (f *File) ReadAt(b []byte, off int64) (n int, err error)
    func (f *File) Readdir(n int) ([]FileInfo, error)
    func (f *File) Readdirnames(n int) (names []string, err error)
    func (f *File) Seek(offset int64, whence int) (ret int64, err error)
    func (f *File) SetDeadline(t time.Time) error
    func (f *File) SetReadDeadline(t time.Time) error
    func (f *File) SetWriteDeadline(t time.Time) error
    func (f *File) Stat() (FileInfo, error)
    func (f *File) Sync() error
    func (f *File) SyscallConn() (syscall.RawConn, error)
    func (f *File) Truncate(size int64) error
    func (f *File) Write(b []byte) (n int, err error)
    func (f *File) WriteAt(b []byte, off int64) (n int, err error)
    func (f *File) WriteString(s string) (n int, err error)
```

可以看出，File 具备 Write 和 Read 方法。

```go
// io
type Writer interface {
```

```
    Write(p []byte) (n int, err error)
}

type Reader interface {
    Read(p []byte) (n int, err error)
}
```

因为接口 Writer 和 Reader 分别具有 Write 和 Read 方法，所以 File 实现了接口 Writer 和 Reader。

在日常开发中，关于文件的读写经常调用 ioutil 库中的 ReadFile 和 WriteFile 函数。阅读源代码可以发现，其实底层就是在调用 os.File 相关的操作。

```
// 源代码：ioutil.ReadFile 和 ioutil.WriteFile
func ReadFile(filename string) ([]byte, error) {
    f, err := os.Open(filename)
    if err != nil {
        return nil, err
    }
    defer f.Close()
    // It's a good but not certain bet that FileInfo will tell us exactly how much to
    // read, so let's try it but be prepared for the answer to be wrong.
    var n int64 = bytes.MinRead

    if fi, err := f.Stat(); err == nil {
        // As initial capacity for readAll, use Size + a little extra in case Size
        // is zero, and to avoid another allocation after Read has filled the
        // buffer. The readAll call will read into its allocated internal buffer
        // cheaply. If the size was wrong, we'll either waste some space off the end
        // or reallocate as needed, but in the overwhelmingly common case we'll get
        // it just right.
        if size := fi.Size() + bytes.MinRead; size > n {
            n = size
        }
    }
    return readAll(f, n)
}

func WriteFile(filename string, data []byte, perm os.FileMode) error {
    f, err := os.OpenFile(filename, os.O_WRONLY|os.O_CREATE|os.O_TRUNC, perm)
    if err != nil {
        return err
    }
    n, err := f.Write(data)
    if err == nil && n < len(data) {
        err = io.ErrShortWrite
    }
    if err1 := f.Close(); err == nil {
        err = err1
```

```
    }
    return err
}
```

内置的 bufio、ioutil 和 os 库都支持文件的读写。

2. 目录

关于文件系统的另一个比较重要的操作就是对目录的操作，文件都是置于某个目录下的。开发过程中对文件的操作都伴随着对文件所在目录的操作，比如获取当前目录、文件的目录、绝对路径、相对路径等。

在类 UNIX 操作系统下，路径都是以 "/" 分隔的，比如/Users/xiewei/go/src/GopherBook，关于 Path 的操作包括哪些呢？如图 4-18 所示。

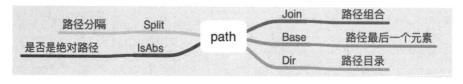

图 4-18　path 库提供的操作

【示例】

```
func OSPathUsage() {
    dir, _ := os.Getwd()
    fmt.Println(dir, path.Base(dir))
    fmt.Println(dir, path.Dir(dir))
    parentDir := path.Dir(dir)
    fmt.Println(dir, path.Join(parentDir, "Chapter3"))
}

OSPathUsage()

>>
/Users/xiewei/go/src/GopherBook/chapter4 chapter4
/Users/xiewei/go/src/GopherBook/chapter4 /Users/xiewei/go/src/GopherBook
/Users/xiewei/go/src/GopherBook/chapter4
/Users/xiewei/go/src/GopherBook/Chapter3
```

- 获取路径最后一个元素：Base。
- 获取文件路径：Dir。
- 将路径拆分和组合：Split、Join。
- 获取文件扩展名：Ext。

路径在本质上是一串带分隔符 "/" 的字符串，所以这些 Base、Dir、Split 和 Join 的函数是对包含特定特征 "/" 字符（分隔符）的字符串的操作。查看源代码进行验证亦是如此。

```
// 源代码

func Base(path string) string {
    if path == "" {
        return "."
```

```
    }
    // Strip trailing slashes.
    for len(path) > 0 && path[len(path)-1] == '/' {
        path = path[0 : len(path)-1]
    }
    // Find the last element
    if i := strings.LastIndex(path, "/"); i >= 0 {
        path = path[i+1:]
    }
    // If empty now, it had only slashes.
    if path == "" {
        return "/"
    }
    return path
}
```

由此可以看出，其实就是对字符串进行截取操作。

```
func Join(elem ...string) string {
    for i, e := range elem {
        if e != "" {
            return Clean(strings.Join(elem[i:], "/"))
        }
    }
    return ""
}
```

同样可以看出是对字符串进行拼接的操作。

Windows 下的目录格式和 Linux 下的目录格式有很大的不同，Path 库只处理以 "/" 作为分隔符的路径操作。如果要对兼容操作系统执行路径操作，那么使用 filepath，因为 filepath 几乎提供了相似的路径操作功能，基本可以完全替代 path。

filepath 提供了针对非 Linux 平台的 3 个函数：

- VolumeName获取磁盘名称，比如Windows C盘。
- ToSlash将路径分隔符 "\\" 转换为 "/" 分隔符。
- FromSlash将 "/" 分隔符的路径转换为带 "\\" 的分隔符。

如何创建目录、删除目录、对目录进行遍历操作呢？

- os.Mkdir/os.MkdirAll：创建目录。
- os.Remove/os.RemoveAll：删除目录。
- filepath.Walk：遍历目录。

【示例】

```
// 遍历当前目录下的所有文件
func OSDirUsage() {
    path, _ := os.Getwd()
    filepath.Walk(path, func(path string, info os.FileInfo, err error) error {
        if info.IsDir() {
            return nil
```

```
    }
    fmt.Println("file:", info.Name(), "in directory:", path)
    return nil
})
}
```

3. 执行命令

如何执行操作系统命令？比如用户在 Linux 操作系统中经常需要在终端下执行命令，如何使用编程语言实现在终端下执行命令的效果？

os/exec 库提供了这样的功能，可以在代码中执行命令，再进行后续操作，比如根据执行命令的结果再执行其他操作等，如图 4-19 所示。

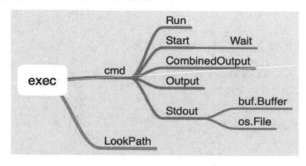

图 4-19 exec 库提供的操作

os/exec 库就是用来执行命令的，通常有如下两种用法：

（1）查找命令的目录。

（2）执行命令。

【示例】

```go
func OSExecUsage() {
    dockerPath, err := exec.LookPath("docker")
    if err != nil {
        return
    }
    fmt.Println(dockerPath)

    pwdPath, err := exec.LookPath("pwd")
    if err != nil {
        return
    }
    fmt.Println(pwdPath)

    // 1
    cmd := exec.Command("docker", "ps")
    stdout, _ := cmd.StdoutPipe()
    cmd.Start()
    opBytes, err := ioutil.ReadAll(stdout)
    fmt.Println(cmd.Dir, cmd.Path, string(opBytes))
```

```
// 2
pwd, _ := os.Getwd()
cmd2 := exec.Command("ls", pwd)
var buf bytes.Buffer
cmd2.Stdout = &buf
cmd2.Start()
cmd2.Wait()
fmt.Println(buf.String())

// 3
cmd3 := exec.Command("cat", "log.log")
out, _ := cmd3.Output()
//out2, _ := cmd3.CombinedOutput()
fmt.Println(string(out))

// 4
cmd4 := exec.Command("sh", "os.sh")
out4, _ := cmd4.CombinedOutput()
fmt.Println(string(out4))
}
```

- LookPath：搜索命令的路径，如果报错，就表示路径不存在。
- exec.Command：实例化结构体exec.Cmd，一般的实例化都是以New_X开头的。

```
// 源代码
func Command(name string, arg ...string) *Cmd {
    cmd := &Cmd{
        Path: name,
        Args: append([]string{name}, arg...),
    }
    if filepath.Base(name) == name {
        if lp, err := LookPath(name); err != nil {
            cmd.lookPathErr = err
        } else {
            cmd.Path = lp
        }
    }
    return cmd
}
```

- Cmd.Run和Cmd.Start方法可用来执行命令，主要区别是 Run 会等待命令执行完毕。
- Cmd.CombinedOutput()和Cmd.Output()可以直接得到命令执行的结果。

同样,支持将执行命令的结果输出到指定的目标或设备,例如将Cmd.Stdout用于赋值操作:

```
// 1
    pwd, _ := os.Getwd()
    cmd2 := exec.Command("ls", pwd)
    var buf bytes.Buffer
    cmd2.Stdout = &buf

// 2
```

```
cmd5 := exec.Command("ls", pwd)
stdout5, _ := cmd5.StdoutPipe()
if err := cmd5.Start(); err != nil {
    fmt.Println(err)
}

bytes, err := ioutil.ReadAll(stdout5)

err = ioutil.WriteFile("file.log", bytes, 0644)
if err != nil {
    panic(err)
}
```

支持外部命令的操作大概就是这些，开发者可以根据自己的需求选择合适的方法。

4.12　unicode

unicode 称为统一码，是为了将世界上存在的各种语言用于计算机中，统一码对世界上绝大多数语言的文字系统进行了编码，使得计算机可以使用更加简单的方式来呈现和处理这些文字，如图 4-20 所示。统一码定义了一个字符和字符编码之间的映射，每个字符的编码都是唯一的。统一码可以认为是一种标准和规范，具体的实现方式各不相同，UTF-8 和 UTF-16 是这种映射关系的两种不同的实现。

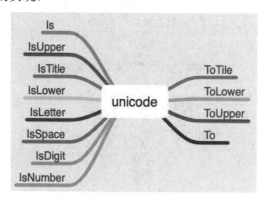

图 4-20　unicode 库提供的操作

下面通过示例代码来演示关于统一码的应用场景。

1. 判断字符是否包含字母和数字

使用下面的代码判断字符是否包含字母、数字等。

```
func UnicodeUsage() {
    var string = "你好 Golang 123"
    for _, i := range string {
        if unicode.IsLetter(i) {
            fmt.Printf("Yes:%c ", i)
        } else {
            fmt.Printf("No:%c ", i)
        }
```

```
    }
}

UnicodeUsage()
>>
Yes:你 Yes:好 No:  Yes:G Yes:o Yes:l Yes:a Yes:n Yes:g No:  No:1 No:2 No:3
```

IsLetter 函数用于判断单个字符是不是字母，除了 IsLetter 函数之外，还有以下用于判断的
函数：

```
func Is(rangeTab *RangeTable, r rune) bool
func IsControl(r rune) bool
func IsDigit(r rune) bool
func IsGraphic(r rune) bool
func IsLetter(r rune) bool
func IsLower(r rune) bool
func IsMark(r rune) bool
func IsNumber(r rune) bool
func IsOneOf(ranges []*RangeTable, r rune) bool
func IsPrint(r rune) bool
func IsPunct(r rune) bool
func IsSpace(r rune) bool
func IsSymbol(r rune) bool
func IsTitle(r rune) bool
func IsUpper(r rune) bool
```

结合使用 strings 和 unicode 库可以轻松完成一些任务，比如清除字符串首尾中符合某种条
件的字符、替换字符串中符合某种条件的字符。

```
fmt.Print(strings.TrimFunc("¡¡¡Hello, Gophers!!!", func(r rune) bool {
    return !unicode.IsLetter(r) && !unicode.IsNumber(r)
}))

>>
Hello, Gophers

f := func(c rune) bool {
    return !unicode.IsLetter(c) && !unicode.IsNumber(c)
}
fmt.Printf("Fields are: %q", strings.FieldsFunc("  foo1;bar2,baz3...", f))

>>
Fields are: ["foo1" "bar2" "baz3"]
```

2. 转换字符

对字符进行转换，比如字母大小写的转换。

```
func UnicodeUsage() {
    var string = "你好 Golang 123"

    for _, i := range string {
        fmt.Printf("%c", unicode.ToUpper(i))
    }
```

```
}
>>
你好 GOLANG 123
```

除了 ToUpper 转换函数之外，还存在 ToLower、ToTitle 函数。在内置库 strings 和 bytes 中也提供了类似的函数（方法）。对开发者而言，可以选择的方式更多了。

3. 字符集

在功能开发中有时会限定语言，比如注册用户名时只能使用中文、韩文等，统一码就是为了解决对不同文字系统的支持，使用 unicode 可以轻松地解决这个问题。

```
func RegisterUserName(name string, table *unicode.RangeTable) error {
    for _, i := range name {
        if !unicode.Is(table, i) {
            return errors.New("scripts is not correct")
        }
    }
    return nil
}
fmt.Println(RegisterUserName("注册名 Hello", unicode.Scripts["Han"]))
fmt.Println(RegisterUserName("등록이름", unicode.Scripts["Hangul"]))
>>
scripts is not correct
<nil>
```

上文中第一个函数参数包含英文字符，报错；第二个函数参数只包含韩文，通过。

4. 小结

本节主要讲述了统一码的使用，包括以下 3 个方面：

（1）判断：判断字符是否符合指定的要求。
（2）转换：将字符进行转换，例如字母大小写转换等操作。
（3）字符集：包括各国和地区语言的字符集。

4.13　flag

在日常开发中经常会使用终端命令，特别是使用 Linux 作为开发环境时，使用到命令行的机会更多，因为几乎所有的服务器都使用 Linux 操作系统。再者，经常使用到的服务方式都是 C/S（客户端/服务器端）的架构，如何和服务器端进行交互呢？一种方式是服务器端提供 RESTful API 的形式，以便于用户来操作服务器端的资源；另一种形式是客户端对服务务端的操作进行封装，提供命令行的形式与服务器端进行交互。比如经常使用的容器服务 Docker，用户之所以可以操作镜像和容器，就是因为 Docker 采用的是 C/S 架构，启动 Docker 本地即启动 Docker 服务，在终端中使用 docker 命令即可操作服务器端的资源。

在 Go 语言中支持对命令参数的解析，提供的库是 flag，可以采用内置的基本数据类型用于参数的解析，比如整数类型、浮点类型、布尔类型、字符串类型、时间类型等，有两种不同的方式可用于操作这几种基本数据类型，一种是先声明变量的形式，另一种是直接使用指针的形式，如图 4-21 所示。

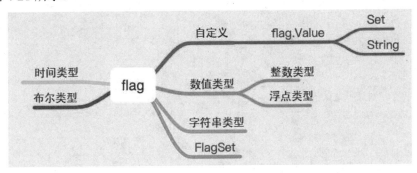

图 4-21   flag 库提供的操作

下面查看基本的使用方式：

```go
func FlagUsage() {
    var number int
    flag.IntVar(&number, "n", 10, "number")

    name := flag.String("name", "Go", "name of language")

    now := flag.Duration("time", time.Second, "time")
    flag.Parse()
    flag.PrintDefaults()
    fmt.Println(number, *name, *now)
}
```

- flag.IntVar/flag.Float64Var/flag.Int64Var/flag.Uint64Var/flag.UintVar/flag.BoolVar/flag.StringVar/flag.DurationVar：适用于声明变量的形式。
- flag.Int/flag.Float/flag.Int64/flag.Uint64/flag.Uint/flag.Bool/flag.String/flag.Duration：适用于将值通过指针形式进行赋值。

区分这两种方式可以直接从方法的名称入手，带 Var 的关键字需要赋予指定的变量。这两种方式可以指定接收命令的短参数、默认值以及帮助提示。必须使用 flag.Parse 才能正确地解析命令行参数。

前文在终端中的使用方式如下：

```
go run main.go -n 100 -name Python -time 1h10m
>>
  -n int
      number (default 10)
  -name string
      name of language (default "Go")
  -time duration
      time (default 1s)
100 Python 1h10m0s
```

// 也能够采用等号的形式

```
go run main.go -n=1000 -name=Golang -time=1h20m30s
>>
 -n int
      number (default 10)
 -name string
      name of language (default "Go")
 -time duration
      time (default 1s)
1000 Golang 1h20m30s

// 若不赋值，则显示默认值
go run main.go
>>
 -n int
      number (default 10)
 -name string
      name of language (default "Go")
 -time duration
      time (default 1s)
10 Go 1s
```

默认对整数类型、浮点类型、字符串类型、布尔类型、时间类型进行操作，即将从命令行终端中获取到的值转变为整数类型、浮点类型、字符串类型、布尔类型和时间类型。如果想把从命令行终端获取的值转变为自定义类型，比如将传入的字符串转变为切片、数组、自定义类型，如何实现呢？

答案是实现 Value 接口。阅读下面的源代码，查看 Value 接口的定义。

```
type Value interface {
    String() string
    Set(string) error
}
```

可以看出要实现自定义的类型解析，需要实现 String 方法和 Set 方法。Set 方法的作用是将接收的值转换成自定义类型，所以需要使用指针方法；String 方法是为了实现格式化输出。

【示例】自定义类型

```
type Numbers struct {
    Num []int
}

func (n *Numbers) Set(value string) error {
    sList := strings.Split(value, "|")
    var num []int
    for _, i := range sList {
        in, _ := strconv.Atoi(i)
        num = append(num, in)
    }
    n.Num = num
    return nil
}
```

```
func (n *Numbers) String() string {
    return fmt.Sprintf("%#v", n.Num)
}

func FlagSpecial() {
    var n Numbers
    flag.Var(&n, "n", "number to parse")
    flag.Parse()
    fmt.Println(n.Num)
}
```

- 自定义结构体Numbers。
- 实现Set和String方法。
- 具体是将"|"分隔符分隔的字符串转化为 Numbers 的属性。

```
go run main.go -n='1|2|3'
>>
[1 2 3]

go run main.go -n '12|2|2'
>>
[12 2 2]
```

由此可以看出，已经将命令行接收的字符串参数转化为自定义的类型并进行赋值。

回顾一下，之前使用 flag.IntVar/flag.Int 的源代码是如何实现的呢？

1. flag.IntVar

```
func IntVar(p *int, name string, value int, usage string) {
    CommandLine.Var(newIntValue(value, p), name, usage)
}
```

2. CommandLine.Var

```
var CommandLine = NewFlagSet(os.Args[0], ExitOnError)
func NewFlagSet(name string, errorHandling ErrorHandling) *FlagSet
func (f *FlagSet) Var(value Value, name string, usage string)
```

3. FlagSet

```
type FlagSet struct {
    // Usage is the function called when an error occurs while parsing flags
    // The field is a function (not a method) that may be changed to point to
    // a custom error handler. What happens after Usage is called depends
    // on the ErrorHandling setting; for the command line, this defaults
    // to ExitOnError, which exits the program after calling Usage
    Usage func()

    name          string
    parsed        bool
    actual        map[string]*Flag
    formal        map[string]*Flag
    args          []string // arguments after flags
    errorHandling ErrorHandling
    output        io.Writer // nil means stderr; use out() accessor
```

```
}
// A Flag represents the state of a flag
type Flag struct {
    Name     string // name as it appears on command line
    Usage    string // help message
    Value    Value  // value as set
    DefValue string // default value (as text); for usage message
}
func (f *FlagSet) Set(name, value string) error
```

通过组合的方式，FlagSet 结构体的 formal 字段拥有 Flag，而 Flag 又包含 Value 字段。因此，内置的这些方法其实都实现了 Value 接口。

4. 小结

要实现在终端中输入命令行的方式，可以使用内置库 Flag，它提供了整数类型、浮点类型、字符串类型、时间类型等的接收参数，可以自动解析变量并转化为指定的类型，再进行后续的处理。另外，可以自定义解析任意类型的变量，只需要实现 Value 接口即可。

在后续的开发中还会接触一些优秀的第三方开源库，比如 urfave/cli（https://github.com/urfave/cli）或者 cobra（https://github.com/spf13/cobra），本质上这些开源库都封装了内置库 Flag，提供了更为简便的处理方式。

4.14 net/url

网络请求在 Web 开发中是常见的操作，比如如何进行网络请求、构建对服务器端网络资源的访问。这些操作都可以使用内置库 net/url 和 net/http 来实现，本节先学习一个非常小的点路由。在 Web 开发中，包含如下 3 个步骤：

（1）设置访问方法：GET、POST、PATCH、DELETE。
（2）设置访问路径，即路由的设计。
（3）设置资源的响应形式，RESTful API 风格的响应形式一般选择采用 JSON 数据格式。

路由：URL（统一资源定位符），唯一定位服务器上的资源。下面通过示例来学习 URL 一般包含哪些部分。

【示例】

路由的一般形式：https://golang.org/pkg/net/url?name=xie&age=20。

- scheme：表示使用了哪种协议，比如HTTPS。
- 服务器地址为golang.org，当然也可以使用 IP 地址的形式定位服务器。为了方便记忆，使用DNS（域名管理系统）将网址和 IP 地址唯一映射。
- 资源路径：资源在服务器上的具体地址。

URL 具体的语法组成如下：

- scheme：使用哪种协议。
- 用户名：访问路由的用户名。
- 密码：访问路由的密码。
- 主机地址：服务器地址，IP或者对应的域名。
- 端口地址：服务器的端口地址。
- 路径：资源的路径，使用"/"分隔。
- 参数：键值对的形式，使用"&"连接多个键值对。
- 查询：标识符"?"。
- 片段：标识符"#"。

以 https://golang.org/pkg/net/url?name=xie&age=20 为例：

- 协议：超文本传输安全协议 HTTPS。
- 服务器域名：golang.org。
- 资源地址：pkg/net/url。
- 请求参数：name 和 age 对应的值为 xie 和 20。

具体来看源代码中关于 URL 的结构体定义：

```
type URL struct {
    Scheme     string
    Opaque     string    // encoded opaque data
    User       *Userinfo // username and password information
    Host       string    // host or host:port
    Path       string    // path (relative paths may omit leading slash)
    RawPath    string    // encoded path hint (see EscapedPath method)
    ForceQuery bool      // append a query ('?') even if RawQuery is empty
    RawQuery   string    // encoded query values, without '?'
    Fragment   string    // fragment for references, without '#'
}
```

可以看出和前面所学的知识点是一致的。那么关于 URL 有哪些操作呢？对路由的操作常见的有：

（1）获取请求参数。

（2）改变请求参数。对服务器上资源的操作其实就是访问不同的URL，定位不同的资源。

在源代码层面，本质上 URL 就是一串包含特定规律的字符串而已，在源代码中可以随时看到关于字符串的操作。

在请求参数方面，源代码中键值对的参数形式处理成 map 的形式，可以很容易地实现获取、增加、改变与删除等操作：

```
type Values map[string][]string
func (v Values) Get(key string) string
func (v Values) Add(key, value string)
func (v Values) Set(key, value string)
func (v Values) Del(key string)
```

【示例】

```
// 将字符串转化为 URL 类型
func UrlUsage() {
    var urlString = "https://golang.org/pkg/net/url?name=xie&age=20"
    urlPath, _ := url.Parse(urlString)
    fmt.Println(fmt.Sprintf("%#v", urlPath))
}

UrlUsage()
>>
&url.URL{Scheme:"https", Opaque:"", User:(*url.Userinfo)(nil),
Host:"golang.org", Path:"/pkg/net/url", RawPath:"", ForceQuery:false,
RawQuery:"name=xie&age=20", Fragment:""}
```

```
// 获取请求参数并改变
func UrlUsageParams() {
    rawUrl := "https://golang.org/pkg/net/url?name=xie&age=20"
    urlParsed, _ := url.Parse(rawUrl)
    fmt.Println(urlParsed.Query())
    v := urlParsed.Query()
    v.Del("name")
    v.Add("school", "shanghai")
    urlParsed.RawQuery = v.Encode()
    fmt.Println(urlParsed)
}

UrlUsageParams()
>>
map[name:[xie] age:[20]]
https://golang.org/pkg/net/url?age=20&school=shanghai
```

当然，也可以单独将这种键值对的参数形式转化为 Value 类型，即 map 类型。

```
func UrlValues() {
    values := "name=xie&age=20"
    v, _ := url.ParseQuery(values)
    fmt.Println(v)
    v.Add("school", "shanghai")
    fmt.Println(v)
}

UrlValues()
>>
map[name:[xie] age:[20]]
map[name:[xie] age:[20] school:[shanghai]]
```

URL 核心的操作如下：

（1）将字符串转化为 URL 类型。

（2）对请求参数的操作。

后续在 net/http 库中经常能看到 URL 操作的影子。

小结

URL用于唯一定位服务器上的资源，浏览网页实质上就是使用浏览器访问各种服务器上不同的资源。浏览器渲染出服务器上能够让用户看到的资源，不同的请求参数能够访问到的资源不同，URL通过服务器地址、路径、请求参数等构造出访问不同服务器资源的形式。

4.15　net/http

net/http 是内置库中一个非常重要的核心库，其他的编程语言要实现 Web 服务往往需要编写很多代码，而在 Go 语言中，只需要简短的几行程序代码即可实现 Web 服务或者发起网络请求。

关于网络请求，往往包含两个方向：

（1）客户端，即向某服务器端发起网络请求，访问该服务器端的资源。

（2）服务器端，即提供给各个客户端的资源，供各个客户端的访问。

下面分别从客户端和服务器端两个方面讲解内置库 net/http 的使用。

1. 客户端

客户端是向服务器端发起网络请求，根据服务器端提供的不同请求方法或者路由的不同，访问到的资源也各不相同。

为了便于访问，下面使用可以用来测试网络请求的一个开源网站 http://httpbin.org，这是 Python 领域一个非常著名的开源库作者 kennethreitz 的作品。当然，如果读者熟悉 Docker，可以以容器的形式来启动：docker run -p 80:80 kennethreitz/httpbin，这样在读者的本地系统也可以启动这个服务，便于进行下面的访问测试。

（1）获取资源：Get

```
func getHandle(rawString string) {
    response, err := http.Get(rawString)
    if err != nil {
        return
    }
    defer response.Body.Close()
    content, _ := ioutil.ReadAll(response.Body)
    fmt.Println(string(content))
}

func ClientUsageGet() {

    // get: 分别获取标头信息、IP 地址、user-gent
    getHandle("http://localhost:80/headers")
    getHandle("http://localhost:80/ip")
    getHandle("http://localhost:80/user-agent")

}
```

```
>>
{
  "headers": {
    "Accept-Encoding": "gzip",
    "Host": "localhost:80",
    "User-Agent": "Go-http-client/1.1"
  }
}
{
  "origin": "172.17.0.1"
}
{
  "user-agent": "Go-http-client/1.1"
}
```

客户端获取资源的方式非常简便，只需调用 http.Get 即可。通过查看源代码可以看到，其实是调用了内置默认的 http.Client 结构体的 Get 方法。

```
type Client struct {

    Transport RoundTripper
    CheckRedirect func(req *Request, via []*Request) error
    Jar CookieJar
    Timeout time.Duration
}

func Get(url string) (resp *Response, err error) {
    return DefaultClient.Get(url)
}

var DefaultClient = &Client{}
```

开发者可以借鉴到什么呢？

- 如果需要定制，即实例化 Client 结构体，那么给结构体参数赋相应的属性值即可。
- 如果仅使用默认的对象，那么源代码中先示例化一个默认的 Client 即可：DefaultClient。

这种方式在源代码中经常可以看到，当然默认的初始化不一定以 Default 开头。比如，之前的 4.13 节其实也有默认的 FlagSet 命名为 CommandLine。

（2）创建资源：Post、PostForm

【示例】

```
func postHandle(rawString string, body io.Reader) {
    response, err := http.Post(rawString, "application/json", body)
    if err != nil {
        return
    }
    defer response.Body.Close()
    content, _ := ioutil.ReadAll(response.Body)
    fmt.Println(string(content))
```

```
}
func ClientUsage() {

    // post
    var buf bytes.Buffer
    buf.WriteString("hello golang")
    postHandle("http://localhost:80/anything", &buf)

    val := strings.NewReader("hello python")
    postHandle("http://localhost:80/anything", val)

    bytesNew := struct {
        Name string `json:"name"`
        Age  int    `json:"age"`
    }{
        Name: "Golang",
        Age:  10,
    }
    byt, _ := json.Marshal(bytesNew)
    postHandle("http://localhost:80/anything", bytes.NewReader(byt))

    // PostForm
    response, err := http.PostForm("http://localhost:80/anything", url.Values{
        "name": []string{"Golang"},
        "age":  []string{"10"},
    })
    if err != nil {
        return
    }
    defer response.Body.Close()
    content, _ := ioutil.ReadAll(response.Body)
    fmt.Println(string(content))
}

ClientUsage()
>>
{
    "args": {},
    "data": "hello golang",
    "files": {},
    "form": {},
    "headers": {
        "Accept-Encoding": "gzip",
        "Content-Length": "12",
        "Content-Type": "application/json",
        "Host": "localhost:80",
         "User-Agent": "Go-http-client/1.1"
    },
    "json": null,
    "method": "POST",
    "origin": "172.17.0.1",
    "url": "http://localhost:80/anything"
}
```

```
{
    "args": {},
    "data": "hello python",
    "files": {},
    "form": {},
    "headers": {
        "Accept-Encoding": "gzip",
        "Content-Length": "12",
        "Content-Type": "application/json",
        "Host": "localhost:80",
        "User-Agent": "Go-http-client/1.1"
    },
    "json": null,
    "method": "POST",
    "origin": "172.17.0.1",
    "url": "http://localhost:80/anything"
}

{
    "args": {},
    "data": "{\"name\":\"Golang\",\"age\":10}",
    "files": {},
    "form": {},
    "headers": {
        "Accept-Encoding": "gzip",
        "Content-Length": "26",
        "Content-Type": "application/json",
        "Host": "localhost:80",
        "User-Agent": "Go-http-client/1.1"
    },
    "json": {
        "age": 10,
        "name": "Golang"
    },
    "method": "POST",
    "origin": "172.17.0.1",
    "url": "http://localhost:80/anything"
}
{
    "args": {},
    "data": "",
    "files": {},
    "form": {
        "age": "10",
        "name": "Golang"
    },
    "headers": {
        "Accept-Encoding": "gzip",
        "Content-Length": "18",
        "Content-Type": "application/x-www-form-urlencoded",
        "Host": "localhost:80",
```

```
        "User-Agent": "Go-http-client/1.1"
    },
    "json": null,
    "method": "POST",
    "origin": "172.17.0.1",
    "url": "http://localhost:80/anything"
}
```

与获取资源不同的是，Post 或者 PostForm 需要把参数传递给服务器端，服务器端再进行下一步的处理操作。

上面的示例都是调用默认的客户端访问服务器端资源的方法，这种情况通常能够满足大部分的需求。如果想采用定制的方法，就需要实例化相应的结构体，并调用相应的方法。

```
func redirectPolicyFunc(req *http.Request, via []*http.Request) error {
    if strings.Contains(req.URL.Path, "header") {
        return errors.New("header")
    }
    return nil

}
func UserClientUsage() {
    request, _ := http.NewRequest(http.MethodGet, "http://localhost:80/ip",
nil)
    client := &http.Client{
        CheckRedirect: redirectPolicyFunc,
    }
    response, _ := client.Do(request)
    defer response.Body.Close()
    content, _ := ioutil.ReadAll(response.Body)
    fmt.Println(string(content))
}
```

上面的示例代码中实例化了 http.Client 结构体，再调用了 http.Client 的 Do 方法。

客户端充当的是获取资源的角色，如何操作提供服务的服务器端呢？

2. 服务器端

服务器端主要的角色是提供资源访问的服务，在 Go 语言中可以快速地启动 Web 服务，通常启动 Web 服务的方式有下面几种：

（1）默认的形式

【示例】

```
func main() {
    http.HandleFunc("/hello_golang", func(writer http.ResponseWriter, request
*http.Request) {
    writer.Write([]byte("Hello Golang"))
})
    log.Fatal(http.ListenAndServe(":8080", nil))

}
```

这是常用的方式，实际上默认的形式不过是使用了一个内置的默认实例化的 ServeMux。

```
// 源代码
func HandleFunc(pattern string, handler func(ResponseWriter, *Request)) {
    DefaultServeMux.HandleFunc(pattern, handler)
}

func ListenAndServe(addr string, handler Handler) error {
    server := &Server{Addr: addr, Handler: handler}
    return server.ListenAndServe()
}
```

上面示例中对服务器端资源的获取可以使用如下代码进行调用：

```
curl http://localhost:8080/hello_golang

>>
Hello Golang
```

（2）实现 Handler 接口

【示例】

```
type SelfHandler struct {
}

func (SelfHandler) ServeHTTP(writer http.ResponseWriter, req *http.Request) {
    writer.Write([]byte("Hello Python"))
}
func main(){

    var self SelfHandler
    http.Handle("/hello_python", self)
    log.Fatal(http.ListenAndServe(":8080", nil))

}
```

其实重要的是 Handler 接口和自定义结构体，实现 ServeHTTP 方法即可。

```
// 源代码
type Handler interface {
    ServeHTTP(ResponseWriter, *Request)
}
```

上文中关于服务端资源的获取可以使用如下命令调用：

```
curl http://localhost:8080/hello_python

>>
Hello Python
```

（3）自定义HTTP服务器配置

【示例】

```
type Self struct {
}
```

```
func (Self) ServeHTTP(writer http.ResponseWriter, req *http.Request) {
    fmt.Fprintf(writer, "Hello Self Sever 1")
}
func (Self) Say(writer http.ResponseWriter, req *http.Request) {
    fmt.Fprintf(writer, "Hello Self Sever 1")
}
func main(){
    var selfServer http.Server
    var selfHandler Self
    var selfMux *http.ServeMux
    selfMux = &http.ServeMux{}
    selfHandler = Self{}
    selfMux.Handle("/say", selfHandler)
    selfServer = http.Server{
        Handler: selfHandler,
        Addr:    "localhost:9099",
    }
    log.Fatal(selfServer.ListenAndServe())
}
```

自定义服务器配置代替了默认的服务器配置，自定义了 Handler 与服务器端口及地址。
当然，还可以配置读写超时时间、请求标头的最大字节数等。

上文中关于服务器端资源的调用可以使用如下方法：

```
curl http://localhost:9099/say

>>
Hello Self Sever 1
```

以上是几种常见的启动 Web 服务的方式，可以看出启动 Web 服务主要包含如下步骤：

- 设置路由：访问的地址（链接）。
- 设置路由对应的控制器：决定访问路由后触发的操作，比如为什么上文访问对应的路由会返回不同的内容。
- 启动相应的服务：确定端口等，即访问的主机的地址和端口。

为什么会产生上面 3 种启动 Web 服务的方式，通过如图 4-22 所示的思维导图即可了解。

3. 小结

在 Go 语言中能够非常方便地执行客户端或者服务器端的操作，仅仅使用内置库就能很方便地实现诸如网络请求、启动网络服务。

net/http 库的核心包括两个方面：Client（客户端）和 Server（服务器端），从事后端开发的程序员应该很熟悉这两个概念，尤其是从事 Web 开发的人员。客户端的角色是发起网络请求，服务器端的角色是提供网络资源的访问，再稍微扩充一下，就可以使用内置的 net/http 库打造性能更好的Web服务。当然，原生的在路由层面的设计并不完美，所以衍生了很多第三方基于net/http库的Web框架，诸如Gin、Beego、Echo、Iris等，第三方库提高了开发人员的开发效率，在企业中经常用于业务逻辑的开发，但所有的本质都是对内置库net/http的封装或者优化。

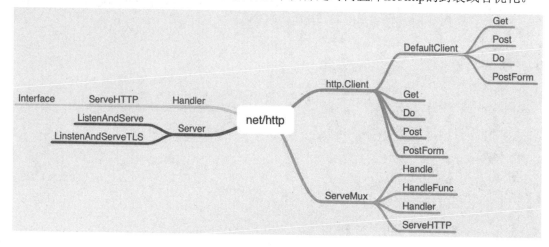

图 4-22　net/http 库提供的操作

4.16　sort

排序算法是常见的算法，内置库实现了插入排序、归并排序、堆排序和快速排序，有几种排序算法是不可直接访问的，需要使用内置的库来访问，因此使用过程中无须关心使用了哪种排序算法。

内置库提供了对常见数据类型的排序。排序包含如下操作：

- 升序、降序。
- 是否排序。
- 对任意数据类型进行排序。

对数值类型的数组进行排序很容易理解，如何对结构体进行排序呢？结构体中包含多个属性或者字段，对结构体排序时，应该按照某一个属性或者字段进行排序，否则无法比较。

内置库也提供了相应的接口，实现对任意数据类型的排序，如图 4-23 所示。

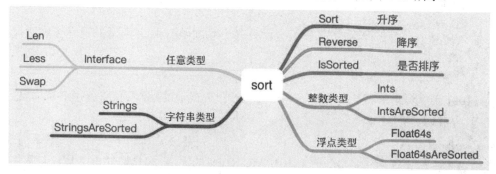

图 4-23　sort 库提供的操作

1. 整数类型数值的排序

【示例】

```
func SortIntsUsage() {
    list := []int{10, 9, 2, 8, 3}
    sort.Ints(list)
    fmt.Println(list)
    sort.Sort(sort.Reverse(sort.IntSlice(list)))
    fmt.Println(list)
}

SortIntsUsage()
>>
[2 3 8 9 10]
[10 9 8 3 2]
```

2. 浮点类型数值的排序

【示例】

```
func SortFloatsUsage() {
    list := []float64{10, 9, 1.2, 3.4, 12.1}
    sort.Float64s(list)
    fmt.Println(list)
    sort.Sort(sort.Reverse(sort.Float64Slice(list)))
    fmt.Println(list)
}
SortFloatsUsage()

>>
[1.2 3.4 9 10 12.1]
[12.1 10 9 3.4 1.2]
```

3. 字符串类型数值的排序

【示例】

```
func SortStringsUsage() {
    list := []string{"a", "A", "c", "C", "B", "b"}
    sort.Strings(list)
    fmt.Println(list)
    sort.Sort(sort.Reverse(sort.StringSlice(list)))
    fmt.Println(list)
}
SortStringsUsage()
>>
[A B C a b c]
[c b a C B A]
```

字符串按照首字母的 ASCII 编码进行排序。

可以很方便地实现对内置基本类型的排序，如何对任意类型（比如复杂的结构体）进行排序呢？

答案是实现 Interface 接口。

```
// 源代码
type Interface interface {
    // Len is the number of elements in the collection.
    Len() int
    // Less reports whether the element with
    // index i should sort before the element with index j.
    Less(i, j int) bool
    // Swap swaps the elements with indexes i and j.
    Swap(i, j int)
}
```

要实现 Interface 接口，就需要实现 Len、Less、Swap 三个方法。

【示例】

```
type Language struct {
    Year    int    `json:"year"`
    Name    string `json:"name"`
    Account string `json:"account"`
}
type Languages []Language

func (ls Languages) Len() int {
    return len(ls)
}
func (ls Languages) Less(i, j int) bool {
    return ls[i].Year < ls[j].Year
}
func (ls Languages) Swap(i, j int) {
    ls[i], ls[j] = ls[j], ls[i]
}

func SortStruct() {
    list := Languages{
        {
            10, "Golang", "Google",
        }, {
            28, "Python", "Google",
        }, {
            30, "Java", "***",
        }, {
            1, "Lua", "23",
        },
    }
    fmt.Println("Ori", list)
    sort.Sort(list)
    fmt.Println("sort", list)
}

func main(){
    SortStruct()
}
```

```
>>
Ori [{10 Golang Google} {28 Python Google} {30 Java ***} {1 Lua 23}]
sort [{1 Lua 23} {10 Golang Google} {28 Python Google} {30 Java ***}]
```

自定义的结构体 Languages 按照字段 Year 从小到大排序，开发者实现 Interface 接口即可。

再回过头来看如何排序内置的基本数据类型。

```
// 源代码
type IntSlice []int

func (p IntSlice) Len() int           { return len(p) }
func (p IntSlice) Less(i, j int) bool { return p[i] < p[j] }
func (p IntSlice) Swap(i, j int)      { p[i], p[j] = p[j], p[i] }

func Ints(a []int) { Sort(IntSlice(a)) }
```

由此可以看出，内置的基本数据类型已经实现了 Interface 接口。

同样的，浮点类型、字符串类型也实现了 Interface 接口。

4. 小结

内置的排序库可以很方便地让开发者实现对基本数据类型的排序，或者对自定义结构体按照某一个字段进行排序，只要实现 Interface 接口即可。而使用者无须关心内置库到底使用了哪种排序算法。

4.17　error

Go 语言不像其他编程语言一样可以对错误或者异常经常进行捕获操作，所以代码中经常会包含对错误信息的处理逻辑。

在项目中如何处理错误类型，尤其是在大型项目中如何对错误信息进行处理呢？

【示例】

```
func ErrorUsage() {
    err := errors.New("err: found 1")
    if err != nil {
        fmt.Println(err.Error())
    }
    err2 := fmt.Errorf("err: %s", "found 2")
    if err2 != nil {
        fmt.Println(err2.Error())
    }
}

ErrorUsage()
>>
err: found 1
err: found 2
```

要实现错误类型，有 errors.New 和 fmt.Errorf 两种方式，它们实质上是一样的，一种带格式，另一种不带格式，底层其实是一样的。

```
// 源代码
// fmt
func Errorf(format string, a ...interface{}) error {
    return errors.New(Sprintf(format, a...))
}

// errors
func New(text string) error {
    return &errorString{text}
}

// errorString is a trivial implementation of error.
type errorString struct {
    s string
}

func (e *errorString) Error() string {
    return e.s
}
```

实际上，errors.New 实例化的 errorString 实现了内置的 error 接口。

```
type error interface {
    Error() string
}
```

如果想要自定义项目的错误类型，那么实现 error 接口即可。

【示例】

```
type SelfError struct {
    Code    int    `json:"code"`
    Message string `json:"message"`
}

func (self SelfError) Error() string {
    return fmt.Sprintf("Code: %d, Message: %s", self.Code, self.Message)
}

func UsageError(value string) error {
    var self SelfError
    if value == "" {
        self.Code = 400
        self.Message = "fail"
        return self
    }
    return nil
}

func UserErrorUsage() {

    err3 := UsageError("")
    if err3 != nil {
        fmt.Println(err3.Error())
    }

}
```

```
UserErrorUsage()
>>
Code: 400, Message: fail
```

如果读者经常阅读源代码，那么应该能从中发现一般的库是如何处理错误信息的。

库的作用是解决某一类的问题，比如字符串处理、排序等，所以整体上和企业级的错误处理方式不太一样，一般开发者的思路是在库的起始位置定义一些频繁使用的错误类型。

真实的企业项目一般是自定义一个结构体，定义好其中的字段，而后单独成为项目的 error 库（或程序包），该结构体实现了内置 error 接口。单独成为一个库的好处是能够在项目中多处复用。

4.18　本 章 小 结

在日常开发中，需要频繁使用内置库。对内置库的熟练程度在一定程度上反映了开发人员对编程语言的熟悉程度，内置库内包含语言设计者的诸多编程思想，值得我们反复研读。

对内置库源代码进行梳理，可以发现这些值得学习的地方：

● 注释。
● 命名以及函数的长度。
● 可导出的函数一般内容很短，使用其他辅助函数替换。
● 通常内置一个Default_X变量可以直接使用结构体。
● 可以实例化一个结构体变量，再调用结构的方法。

第 5 章
编写图表库

数据可视化是数据科学领域一个非常重要的环节,通过对数据进行可视化处理,可以一目了然地把数据呈现出来,方便用户快速观察数据的趋势,以进行决策。

数据可视化的前提是数据,通过一些技术手段(比如后续介绍的网络爬虫程序)获取到数据,获取到的数据不一定能够直接使用,还需要经过数据清洗和处理,比如一些缺失值的处理、归一化处理等。

在前端页面的展示中经常会涉及图表库的操作,一般来说这些页面展示的操作是由前端工程师来处理的,会用到一些开源图表库中的组件,一般都是使用 JavaScript 操作图表库,以便开发者快速地构建美观且实用的图表,将数据转化为易于理解的图表。

本章将介绍常见的开源图表库以及相应的说明,在实践环节会基于 chart.js 来说明如何结合 Go 语言开发一款图表库——go-chart。

5.1 常见的开源图表库

图表库是前端页面常见的工具,尤其是在统计分析领域,将繁杂的数据直接转化为易于理解的图表。常见的开源图表库大多是基于 JavaScript 实现的,兼容 PC、移动设备、多数浏览器,可用于高度个性化地实现数据可视化。

市面上有诸多的开源图表库,比如百度开源的 ECharts、阿里开源的 BizCharts、Chart.js、HighCharts、G2、D3、Google 出品的 Google Charts 等,这些开源的库在兼容性、拓展性、支持图表的种类、交互等层面各有优缺点,具体的选择要结合具体的情况(比如开发者选择的技术栈、需要支持的图表种类等各方面)。

5.1.1 ECharts

ECharts 是百度出品的基于 JavaScript 实现的可视化库,它支持丰富多样的可视化图表类型,是开发者可视化工具的首选,比如支持折线图、柱状图、散点图、饼图、地图、热力图等。在可视化领域应用非常广泛,对开发者也非常友好,使用起来非常简便。

ECharts 整体上具有以下优势：

- 支持丰富的可视化图表类型。
- 体积小。
- 兼容性：移动端、Web端自适应效果。

一般如何使用 ECharts 定制化图表？首先需要明确我们的目的是什么，这决定需要选择的图表类型，比如想观察数据的分散程度，就应该选择散点图；想观察数据的占比，饼图就是更好的选择。

1. 新建 HTML 网页文件

新建 HTML 网页文件，导入 ECharts 库，可以选择本地的 JavaScript 文件，即将 ECharts 源代码下载到本地再导入，或者选择网络分发地址导入。

（1）本地文件导入的方式

本地文件导入的方式如下：

```
<!DOCTYPE html>
<html>
<head>
    <meta charset="utf-8">
    <!-- 导入 ECharts 文件 -->
    <script src="echarts.min.js"></script>
</head>
</html>
```

（2）CDN导入的方式

CDN 网络平台很多，一般官网上都能找到具体的地址，只需将本地地址转换成网络地址即可。

```
<!DOCTYPE html>
<html>
<head>
    <meta charset="utf-8">
    <!-- 导入 ECharts 文件 -->
    <script src="https://cdn.bootcss.com/echarts/4.2.1-rc1/
echarts-en.common.min.js"></script>
</head>
</html>
```

2. 准备一个 DOM 容器

首先设置图表的大小、主题等。

```
<body>
    <!-- 为 ECharts 准备一个指定大小（宽高）的 DOM-->
    <div id="main" style="width: 600px;height:400px;"></div>
    <script></script>
</body>
```

3. 加载数据

加载数据的方式如下：

```
<script type="text/javascript">
    var dom = document.getElementById("container");
    var myChart = echarts.init(dom);
    var app = {};
    option = null;
    option = {
        xAxis: {},
        yAxis: {},
        series: [{
            symbolSize: 20,
            data: [
                [10.0, 8.04],
                [8.0, 6.95],
                [13.0, 7.58],
                [9.0, 8.81],
                [11.0, 8.33],
                [14.0, 9.96],
                [6.0, 7.24],
                [4.0, 4.26],
                [12.0, 10.84],
                [7.0, 4.82],
                [5.0, 5.68]
            ],
            type: 'scatter'
        }]
    };
    ;
    if (option && typeof option === "object") {
        myChart.setOption(option, true);
    }
</script>
```

也就是将数据按照指定的格式加载到 script 内。像这种特定的格式，包含 3 个部分：图表类型（type）、数据（data）和设置项（option），不同的图表类型设置的参数存在差异。要正确地使用图表类型，建议多阅读官方的示例。

4. 打开浏览器，渲染之后得到结果

上述数据得到如图 5-1 所示的散点图。

5. 小结

要处理各种图表类型，重要的是明确图表类型的设置项，当然要了解这些设置项，建议从官方渠道获取资料进行解读，并配合丰富的示例来学习 ECharts 的使用。

官网地址为 https://www.echartsjs.com/index.html。

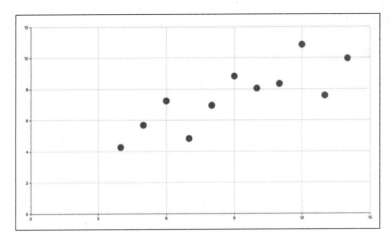

图 5-1　散点图

5.1.2　BizCharts

BizCharts 致力于为商业场景下的数据可视化提供解决方案，具有丰富的示例类型，主打电商业务图表的可视化，是基于 React 编写的。

如何使用 BizCharts 进行图表绘制？BizCharts 是基于 React 编写的，所以会使用 React 操作 DOM 树。

1. 新建 HTML 网页文件

加载 React 和 BizCharts 网络分发地址，这个其实与 Go 语言一样，需要用到库函数，要先导入，才能使用相关的功能。

```
<!DOCTYPE html>
<html>
<head>
    <meta charset="UTF-8">
    <title>Hello World</title>
    <!-- 引入 React -->
    <script crossorigin src="https://unpkg.com/react@16/umd/
react.development.js"></script>
    <script crossorigin src="https://unpkg.com/react-dom@16/umd/
react-dom.development.js"></script>
    <!-- 引入 Babel -->
    <script src="https://unpkg.com/@babel/standalone/babel.min.js"></script>
    <!-- 引入 BizChart -->
    <script src="https://gw.alipayobjects.com/os/lib/bizcharts/3.5.4/umd/
BizCharts.js"> </script>
</head>
<body>
<div id="root"></div>
<script></script>
</body>
</html>
```

主要导入 React、Bable、BizChart，使用的都是对应的网络分发地址。

2. 加载数据

加载数据，使用 React 操作 DOM 树：

```
<script type="text/babel">
    const { Chart, Geom, Axis, Tooltip, Legend, Coord } = window.BizCharts;
    // 数据源
    const data = [
        { genre: 'Sports', sold: 275, income: 2300 },
        { genre: 'Strategy', sold: 115, income: 667 },
        { genre: 'Action', sold: 120, income: 982 },
        { genre: 'Shooter', sold: 350, income: 5271 },
        { genre: 'Other', sold: 150, income: 3710 }
    ];
    // 定义度量
    const cols = {
        sold: { alias: '销售量' },
        genre: { alias: '游戏种类' }
    };
    // React 操作 DOM 树
    ReactDOM.render(
        <Chart width={1200} height={500} data={data} scale={cols}>
            <Axis name="genre" title/>
            <Axis name="sold" title/>
            <Legend position="top" dy={-20} />
            <Tooltip />
            <Geom type="interval" position="genre*sold" color="genre" />
        </Chart>,
        document.getElementById('root')
    );
</script>
```

3. 显示结果

在浏览器中打开上述新建的 HTML 网页文件，显示的图表如图 5-2 所示。

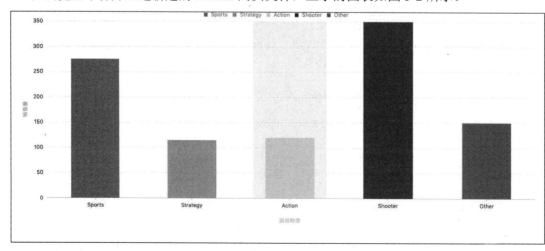

图 5-2　柱状图

4. 小结

整体上，BizChart 的使用方式是一致的，主要流程如下：

- 导入依赖库：React、BizChart。
- 加载数据。

其他图表类型的使用，比如参数设置等，需要参考官方文档。

官网地址为 https://bizcharts.net/index。

5.1.3　chart.js

chart.js 是一个图表控件集合，使用 HTML 5 的 canvas 进行绘制，支持当前所有的浏览器，不依赖任何外部工具库，是非常轻量的图表库，后续还会针对 chart.js 开发一个图表库 go-chart。

如何使用 chart.js 绘制图表呢？请按下述步骤进行操作。

1. 新建 HTML 网页文件

主要的思路与前文的 ECharts 和 BizChart 一样，即导入 chart.js 文件。

```
<html>
<head>
    <meta charset="UTF-8">
    <title>Charts</title>
    <script src="https://cdnjs.cloudflare.com/ajax/libs/Chart.js/2.8.0/
Chart.js"></script>
</head>
<body>
<div id="chart-wrapper">
    <canvas id="myChart" style="display: block; height: 235px;width:470px">
</canvas>
</div>
<script>

</script>
</body>
</html>
```

- 导入依赖库，以本地文件方式，即把 chart.js 源代码下载到本地。
- cdn方式，即以网络分发地址的方式导入，推荐使用这种方式，需要通过网络。

2. 加载数据

根据不同的数据图表类型来加载数据。

```
<script>
    let ctx = document.getElementById("myChart").getContext("2d");
    let myChart =new Chart(ctx, {
        type: 'scatter',
        data: {
            datasets: [{
                label: 'Scatter Dataset',
                backgroundColor: "rgb(255,0,174)",
```

```
                borderColor:"rgb(255,0,174)",
                borderWidth:5,
                pointRadius: [3,40,15,10,20,12,8,20], // 点的半径
                data: [
                    {x: -10, y: 0}, // 散点坐标
                    {x: -3, y: 2},
                    {x: -4, y: 5},
                    {x: 0, y: 9},
                    {x: 10, y: 5},
                    {x: 4, y: 5},
                    {x: 5, y: 3},
                    {x: 8, y: 5},
                ]
            }]
        },
        options: {
            scales: {
                xAxes: [{
                    type: 'linear',
                    position: 'bottom'
                }]
            }
        }
    });
</script>
```

3. 显示结果

在浏览器中打开上述新建的 HTML 网页文件，显示的图表如图 5-3 所示。

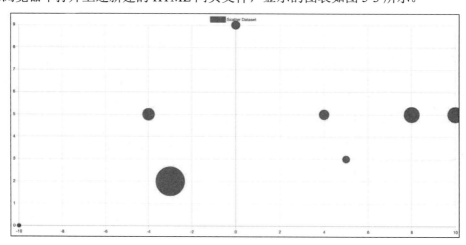

图 5-3　线性图

5.1.4　HighCharts

　　HighCharts 是一款兼容 IE6+、完美支持移动端、图表类型丰富、方便快捷的 HTML5 交互性图表库。HighCharts 支持的种类非常多。整体上而言，HighCharts 的使用方式与之前的图表库差不多。

如何使用 HighCharts 绘制图表？

1. 新建 HTML 网页文件，导入依赖库

```
<!DOCTYPE HTML>
<html>
<head>
    <meta charset="utf-8"><link rel="icon" href="https://jscdn.com.cn/
highcharts/images/favicon.ico">
    <script src="https://code.highcharts.com.cn/highcharts/highcharts.js">
</script>
    <script src="https://code.highcharts.com.cn/highcharts/modules/
exporting.js"></script>
    <script src="https://img.hcharts.cn/highcharts-plugins/
highcharts-zh_CN.js"></script>
</head>
<body>
<div id="container" style="min-width:400px;height:400px"></div>
<script></script>
</body>
</html>
```

导入依赖库 highcharts.js、exporting.js、highcharts-zh_CN.js，分别用于解决图表、导入、中文显示的问题。

2. 加载数据

```
<script>
    Highcharts.chart('container', {
        chart: {
            type: 'pie'
        },
        title: {
            text: '2018 年 1 月浏览器市场份额'
        },
        series: [{
            name: 'Brands',
            colorByPoint: true,
            data: [{name: 'Chrome', y: 61.41, sliced: true, selected: true},
                {name: 'Internet Explorer', y: 11.84},
                {name: 'Firefox', y: 10.85},
                {name: 'Edge', y: 4.67},
                {name: 'Safari', y: 4.18},
                {name: 'Sogou Explorer', y: 1.64},
                {name: 'Opera', y: 1.6},
                {name: 'QQ', y: 1.2},
                {name: 'Other', y: 2.61}]
        }]
    });
</script>
```

数据在 script 标签内，主要分为 3 类：图表类型、标题（图表轴、图例等）和数据。

3. 显示结果

在浏览器中打开上述新建的 HTML 网页文件，显示的图表如图 5-4 所示。

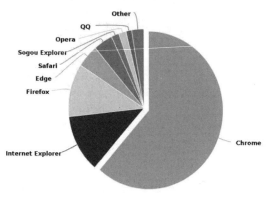

图 5-4　饼图

加载数据之后得到一个饼图，数据的占比与数据内的实际数据相关，还支持导出各种类型的图表。

5.1.5　小结

当然还存在很多类型的 JavaScript 图表，从前文的 4 个图表的示例中可以发现什么共性吗？操作步骤几乎相同：

（1）新建 HTML 网页文件，导入 JavaScript 文件。

（2）在 script 标签内加载数据。

（3）使用浏览器开启 HTML 网页文件，显示出图表。

如果需要使用 Go 语言结合各类 JavaScript 库进行图表库的开发，需要解决的问题有哪些？

- 熟悉 JavaScript 库的 API，知道各个类型的图表有哪些配置。
- 加载数据，绘制出图表。

Go 语言提供了 text/template 和 html/template 两个标准库用来处理模板，从一定程度上能够解决加载数据的问题。

5.2　模板引擎的使用

模板引擎分为两个主要的部分：

（1）静态数据，即不会更改的内容。

（2）动态数据，即随着运行状态可以变更的内容。

模板引擎一般用于前端的页面开发。模板引擎的基本使用流程如下：

（1）创建模板对象，模板内容既可以是文本，又可以是文件。

```go
func main() {
    pwd, _ := os.Getwd()
    t, err := template.ParseFiles(pwd + "/chapter5/template/index.html")
    if err != nil {
        log.Println(err)
        return
    }
}
```

模板文件的内容如下：

```html
// index.html
<body>
<div class= "{{.Class}}"></div>
<h1> {{.Title }}</h1>
<p>{{.Content }}</p>
</body>
```

模板文件内的变量使用{{}}来表示，还支持条件判断、变量、管道等方法。

（2）加载动态数据。根据模板文件内的动态数据定义相应的结构体。

```go
type Detail struct {
    Class   string
    Title   string
    Content string
}
```

（3）执行模板渲染。

```go
package main

import (
    "html/template"
    "log"
    "os"
)

type Detail struct {
    Class   string
    Title   string
    Content string
}

func main() {
    pwd, _ := os.Getwd()
    t, err := template.ParseFiles(pwd + "/chapter5/template/index.html")
    if err != nil {
        log.Println(err)
        return
    }
    var detail Detail
    detail = Detail{
```

```
        Class:   "test-class",
        Title:   "test-title",
        Content: "test-content",
    }
    err = t.Execute(os.Stdout, &detail)
    if err != nil {
        log.Println(err)
        return
    }
}
>>
// 结果
<body>
<div class= "test-class"></div>
<h1> test-title</h1>
<p>test-content</p>
</body>
```

将动态数据加载到模板文件中，结合上节图表的使用给我们的启发是在构建图表时需要将动态数据加载在 script 标签内，这时的操作完全可以使用模板引擎达到目的。

在使用模板引擎时，一般是采用加载模板文件的形式，即调用 template.ParseFiles 方法，这时文件的路径不好处理，使用相对路径换一个目录执行就可能会变，而使用绝对路径又不方便将来进行拓展。

推荐使用：packr 库能够比较优雅地处理模板引擎内的文件。

下载命令如下：

```
go get -u github.com/gobuffalo/packr
```

基本使用：还是前文的示例，这种通用的方式可以优雅地处理文件路径的问题。

```
package main

import (
    "html/template"
    "log"
    "os"

    "github.com/gobuffalo/packr"
)

type Detail struct {
    Class   string
    Title   string
    Content string
}

var detail Detail

func init() {
    detail = Detail{
        Class: "test-class",
```

```
        Title:   "test-title",
        Content: "test-content",
    }
}
func withPackr() {
    // 相对目录
    box:= packr.NewBox(".")
    // 获取相同目录下的 index.html 文件
    index, err := box.FindString("index.html")
    if err != nil {
        log.Println(err)
        return
    }
    t, _ := template.New("").Parse(index)
    err = t.Execute(os.Stdout, &detail)
    if err != nil {
        log.Println(err)
        return
    }
}
func main(){
    withPackr()
}

>>
<body>
<div class= "test-class"></div>
<h1> test-title</h1>
<p>test-content</p>
</body>
```

在以后的项目中遇到静态文件读取等问题时，推荐使用 packr 进行处理，整体实现方式比较优雅。

Go 模板引擎用于解决的是在静态数据和动态数据分离的情况下，运行时加载动态数据的问题。为什么要学习这个？回顾一下之前学习的 JavaScript 图表的使用方式：

（1）新建静态 HTML 网页文件，导入依赖库。

（2）加载动态数据。

（3）用浏览器打开这个 HTML 网页文件。

可以看出以上 3 个步骤完全吻合模板引擎的使用方式，借用模板引擎的方式，可以让 Go 模板引擎配合 JavaScript 图表库一起使用，构建图表库。

5.3　使用模板引擎构建图表

使用 Go 语言构建图表的核心思想是：使用模板引擎加载动态数据。各类库的语法有差异，但构建图表的核心依然是如下 3 部分：

（1）图表类型：比如饼图、折线图、柱状体、散点图、面积图等。

（2）数据：不同的数据图表，数据的格式不同，比如散点图是（x,y）型的，折线图是（x）型的。

（3）设置项：这些设置项有些是全局的，有些是图表特有的，常见的设置项有坐标轴、标题、数据提示框、图例等。

想要理解这些图表，首先需要明确图表的基础元素，如图 5-5 所示。

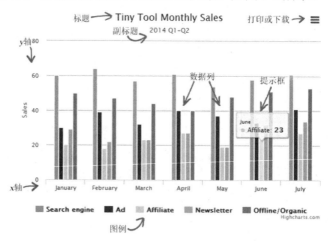

图 5-5　图表属性

- 标题（title）。
- 副标题（subtitle）。
- 坐标轴（x-axis,y-axis）。
- 图例（legend），用不同形状、颜色、文字等标示不同数据列。
- 数据列（series），图表上一个或多个数据系列，比如图表中的一条曲线、一个柱形等。
- 数据点提示框（tooltip）。
- 数据标签（labels）。

明确这些之后，细读各种 JavaScript 图表库的文档，就可以进一步理解这些概念以及相应的配置。当然，各类 JavaScript 图表库支持功能的程度不同，在具体实现上稍有差异，比如有些库支持酷炫的动画之类。

不同的 JavaScript 图表库的模板文件不同，重要的是导入的 JavaScript 库不同，我们都使用 JavaScript 库的网络地址。

分别对下面 3 种 JavaScript 图表库设置模板引擎，动态数据只需要定义相应的结构体，使用 template 模板引擎执行网页内容的渲染即可。

分别实现最小的系统，实现上述图表的功能，最小系统指的是能工作起来，但是不综合考虑拓展性、完整性等，只暂时保障最小的系统能够运行起来。

1. ECharts 模板文件

动态数据包含 Theme 和 Options 字段，最后的代码处理需要有一个结构体包含这两个字段。

其中，Theme 字段用来设置主题，包含 light 和 dark 两种主题类型。

通过官方的示例（见图 5-6）研究 ECharts 构建图表的设置都包含哪些字段。

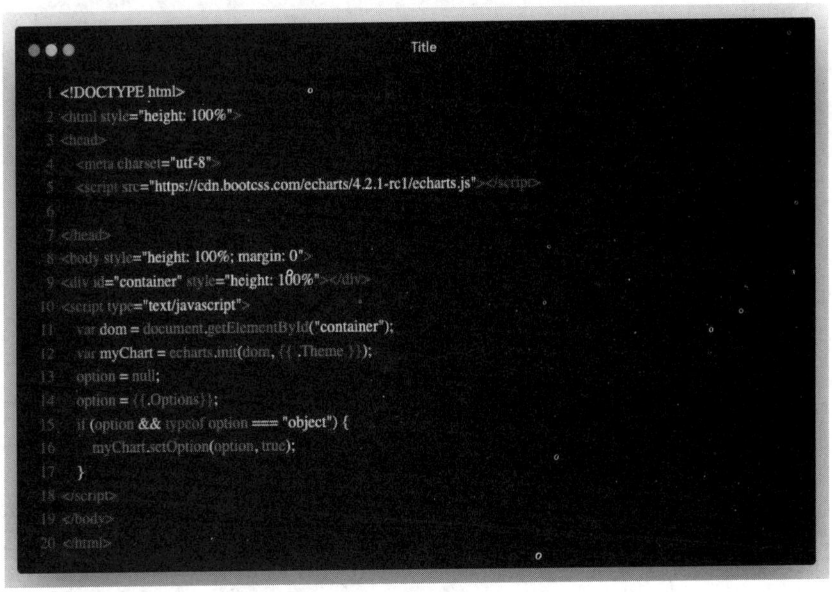

```
<!DOCTYPE html>
<html style="height: 100%">
<head>
  <meta charset="utf-8">
  <script src="https://cdn.bootcss.com/echarts/4.2.1-rc1/echarts.js"></script>

</head>
<body style="height: 100%; margin: 0">
<div id="container" style="height: 100%"></div>
<script type="text/javascript">
  var dom = document.getElementById("container");
  var myChart = echarts.init(dom, {{ .Theme }});
  option = null;
  option = {{.Options}};
  if (option && typeof option === "object") {
    myChart.setOption(option, true);
  }
</script>
</body>
</html>
```

图 5-6　ECharts HTML

柱状图的图表数据设置示例代码如下：

```
var option = {
    title: {
        text: 'ECharts 入门示例'
    },
    tooltip: {},
    legend: {
        data:['销量']
    },
    xAxis: {
        data: ["衬衫","羊毛衫","雪纺衫","裤子","高跟鞋","袜子"]
    },
    yAxis: {},
    series: [{
        name: '销量',
        type: 'bar',
        data: [5, 20, 36, 10, 10, 20]
    }]
};
```

其中包含字段 title、tooltip、legend、xAxis、yAxis、series 等，这些字段有些是必需的，有些不是必需的，若不设置，则不显示或者使用默认的显示方式。

散点图的图表数据设置示例代码如下：

```
var option = {
        xAxis: {},
        yAxis: {},
```

```
    series: [{
        symbolSize: 20,
        data: [
            [10.0, 8.04],
            [8.0, 6.95],
            [13.0, 7.58],
            [9.0, 8.81],
            [11.0, 8.33],
            [14.0, 9.96],
            [6.0, 7.24],
            [4.0, 4.26],
            [12.0, 10.84],
            [7.0, 4.82],
            [5.0, 5.68]
        ],
        type: 'scatter'
    }]
};
```

其中包含字段 xAxis、yAxis、series 等。

上述示例是柱状图和散点图两种不同类型的图表，使用 series 中的关键字 type 来区分。series 是所有数据的集合。

下一步的操作是构建结构体，使其具有上述数据的字段，这样使用模板引擎的渲染就能够将动态数据加载进去。

2. 方法集合

定义 interface，即方法的集合，所有的图表类型都实现这个接口。

```
// base.go
type EChartInterface interface {
    Plot(w http.ResponseWriter, r *http.Request)
    Save(string) bool
    Name() string
    Type() string
}
```

- Plot：在线展示图表。
- Save：本地存储图表。
- Name：图表的名称。
- Type：图表的类型。

3. 常用的结构体字段

将常用的结构体字段抽取出来，任意图表类型都需要使用，使用 Go 语言的组合将字段继承过去。图表类型都需要的字段包括：Type（图表类型）、Title（标题）、Series（数据）、XAxis（x 轴）、YAxis（y 轴）等。

```
// base.go
// 图表类型
```

```go
type BaseType struct {
    Type string `json:"type"`
}

// 标题
type BaseTitle struct {
    Title TitleOpts `json:"title"`
}

// 数据集合
type BaseData struct {
    Series Series `json:"series"`
}

// 选项：x 轴、y 轴等
type BaseOptions struct {
    XAxis   AxisOpts    `json:"xAxis,omitempty"`
    YAxis   AxisOpts    `json:"yAxis,omitempty"`
    ToolTip ToolTipOpts `json:"tooltip,omitempty"`
    Legend  LegendOpts  `json:"legend,omitempty"`
}

// 背景
type BackgroundOpts struct {
    Data string `json:"backgroundColor"`
}
```

单独抽取出这些字段的目的是方便复用，如果某种类型的图表存在特殊字段，那么单独设置即可。其中需要注意的是，结构体的 Tag（标签）的名称需要与 ECharts 支持的名称一致，比如 xAxis 不能写成 xaxis。

4. 具体的结构体和方法

各结构体需要设置相应字段的值，包括一些枚举类型的值，比如位置：上、下、左、右及一些默认值等。

```go
// options.go
// 标题的一些属性：包括位置、子标题等
type TitleOpts struct {
    Text      string `json:"text,omitempty"`
    TextAlign string `json:"textAlign,omitempty"`
    Top       string `json:"top,omitempty"`    //'top', 'middle', 'bottom'
    Left      string `json:"left,omitempty"`   //'left', 'center', 'right'
    Right     string `json:"right,omitempty"`
    Bottom    string `json:"bottom,omitempty"`
}

const (
    AUTO = iota
    LEFT
    RIGHT
    CENTER
)
```

```go
var DefaultTextAlign map[int]string

// 设置具体的枚举类型的选项
func init() {
    DefaultTextAlign = make(map[int]string)
    DefaultTextAlign[AUTO] = strings.ToLower("auto")
    DefaultTextAlign[LEFT] = strings.ToLower("left")
    DefaultTextAlign[RIGHT] = strings.ToLower("right")
    DefaultTextAlign[CENTER] = strings.ToLower("center")
}

const (
    BOTTOM = iota
    TOP
    MIDDLE
)

var DefaultTop map[int]string

// 设置枚举类型的选项
func init() {
    DefaultTop = make(map[int]string)
    DefaultTop[BOTTOM] = strings.ToLower("bottom")
    DefaultTop[TOP] = strings.ToLower("top")
    DefaultTop[MIDDLE] = strings.ToLower("middle")
}

var DefaultLeft map[int]string

// 设置枚举类型的选项
func init() {
    DefaultLeft = make(map[int]string)
    DefaultLeft[LEFT] = "left"
    DefaultLeft[RIGHT] = "right"
    DefaultLeft[CENTER] = "center"
}

// 标题位置的设置
func (T *TitleOpts) SetTextAlign(index int) {
    T.TextAlign = DefaultTextAlign[index]
}

// 标题的其他选项设置
func (T *TitleOpts) SetPositions(top int, left int) {
    T.Top = DefaultTop[top]
    T.Left = DefaultLeft[left]
}

// 坐标轴结构体
type AxisOpts struct {
    Data interface{} `json:"data"`
}

type ToolTipOpts struct {
    Data interface{} `json:"data"`
}
```

```
type LegendOpts struct {
    Data interface{} `json:"data"`
}

// 数据
type Series struct {
    Data []OneSeries `json:"series"`
}

// 某系列数据的字段
type OneSeries struct {
    SymbolSize int         `json:"symbolSize,omitempty"`
    Name       string      `json:"name"`
    Type       string      `json:"type"`
    Data       interface{} `json:"data"`
}

// 将某系列数据加载到整体数据中
func (S *Series) Add(data ...OneSeries) {
    S.Data = append(S.Data, data...)
}
```

简单来说，这一步的目的是为了设置结构体对应的方法，包括某些枚举值的设置、默认选项的设置以及支持用户自定义的值。

5. 模板文件

模板文件存储的是静态数据，存放在目录 /template/plot.html 内，将其独立出来，方便复用。

```
// template.go

func PlotText() string {
    box := packr.NewBox("./template")        // 当前目录的 template 文件夹
    plot, err := box.FindString("plot.html")  // template 文件夹的 plot.html 文件
    if err != nil {
        log.Println(err)
        return "-1"
    }
    return plot
}
```

6. 图表类型和背景

所有的图表类型在 ECharts 图表的 series 中的 type 字段中其实仅用一个字符串即可表示。在单独定义的 type.go 文件中，所有的图表类型都使用大写来表示，比如以下散点图的示例：

```
// type.go

var SCATTER = strings.ToLower("scatter")
```

ECharts 图表默认支持的主题为 light 和 dark，也支持自定义的主题，它们统一存放在 theme.go 文件内。

```
// theme.go
var DefaultTheme = ""
```

```
var LightTheme = strings.ToLower("light")
var DarkTheme = strings.ToLower("dark")
```

7. 实现散点图表

基于上述结构体和方法集合的定义，如何实现散点图呢？答案是合理利用上述结构体、模板、方法等。

如前文所述，任何图表类型都需要实现 EChartInterface 接口，即定义的结构体必须要有 Plot、Save、Name、Type 四种方法。

```
scatter.go
type Scatter struct {
    BaseType               // 类型
    BaseTitle              // 标题
    BaseOptions            // 选项
    BaseData               // 数据
    BackgroundOpts         // 主题
    json   interface{}
    theme string
}
```

Scatter 结构体利用组合的方式自动具备相应的匿名字段和方法。

将动态数据加载入模板内，关键是所定义的图表类型的结构和字段能被 ECharts 所识别，所以定义了一个字段 json，具体的实现如下：

```
func (S *Scatter) toJSON() {
    var V map[string]interface{}
    V = make(map[string]interface{})
    V["title"] = S.Title
    V["series"] = S.Series.Data
    V["xAxis"] = S.XAxis
    V["yAxis"] = S.YAxis
    V["legend"] = S.Legend
    V["tooltip"] = S.ToolTip
    S.json = V
}
```

方法一：设置主题

```
func (S *Scatter) SetTheme(name string) {
    S.theme = name
}
```

方法二：展示图表

```
func (S Scatter) Plot(w http.ResponseWriter, r *http.Request) {
    S.toJSON()
    var theme map[string]interface{}
    theme = make(map[string]interface{})
    theme["Theme"] = S.theme
    theme["Options"] = S.json
    toHandler(w, r, theme)
}
```

为了方便复用，将图表绘制和本地存储图表的核心处理逻辑定义在 assistance.go 帮助文件内。

```go
func toHandler(w http.ResponseWriter, r *http.Request, data interface{}) {
    t, err := template.New("").Parse(PlotText())
    if err != nil {
        log.Println(err)
        return
    }
    err = t.Execute(w, data)
    if err != nil {
        log.Println(err)
        return
    }
}

func toSave(v interface{}, name string) bool {
    t, err := template.New("").Parse(PlotText())
    if err != nil {
        log.Println(err)
        return false
    }
    file, err := os.Open(name)
    if err != nil {
        log.Println(err)
        return false
    }
    err = t.Execute(file, v)
    if err != nil {
        log.Println(err)
        return false
    }
    return true
}
```

方法三：本地存储图表

```go
func (S Scatter) Save(name string) bool {
    S.toJSON()
    if name == "" {
        name = SCATTER
    }
    return toSave(S.json, name)
}
```

方法四：图表名称和类型

```go
func (S Scatter) Name() string {
    return SCATTER
}
func (S Scatter) Type() string {
    return S.Name()
}
```

✪ 初始化

即实例化一个 Scatter 对象，设置一些默认值等。

```
func NewScatter(title string) *Scatter {
    t := BaseTitle{
        Title: TitleOpts{
            Text: title,
        },
    }
    return &Scatter{
        BaseTitle: t,
        BaseType: BaseType{
            Type: SCATTER,
        },
    }
}
```

接收一个字符串参数并设置为散点图的标题，把图表类型设置为 SCATTER。

8. 验证

使用 TDD（测试驱动开发）的编程方法验证上述的程序代码是否正确：

```
func TestScatter(test *testing.T) {
    s := NewScatter("Hello World Scatter")
    s.Series.Add(
        OneSeries{
            SymbolSize: 20,
            Name:       "Brand",
            Type:       s.Type(),
            Data: []interface{}{
                []float32{10.0, 8.04},
                []float32{8.0, 6.95},
                []float32{13.0, 7.58},
                []float32{9.0, 8.81},
                []float32{11.0, 8.33},
                []float32{14.0, 9.96},
                []float32{6.0, 7.24},
                []float32{4.0, 4.26},
                []float32{12.0, 10.84},
                []float32{7.0, 4.82},
                []float32{5.0, 5.68},
            },
        },
    )
    s.SetTheme(LightTheme)

    s.BaseTitle.Title.SetPositions(BOTTOM, CENTER)
    http.HandleFunc("/", s.Plot)
    log.Fatal(http.ListenAndServe(":9998", nil))
}
```

上述示例程序进行了这些操作：

- 实例化Scatter对象。
- 设置具体的数据。
- 设置主题。
- 设置标题位置。
- 在线展示。

✪ **本地访问**

使用 localhost:9998 即可查看图表，如图 5-7 所示。

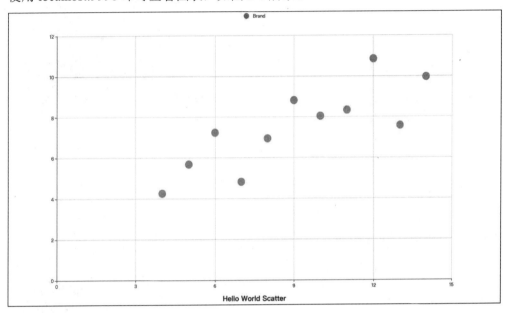

图 5-7　散点图

前文基于 ECharts 图表库逐步讲解如何构建图表，整体的核心思想是：

- 明确ECharts如何构建图表。
- 延伸到使用模板引擎加载动态数据的方式构建图表。
- 抽取公共的结构体，方便组合复用。
- 各图表类型对象实现定义的接口（Interface）。

当然，还有很多细节没有涉及，但是整体思想皆是如此，如果想基于 ECharts 构建更为丰富的图表类型，那么可以查看 https://github.com/go-echarts/go-echarts，其中采用的思维方式是类似的，而实现的功能更加完善。

5.4　基于 chart.js 构建图表库 go-chart

参照之前的思想，本节将基于 chart.js 构建一个完整的图表库 go-chart，支持折线图、柱状图、饼图、雷达图、散点图、气泡图等。

完整代码地址为 https://github.com/goecharts/go-chart。

5.4.1　项目组织结构

本项目的目的是组织一个图表库，有别于其他 Web 项目，无须按功能划分为不同的文件夹，但是需要注意各文件的命名，以便于区分。

```
├── assistance.go
├── bar.go
├── base.go
├── bubble.go
├── chart.go
├── color.go
├── const.go
├── data.go
├── doughnut.go
├── line.go
├── options.go
├── pie.go
├── plot.html
├── polarArea.go
├── radar.go
├── scatter.go
├── template.go
├── type.go
```

主要划分为如下几类：

- 模板文件：包括静态文件。

  - plot.html
  - template.go
  - assistance.go

- 基础数据：包括抽象的公共字段和结构体。

  - base.go
  - options.go
  - type.go
  - color.go
  - const.go
  - data.go

- 图表类型。

  - bar.go
  - bubble.go
  - chart.go
  - doughnut.go
  - line.go
  - pie.go
  - polarArea.go
  - radar.go
  - scatter.go

5.4.2　模板文件

plot.html 文件代码如下：

```html
<html>
<head>
    <meta charset="UTF-8">
    <title>Charts</title>
    <script
src="https://cdnjs.cloudflare.com/ajax/libs/Chart.js/2.8.0/Chart.js"></script>
</head>
<body>
<div id="chart-wrapper">
    <canvas id="myChart" style="display: block; height: 235px;width:
470px" ></canvas>
</div>
<script>
    let ctx = document.getElementById("myChart").getContext("2d");
    let myChart = new Chart(ctx, {{ . }});
</script>
</body>
</html>
```

解析模板文件，方便后续在线绘制图表时复用。

template.go 文件代码如下：

```go
func PlotText() string {
    box := packr.NewBox(".")
    text, err := box.FindString("plot.html")
    if err != nil {
        log.Println(err)
        return ""
    }
    return text
}
```

利用模板文件在线绘制或者导出到本地。

```go
// 图表导出到本地
func toLocal(name string, v interface{}) bool {
    if name == "" {
        return false
    }
    name = fmt.Sprintf("%s.html", name)
    file, err := os.Create(name)
    if err != nil {
        log.Println(err)
        return false
    }
    tpl := template.Must(template.New("").Parse(PlotText()))
    err = tpl.Execute(file, v)
    if err != nil {
```

```
        log.Println(err)
        return false
    }
    return true
}

// 图表在线展示
func toHandle(w http.ResponseWriter, req *http.Request, v interface{}) {
    tpl := template.Must(template.New("").Parse(PlotText()))
    err := tpl.Execute(w, v)
    if err != nil {
        log.Println(err)
        return
    }
}
```

5.4.3 基础数据

基础数据是对一些公共字段的抽取，方便后续的复用。至于为什么抽取这些字段，主要是从 chart.js 示例中发现一些共性，读者可以先通读 chart.js 官方的示例，从中得到一些启发。chart.js 官网地址为 https://www.chartjs.org/。

1. base.go 文件

base.go 文件代码如下：

```
type Charts interface {
    Plot(writer http.ResponseWriter, request *http.Request)
    Save(string) bool
    Name() string
}

type Base struct {
    Type    string `json:"type,omitempty"`
    Data    `json:"data"`
    Options `json:"options"`
}
```

定义一个 Interface，每个图表类型的示例都需要实现这些方法。定义图表类型的基础模型，主要操作的是 chart.js 本身的结构体，代码如下，模板划分为 type、data、options 三个部分。

```
<canvas id="myChart" width="400" height="400"></canvas>
<script>
var ctx = document.getElementById('myChart').getContext('2d');
var myChart = new Chart(ctx, {
    type: ...,
    data: {
        ...
    },
    options: {
        ...
    }
}
```

```
});
</script>
```

2. data.go 文件

这个文件是数据的集合，其目的是操作与图表相关的所有数据，包括一些标题、颜色、字体、宽度和数据等。

```go
type Data map[string]interface{}

// 设置标签
func (D Data) SetLabels(labels Labels) {
    D["labels"] = labels
}

type Labels []interface{}

// 设置数据集
func (D Data) SetDataSet(dataSets []interface{}) {
    D["datasets"] = dataSets
}

// 数据的默认设置
func (D Data) SetDataSetDefault(dataSets []DataSet) {
    data := []interface{}{}
    for _, i := range dataSets {
        data = append(data, i)
    }
    D.SetDataSet(data)
}
// 单个类型的数据
type OneDataSet map[string]interface{}

// 单个类型的数据设置默认值
func (O OneDataSet) SetDefault(data DataSet) {
    O["label"] = data.Label
    O["backgroundColor"] = data.BackgroundColor
    O["borderColor"] = data.BorderColor
    O["data"] = data.Data
    O["fill"] = data.Fill
}

func (O OneDataSet) SetProperty(key string, v interface{}) {
    O[key] = v
}

// 数据集
type DataSet struct {
    Type              string         `json:"type,omitempty"`
    Label             string         `json:"label,omitempty"`
    BackgroundColor   interface{}    `json:"backgroundColor,omitempty"`
    BorderColor       interface{}    `json:"borderColor,omitempty"`
    Data              []interface{}  `json:"data"`
    Fill              interface{}    `json:"fill,omitempty"`
    BorderDash        []int          `json:"borderDash,omitempty"`
```

```
        PointBackgroundColor interface{}   `json:"pointBackgroundColor,
omitempty"`
        BorderWidth          interface{}  `json:"borderWidth,omitempty"`
    }
    func defaultData() Data {
        var data Data
        data = make(map[string]interface{})
        return data
    }
    // 点坐标
    type Points struct {
        X interface{} `json:"x"`
        Y interface{} `json:"y"`
    }
    // 气泡图的点坐标
    type BubblePoints struct {
        X interface{} `json:"x"`
        Y interface{} `json:"y"`
        R interface{} `json:"r"`
    }
```

3. options.go 文件

该文件中的选项决定整体图表具备的辅助功能，比如坐标点是否从零值开始、坐标轴的标签的位置等。这部分内容比较复杂，需要查看 chart.js 有哪些选项，不同图表支持的选项不同，要做到更大程度地复用。这其实取决于读者对 chart.js 的熟悉度以及是否想让设计的图表最大化地支持 chart.js 所有的选项功能，这里需要做一些权衡。

```
    type Options map[string]interface{}
```

图表的选项定义为 map 结构，所有的可选项都是 map 的一个键值对。

- 设置相对位置，代码如下：

```
    func (O Options) SetResponsive(v bool) {
        O["responsive"] = v
    }
```

- 设置标题信息，代码如下：

```
    func (O Options) SetTitle(title string) {
        O["title"] = Title{
            Display: true,
            Text:    title,
        }
    }

    type Title struct {
        Display  bool   `json:"display,omitempty"`
        Text     string `json:"text,omitempty"`
        Position string `json:"position,omitempty"`
    }
```

● 设置图表选项，代码如下：

```
func (O Options) SetToolTips(tips ToolTips) {
    O["tooltips"] = tips
}

type ToolTips struct {
    Mode      string `json:"mode,omitempty"`
    Intersect bool   `json:"intersect,omitempty"`
}
```

● 设置悬浮项，代码如下：

```
func (O Options) SetHover(hover Hover) {
    O["hover"] = hover
}

type Hover struct {
    Mode      string `json:"mode,omitempty"`
    Intersect bool   `json:"intersect,omitempty"`
}
```

● 设置坐标轴，代码如下：

```
func (O Options) SetSales(scales Scales) {
    O["scales"] = scales
}

type Scales struct {
    X []Axes `json:"xAxes,omitempty"`
    Y []Axes `json:"yAxes,omitempty"`
}

type Axes struct {
    Display    bool       `json:"display,omitempty"`
    ScaleLabel ScaleLabel `json:"scaleLabel,omitempty"`
    Ticks      Ticks      `json:"ticks,omitempty"`
    Position   string     `json:"position,omitempty"`
}
// 坐标轴选项
type AxesOptions map[string]interface{}

func (A AxesOptions) AddAxesOption(key string, val interface{}) {
    A[key] = val
}
// 默认的坐标轴选项
func (O Options) defaultAxes(x string, y string, xZero bool, yZero bool) {
    X := []Axes{
        {
            Display: true,
            ScaleLabel: ScaleLabel{
                Display:     true,
                LabelString: x,
            },
```

```
                Ticks: Ticks{
                    BeginAtZero: xZero,
                },
                Position: LEFT,
            },
        }
        Y := []Axes{
            {
                Display: true,
                ScaleLabel: ScaleLabel{
                    Display:    true,
                    LabelString: y,
                },
                Ticks: Ticks{
                    BeginAtZero: yZero,
                },
                Position: BOTTOM,
            },
        }
        O["scales"] = Scales{
            X: X,
            Y: Y,
        }
    }

    func defaultOptions(title string) Options {
        var options Options
        options = make(map[string]interface{})
        options.SetTitle(title)
        options.SetResponsive(true)

        options.defaultAxes("", "", false, false)
        return options
    }
```

5.4.4　图表类型

完成模板文件和基础数据类型的定义，基本上就完成了所有的前置任务。接下来的任务是针对各个具体的图表类型实现 Charts 接口。

```
type Charts interface {
    Plot(writer http.ResponseWriter, request *http.Request)
    Save(string) bool
    Name() string
}
```

具体的操作步骤几乎一致，下面以 line 和 bar 两种图表类型为例来说明具体的实现。

1. line.go 文件

线性图的具体实现如下：

```
// 定义结构体
type Line struct {
```

```
    Base
    }

// 实现 Plot 方法
func (L Line) Plot(w http.ResponseWriter, r *http.Request) {
    toHandle(w, r, L.Base)
}

// Plot 方法的别名
func (L Line) Render(w http.ResponseWriter, r *http.Request) {
    L.Plot(w, r)
}

// 实现 Save 方法
func (L Line) Save(name string) bool {
    if name == "" {
        name = "line"
    }
    return toLocal(name, L.Base)
}

// 实现 Name 方法
func (L Line) Name() string {
    return L.Base.Type
}

func (L Line) String() string {
    return LineType
}

// 实例化
func NewLine(title string) *Line {

    return &Line{
        Base: Base{
            Type:    LineType,
            Data:    defaultData(),
            Options: defaultOptions(title),
        },
    }
}
```

编写完成 line 图表类型，具体使用方法如下：

```
func exampleLine() *charts.Line {
    line := charts.NewLine("Chart.js Line Chart")
    line.Data.SetLabels([]interface{}{"Jan", "Feb", "Mar", "April", "May",
"June", "July"})

    dataset := []charts.DataSet{
        {
            Label:           "My First DataSet",
            Data:            []interface{}{11, 2, 30, 14, 5, 23, 7},
            BackgroundColor: charts.Purple(),
            BorderColor:     charts.Purple(),
            Fill:            charts.FILLFALSE,
```

```
    },
    {
        Label:           "My Second DataSet",
        Data:            []interface{}{12, 22, 10, 14, 5, 13, 6},
        BackgroundColor: charts.BlueAlpha(0.4),
        BorderColor:     charts.Blue(),
        Fill:            "origin",
        BorderDash:      []int{5, 5},
    },
}
line.SetDataSetDefault(dataset)
return line
}
```

- 实例化 NewLine，传入标题参数。
- 设置数据标签。
- 设置数据。

结果如图 5-8 所示。

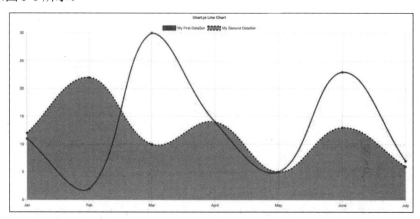

图 5-8　线性图

2. bar.go 文件

柱状图的具体实现与线性图差不多，具体流程基本一致，即实现接口的方法。

```
// 组合基础数据结构
type Bar struct {
    Base
}
// 实现 Plot 方法
func (B Bar) Plot(w http.ResponseWriter, req *http.Request) {
    toHandle(w, req, B.Base)
}
// Plot 方法起别名
func (B Bar) Render(w http.ResponseWriter, req *http.Request) {
    B.Plot(w, req)
}
```

```go
// 实现 Save 方法
func (B Bar) Save(name string) bool {
    if name == "" {
        name = "bar"
    }
    return toLocal(name, B.Base)
}

// 实现 Name 方法
func (B Bar) Name() string {
    return B.Type
}
func (B Bar) String() string {
    return BarType
}

// 实例化
func NewBar(title string) *Bar {
    return &Bar{
        Base: Base{
            Type:    BarType,
            Data:    defaultData(),
            Options: defaultOptions(title),
        },
    }
}
```

具体如何使用？请看一个示例：

```go
func exampleBar() charts.Bar {
    bar := charts.NewBar("Chart.js Bar Chart")
    bar.SetLabels([]interface{}{"Jan", "Feb", "Mar", "Apr", "May", "June",
"July"})
    dataset := []charts.DataSet{
        {
            Label:           "DataSet 1",
            BackgroundColor: charts.Red(),
            BorderColor:     charts.RedAlpha(0.7),
            Data:            []interface{}{-15, 51, 36, 24, -17, -64, 80},
        },
        {
            Label:           "DataSet 2",
            BorderColor:     charts.BlueAlpha(0.7),
            BackgroundColor: charts.BlueAlpha(0.7),
            Data:            []interface{}{25, -25, 35, 62, 35, -26, -24},
        },
    }
    bar.SetDataSetDefault(dataset)
    bar.SetLegend(charts.TOP, false)
    bar.SetXYAxes([]string{"Month"}, []string{"V"})
    return *bar
}
```

- 实例化 NewBar，传入标题参数。
- 设置标签。
- 设置数据。
- 设置x、y轴名称。

结果如图 5-9 所示。

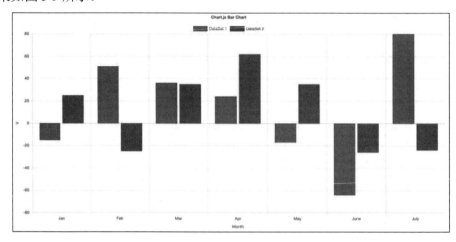

图 5-9　柱状图

更多示例可参考源代码（地址为 https://github.com/goecharts/go-chart）。

实现本章的这个图表库，具体我们要做些什么，要懂得哪些内容？

- 熟练使用 JavaScript 原生的图表库，明确具体的模板、绘制图表包含哪些内容。
- 模板引擎的使用：静态的数据不变，动态的数据执行过程加载进去。
- 抽象出可以复用的字段或者结构体。
- 合理对项目进行组织：基础数据、模板文件、图表类型。

5.5　本 章 小 结

本章主要介绍如何使用 Go 和开源的 JavaScript 图表库构建适用于 Go 编写的图表库，其中列举了常用的开源 JavaScript 图表库，先讲述使用原生的 JavaScript 库实现图表的绘制，再结合模板引擎的使用将编程语言和 JavaScript 图表库结合起来。读者如果想要实现 Go 版本的其他类型的 JavaScript 图表库，那么需要掌握：

第一，通读图表库文档，明确其结构，知道其支持哪些功能，功能的实现是靠哪个字段实现的：一方面来源于文档的说明，另一方面来源于官方的示例，这样就能快速地把握图表库支持的核心功能。

第二，合理地组织项目，抽象出具体的可以复用的结构体和字段，包括基础数据、图表类型、设置项等。

第6章

编 写 测 试

在编写代码的过程中，如果项目越来越复杂，那么如何维护代码的整体质量呢？在软件领域有一个重要的编程方法是 TDD（Test-Driven Development，测试驱动开发），它强调的就是先编写测试，再对代码进行设计和重构。

软件测试是指在指定的条件下操作程序，验证、发现程序的错误。

对于后端工程师来说，我们需要掌握一个重要的测试方面的技能——单元测试。这对及时验证自己编码的正确性非常有帮助，在后续的项目中经常会用到单元测试。

本章将以单元测试为主题讲述在实际项目中会遇到的问题以及相应的解决方法。

本章的主要内容包括：

- 单元测试。
- 内置库 testing 的使用。
- 表格驱动法测试。
- 第三方库的使用。
- 性能测试。

6.1 单 元 测 试

单元测试是指对软件的最小单位进行正确性的检验工作。最小单元就是单个程序、函数和过程等，在面向对象的编程语言中，就是函数或者结构体的方法，这里统一称为"函数"。

单元测试的步骤如下：

（1）指定输入。

（2）调用函数得出输出。

（3）判断输出和预期输出之间的关系。

复杂一些的单元测试可能还需要准备前提条件，比如需要创建数据库的连接等，执行结束后，需要关闭数据库的连接等，这些在单元测试中称为 SetUp、TearDown。

6.2　基本的使用

Go 语言提供了较为丰富的测试方法，主要使用的内置库是 testing。

6.2.1　常见用法

下面提供一个非常简单的函数，说明测试的基本使用方法：

```go
// hello.go
func Hello() string {
    return "Hello World"
}
```

编写测试来验证上述函数的输出是否和预期值相符。

```go
// hello_test.go
func TestHello(t *testing.T) {
    result:= Hello()
    want:= "Hello World"
    if result == want {
        t.Logf("Hello() = %v, want %v", result, want)
    } else {
        t.Errorf("Hello() = %v, want %v", result, want)
    }
}
```

结合上面的简单示例来说明测试需要注意的方面：

- 测试的文件可以与被测试的文件在同一个目录下，并且命名为_test.go，比如hello_test.go。
- 单元测试以Test_开头，名称最好和被测的函数一致，比如TestHello。
- 接收的参数为t *testing.T。
- 判断使用t.Errorf等方法。

上面示例程序的基本步骤如下：

- 指定输入：函数Hello( )不带输入，所以忽略。
- 调用被测函数：result:=Hello( )。
- 检验预期和输出值关系：if result==want。

内置的 testing 库还提供了更加丰富的 API，比如格式化打印日志为 t.Log、t.Logf，跳过测试方法 t.Skip、t.SkipNow、t.Skipped 等。

更为普遍的应用场景是调用 t.Run 方法来进行测试：

```go
func (t *T) Run(name string, f func(t *T))
```

该方法接收两个参数：name 用来说明被测对象是什么，func 表示具体的处理函数。
例如：

```go
func testHello(expected string) func(t *testing.T) {
    return func(t *testing.T) {
        if expected == "Hello World" {
```

```
        t.Logf("Hello() = %v, want = %v", expected, "Hello World")
    } else {
        t.Errorf("Hello() = %v, want = %v", expected, "Hello World")
    }
    }
}
func TestHello2(t *testing.T) {
    t.Run("test for hello with run", testHello(Hello()))
}
```

这样做的好处是将具体的判断逻辑抽取出来进行处理，可以更加方便地测试多种应用场景，比如改变输入，从而得到不同的输出。

如何运行单元测试呢？具体方法如下：

- 如果读者使用的是集成开发环境（IDE，比如GoLand），那么一般支持单个测试的运行。
- 如果读者使用的是终端，直接到项目所在的目录运行命令go test –v。

go test 还支持按指定单元测试函数的名称进行测试或者使用通配符进行测试。

- -run：指定单元测试函数的名称。
- -v：查看具体详情。
- -cpu：指定 CPU 的数目，用于并发执行。
- -cover：统计单个文件的覆盖率。
- -coverprofile=cover.out：将统计的覆盖率以文件的形式输出。

一般我们直接在项目中进行如下操作，表示运行项目中所有的测试文件：

```
go test -v ./...
```

另外，若想查看具体的测试代码覆盖情况，可以如下操作：

```
go tool cover -html=cover.out -o coverage.html
```

使用浏览器打开 coverage.html 文件，即可查看具体的代码覆盖情况。

这样编写测试是常见的，其实 Go 语言还支持样本测试。

6.2.2　样本测试

样本测试并不是常见的测试手段，但是经常能够在GoDoc文档中看到Example这类示例，这些测试通常就是基于样本测试自动生成的。

可以通过比较内部的 Output 注释和输出来判断样本测试是否一致。

```
func ExampleHello() {
    fmt.Println(Hello())
    // Output:
    // Hello World
}
```

- 以Example开头，最好与被测试的函数名称一致，比如ExampleHello( )。
- 必须有注释Output和对应的输出结果。

如果项目是开源库，那么通过 GoDocs 服务能够查看到 ExampleHello 这类样本示例。

6.2.3 SetUp/TearDown

Go 内置的库并没有明确地使用 SetUp/TearDown 机制，但是仍然支持这种形式的初始化和清理操作，即 TestMain。

```
func TestMain(m *testing.M) {
    fmt.Println("Before ====================")
    code := m.Run()
    fmt.Println("End ====================")
    os.Exit(code)
}
```

- 函数名称只能为TestMain。
- 参数只能为m *testing.M。

这个函数比其他函数优先执行，在其他单元测试通过后还会继续调用，可以用来完成需要进行初始化和清理操作的测试。

示例代码可参考 https://github.com/wuxiaoxiaoshen/go-how-to-write-test/tree/master/part_one。

6.3 表格驱动法测试

前文的测试处理方式不够优雅，即将数据和处理逻辑耦合在一起。有没有更为优雅的处理方式呢？表格驱动就是更为优雅的处理方式。

表格驱动测试的基本思路是，将具体的测试数据和处理逻辑单独抽出来分别处理，可以准备有代表性的数据集，不断地遍历数据集，再判断处理逻辑的输出和预期值的关系。

表格驱动测试常用到匿名结构体，一般形式如下：

```
tests := []struct {
    name string
    want string
}{
    {
        name: "test for hello",
        want: "Hello World",
    },
}
```

tests 是一个匿名的切片结构体，其属性有 name 和 want。name 可以理解为被测对象的介绍，want 是具体的预期值。这个示例中的属性可以根据具体的使用场景灵活变化。

下面以具体的示例来进行说明：

```
func Add(v1 int, v2 int) int {
    return v1 + v2
}
```

这是一个很简单的两数相加的函数，现在想测试这个函数是否符合要求。使用表格驱动法的代码如下：

```go
func TestAdd(t *testing.T) {
    type args struct {
        v1 int
        v2 int
    }
    tests := []struct {
        name string
        args args
        want int
    }{
        {
            name: "Add",
            args: args{1, 2},
            want: 3,
        },
    }
    for _, tt := range tests {
        t.Run(tt.name, func(t *testing.T) {
            if got := Add(tt.args.v1, tt.args.v2); got != tt.want {
                t.Errorf("Add() = %v, want %v", got, tt.want)
            }
        })
    }
}
```

- tests是一个匿名切片结构体，其属性有name、args、want。
- 不断遍历准备的数据集，调用被测函数，检验输出和预期值的关系。

我们可以看到，表格驱动测试更符合之前所讲的单元测试的步骤：

（1）指定输入。

（2）调用被测函数，得到输出。

（3）判断输出和预期值的关系。

同时将数据集与被测函数"分离"，这样的逻辑更加清晰，准备的数据集也可以更具代表性，比如经常需要考虑边界值（最大值、最小值、零值、负值等），这样就能及时地发现程序中潜在的问题。

示例代码可参考 https://github.com/wuxiaoxiaoshen/go-how-to-write-test/tree/master/part_two。

6.4 第三方库 goconvey

基于前文的介绍，我们知道了测试如何编写以及相应的注意事项。不过，内置的 testing 库存在一个缺点，即不能对输出和预期值进行丰富的断言判断，比如不能判断输出中是否包含某个字符、输出中是否不为空等。

为了弥补内置库的缺陷，诞生了优秀的第三方库 goconvey（地址为 https://github.com/smartystreets/goconvey）。

这个库的特点如下：

- 完全兼容内置库testing。
- 提供命令行工具简化内置的测试执行命令。
- 支持更加丰富的断言，用于判断输出和预期值。
- 提供更加直观的 Web 界面。
- 支持嵌套，特别适合函数或者方法中有多分支判断的情况。

1. 下载安装

命令如下：

```
go get github.com/smartystreets/goconvey
```

2. 使用方法

```
import (
    "testing"

    . "github.com/smartystreets/goconvey/convey"
)

func TestAdd_Two(t *testing.T) {
    Convey("test add", t, func() {
        Convey("0 + 0", func() {
            So(Add(0, 0), ShouldEqual, 0)
        })
        Convey("-1 + 0", func() {
            So(Add(-1, 0), ShouldEqual, -1)
        })
    })
}
```

上述示例说明如下：

- 以 "." 导入库的方式简化调用。
- 单元测试函数的命名及注意事项和内置库 testing 要求一致（比如以Test_开头，入参为 *testing.T）。
- 第一层 Convey 提供 3 个参数：test add（说明测试的名称）、t 和 func。
- 嵌套的 Convey 层提供两个参数：0+0（说明测试的名称）和 func。
- 使用 So 来判断预期值和输出。

断言支持的类型非常丰富，比如相等关系：

```
ShouldEqual              = assertions.ShouldEqual
ShouldNotEqual           = assertions.ShouldNotEqual
ShouldAlmostEqual        = assertions.ShouldAlmostEqual
ShouldNotAlmostEqual     = assertions.ShouldNotAlmostEqual
```

再如布尔类型：

```
ShouldBeNil              = assertions.ShouldBeNil
ShouldNotBeNil           = assertions.ShouldNotBeNil
```

```
ShouldBeTrue                    = assertions.ShouldBeTrue
ShouldBeFalse                   = assertions.ShouldBeFalse
ShouldBeZeroValue               = assertions.ShouldBeZeroValue
```

又如数值类型：

```
ShouldBeGreaterThan              = assertions.ShouldBeGreaterThan
ShouldBeGreaterThanOrEqualTo     = assertions.ShouldBeGreaterThanOrEqualTo
ShouldBeLessThan                 = assertions.ShouldBeLessThan
ShouldBeLessThanOrEqualTo        = assertions.ShouldBeLessThanOrEqualTo
ShouldBeBetween                  = assertions.ShouldBeBetween
ShouldNotBeBetween               = assertions.ShouldNotBeBetween
ShouldBeBetweenOrEqual           = assertions.ShouldBeBetweenOrEqual
ShouldNotBeBetweenOrEqual        = assertions.ShouldNotBeBetweenOrEqual
```

还支持字符串类型：

```
ShouldContain                   = assertions.ShouldContain
ShouldNotContain                = assertions.ShouldNotContain
ShouldContainKey                = assertions.ShouldContainKey
ShouldNotContainKey             = assertions.ShouldNotContainKey
ShouldBeIn                      = assertions.ShouldBeIn
...
```

读者可以根据使用场景灵活地选择。

3. 命令行

安装了库即自动安装了该命令行工具，如果失效，可以查看 GOBIN 是否加入 PATH 环境变量。

在项目目录下执行 goconvey 就会自动启动 Web 服务。默认访问地址为 http://127.0.0.1:8080/，可在 Web 界面上查看到具体的信息，如图 6-1 所示。

图 6-1　可视化界面

具体内容包括：

- 整体覆盖率。
- 单个测试文件的运行情况。
- 重新运行测试。
- 单个测试文件的覆盖情况或者未覆盖情况。

建议 goconvey 配合内置的 testing 库使用，以提高开发效率。

示例代码可参考 https://github.com/wuxiaoxiaoshen/go-how-to-write-test/tree/master/part_two。

6.5 解决依赖性问题

基于本章前面的内容，我们已经知道了单元测试如何编写并清楚了相应的工具和指标，但是前文的示例过于简单，现实项目中的应用场景更加复杂。

比如：

- 函数之间相互依赖的关系。
- 函数调用需要依赖网络访问的情况。
- 函数调用需要依赖数据库的情况。

本节将讲述如何解决这些复杂的依赖关系。让我们把单元测试做得更加"纯粹"，只聚焦于被测试的函数。

6.5.1 函数依赖关系

函数依赖关系是指一个函数运行成功与否依赖于其他函数的输出。这种情况如何处理呢？对于不是很复杂的逻辑直接调用即可，对于复杂的逻辑则最好使用 Mock 来操作，即模拟依赖函数的输出。

具体示例如下：

```go
func GetPageResponse(url string) (int, []byte, error) {
    request, _ := http.NewRequest("GET", url, nil)
    client := http.DefaultClient
    response, err := client.Do(request) //
    if err != nil {
        return response.StatusCode, nil, fmt.Errorf("client.Do fail")
    }
    defer response.Body.Close()
    result, err := ioutil.ReadAll(response.Body)
    return response.StatusCode, result, err
}
```

上面示例中的函数依赖于真实的网络请求，如果无法进行网络请求，就会失败。

这时可以模拟网络请求：

```go
import (

    "net/http"
```

```
        "reflect"
        "testing"

    .   "bou.ke/monkey"
    .   "github.com/smartystreets/goconvey/convey"
    )

    func TestGetPageResponse(t *testing.T) {
        var client *http.Client
        guard := PatchInstanceMethod(reflect.TypeOf(client), "Do",
func(*http.Client, *http.Request) (*http.Response, error) {
            var response http.Response
            response.StatusCode = 400

            return &response, fmt.Errorf("%s", "http fail")
        })
        defer guard.Unpatch()
        tests := [2]struct {
            name  string
            url   string
            want1 int
            want2 []byte
            want3 error
        }{
            {
                name:  "not ok",
                url:   "http://www.baidu.com",
                want1: 400,
                want2: []byte{},
                want3: fmt.Errorf("%s", "http fail"),
            },
            {
                name:  "not ok",
                url:   "http://www.hao123.com",
                want1: 400,
                want2: []byte{},
                want3: fmt.Errorf("%s", "http fail"),
            },
        }
        Convey(tests[0].name, t, func() {
            code, _, err := GetPageResponse(tests[0].url)
            So(code, ShouldEqual, tests[0].want1)
            So(err, ShouldNotBeNil)
        })
        Convey(tests[1].name, t, func() {
            code, _, err := GetPageResponse(tests[1].url)
            So(code, ShouldEqual, tests[1].want1)
            So(err, ShouldNotBeNil)

        })
    }
```

上面的示例代码中使用 Mock 对 client.Do 方法进行了打桩处理，使其输出的状态码为 400，从而导致被测函数一定会出错。

示例代码中还用到了另一个第三方库 monkey（地址为 https://github.com/bouk/monkey）。

```
// 下载
go get github.com/bouk/monkey
```

通常使用其中的两种方法即可：

- 对结构体的方法打桩：monkey.PatchInstanceMethod。
- 对函数打桩：monkey.Patch。

使用时需要注意以下两点：

- 明确是对函数还是对方法进行打桩处理。
- 打桩的函数参数和输出要完全一致。

示例代码如下：

```
func GetPageResponse(url string) (int, []byte, error) {
    request, _ := http.NewRequest("GET", url, nil)
    client := http.DefaultClient
    response, err := client.Do(request) //
    if err != nil {
        return response.StatusCode, nil, fmt.Errorf("client.Do fail")
    }
    defer response.Body.Close()
    result, err := ioutil.ReadAll(response.Body)
    return response.StatusCode, result, err
}

func GetTrendingTwo(url string) Results {
    _, values, _ := GetPageResponse(url) //
    var results = make([]Result, 0)
    stringReader := strings.NewReader(string(values))
    doc, _ := goquery.NewDocumentFromReader(stringReader)
    doc.Find("div.explore-content ol.repo-list li").Each(func(i int,
selection *goquery.Selection) {
        var oneProject Result
        oneProject.Name, _ = selection.Find("div h3 a").Attr("href")
        oneProject.URL = fmt.Sprintf("https://github.com%s", oneProject.Name)
        results = append(results, oneProject)
    })
    return results
}
```

在上面的示例代码中，GetTrendingTwo 的测试依赖于 GetPageResponse 的调用。当然，可以对函数进行重构，使其不依赖于 GetPageResponse，这里的示例代码使其构成依赖（GetTrendingTwo 实现的是解析网页源代码的功能）。

如何进行打桩处理呢？

- 明确GetPageResponse是函数。
- 确保打桩函数与GetPageResponse的参数和返回值一致。

示例代码如下:

```
import (
    "fmt"
    "net/http"
    "reflect"
    "testing"

    . "bou.ke/monkey"

    . "github.com/smartystreets/goconvey/convey"
)
func TestGetTrendingTwo(t *testing.T) {
    guard := Patch(GetPageResponse, func(_ string) (int, []byte, error) {
        return 200, []byte(PageString), nil
    })
    defer guard.Unpatch()

    tests := []struct {
        name string
        url  string
    }{
        {
            name: "get trending",
        },
    }
    Convey(tests[0].name, t, func() {
        results := GetTrendingTwo(tests[0].url)
        So(results, ShouldNotBeNil)
        So(len(results), ShouldEqual, 1)
        So(results[0].URL, ShouldContainSubstring, "github.com")
    })
}
```

我们对 GetPageResponse 函数进行打桩处理，使其返回一串符合后面函数解析的状态码、字符串、错误信息，即"200，[]byte(PageString), nil"。这样被测试的函数就能顺利地往下执行，从而达到测试的目的。

示例代码可参考 https://github.com/wuxiaoxiaoshen/go-how-to-write-test/tree/master/part_three。

6.5.2 数据库的依赖

函数依赖的问题可以按照 Mock 的方式进行处理，真实的业务场景中还需要频繁使用数据库，比如接口调用资源，真实的情况是将数据库存储的内容搜索出来。

这种场景如何解决呢？下面是其中的两种方法：

- 使用真实的测试数据库，将一些模拟的数据存储在测试数据库中，真实地调用即可。
- 对数据库进行打桩处理，模拟数据库的真实操作。

```
// 下载相应的库
// 对数据库进行打桩处理
go get github.com/DATA-DOG/go-sqlmock
```

```
    // gorm 操作数据库
    go get github.com/jinzhu/gorm
    // gin web 服务
    go get github.com/gin-gonic/gin
```

这里着重对数据库的打桩进行介绍。

因为示例代码中用到了 gin，这里顺便讲一下如何使用 net/http/httptest 进行接口的测试。

```go
func setupRouter() *gin.Engine {
    r := gin.Default()
    r.GET("/ping", func(c *gin.Context) {
        c.String(200, "pong")
    })
    return r
}
```

相应的测试函数为：

```go
import (
    "net/http"
    "net/http/httptest"
    "testing"
)

func TestPingRoute(t *testing.T) {
    router := setupRouter()

    w := httptest.NewRecorder()
    req, _ := http.NewRequest("GET", "/ping", nil)
    router.ServeHTTP(w, req)
    fmt.Println(w.Body.String()) // pong
}
```

上面的接口测试并没有用到数据库的交互，所以直接调用并判断输出即可。

下面我们尽量模拟真实的数据库交互操作。

（1）建立数据库连接

```go
var POSTGRES *gorm.DB

func DBInit() *gorm.DB {
    host := "127.0.0.1"
    port := "5432"
    user := "postgres"
    password := ""
    dbName := "gin_example"
    sslMode := "disable"

    connectString := fmt.Sprintf("host=%s port=%s user=%s password=%s dbname=%s sslmode=%s",
        host, port, user, password, dbName, sslMode)
    conn, err := gorm.Open("postgres", connectString)
    if err != nil {
        panic("failed to connect database" + err.Error())
    }
```

```
conn.LogMode(true)

conn.DB().SetMaxIdleConns(3)

POSTGRES = conn
return POSTGRES
}
```

（2）定义数据模型

- Item: 数据表，相应的字段为数据表的列。
- NewItems: 可以用来表示数据库中的两条记录。

```
type Item struct {
    gorm.Model
    Name string `gorm:"type:varchar" json:"name"`
}

type Items []Item

func NewItems() Items {
    return []Item{
        {
            Model: gorm.Model{
                ID:        1,
                CreatedAt: time.Now(),
                UpdatedAt: time.Now(),
            },
            Name: "XieWei",
        },
        {
            Model: gorm.Model{
                ID:        2,
                CreatedAt: time.Now(),
                UpdatedAt: time.Now(),
            },
            Name: "WuXiaoShen",
        },
    }
}
```

（3）路由注册

```
func Register(r *gin.RouterGroup) {
    r.GET("/name/:id", GetNameHandler)
}

func GetNameHandler(c *gin.Context) {
    id := c.Param("id")
    var record Item
    if dbError := POSTGRES.Where("id = ?", id).First(&record).Error; dbError !=
nil {
        c.JSON(http.StatusBadRequest, dbError.Error())
        return
```

```
    }
    c.JSON(http.StatusOK, record)
}
```

这个示例的真实场景是：启动服务后，访问接口 localhost:port/name/{id}就会真实地搜索 id 为指定值的一条记录。

如何对与数据库交互的函数 GetNameHandler 进行测试呢？

（1）模拟数据库的连接，调用 TestMain 函数

```
var (
    sqlMock sqlmock.Sqlmock
)
func TestMain(m *testing.M) {
    db, mock, err := sqlmock.New()
    if err != nil {
        log.Fatalf("can't create sqlmock: %s", err)
    }
    POSTGRES, err = gorm.Open("sqlite3", db)
    if err != nil {
        log.Fatalf("can't open gorm connection: %s", err)
    }
    POSTGRES.LogMode(true)
    sqlMock = mock
    code := m.Run()
    os.Exit(code)
}
```

模拟了连接到数据库。

（2）模拟数据

```
func FixRule(value string) string {
    return fmt.Sprintf("[" + value + "]")
}
// 数据表返回字段以及返回结果
func GetRowsForItem(item Item) *sqlmock.Rows {
    fields := []string{"id", "created_at", "updated_at", "deleted_at", "name"}
    rows := sqlmock.NewRows(fields)
    rows.AddRow(item.ID, item.CreatedAt, item.UpdatedAt, item.DeletedAt, item.Name)
    return rows
}
```

模拟了真实数据库中的记录。

（3）接口测试

```
func TestGetNameHandler(t *testing.T) {
    tests := [3]struct {
        name string
        id   string
```

```
    }{
        {
            name: "get one record by id = 1",
            id:   "1",
        },
    }
    g := gin.Default()
    v1 := g.Group("/v1")
    Register(v1)

    recordSQL := `SELECT * FROM items WHERE items.deleted_at IS NULL AND (id
= $1) ORDER BY "items"."id" LIMIT 1`

    Convey(tests[0].name, t, func() {

        w := httptest.NewRecorder()

        sqlMock.ExpectQuery(FixRule(recordSQL)).WithArgs(tests[0].id).
WillReturnRows(GetRowsForItem(NewItems()[0]))

        request, _ := http.NewRequest("GET", fmt.Sprintf("/v1/name/%s",
tests[0].id), nil)
        g.ServeHTTP(w, request)

        So(w.Body.String(), ShouldContainSubstring, "XieWei")

        var result Item
        json.Unmarshal(w.Body.Bytes(), &result)
        So(result.ID, ShouldEqual, 1)
        So(result.Name, ShouldEqual, "XieWei")
    })
}
```

- 同样使用 httptest 进行接口测试。
- 在调用接口之前先模拟数据库的操作，GetNameHandler用于执行搜索数据的操作。
- 执行模拟数据库的操作sqlMock.ExpectQuery，设置相应的返回值。
- 调用接口。
- 对得到的数据进行验证。

执行结果（日志查看）如下：

```
=== RUN   TestGetNameHandler
[GIN-debug] [WARNING] Now Gin requires Go 1.6 or later and Go 1.7 will be required
soon.

[GIN-debug] [WARNING] Creating an Engine instance with the Logger and Recovery
middleware already attached.

[GIN-debug] [WARNING] Running in "debug" mode. Switch to "release" mode in
production.
 - using env:   export GIN_MODE=release
 - using code:  gin.SetMode(gin.ReleaseMode)

[GIN-debug] GET    /v1/name/:id              -->
github.com/wuxiaoxiaoshen/go-how-to-wirte-test/part_four.GetNameHandler (3
handlers)
```

```
    get one record by id = 1
    (/Users/xiewei/go/src/github.com/wuxiaoxiaoshen/go-how-to-wirte-test/part_
four/gin_example.go:16)
    [2019-03-31 15:47:53] [1.87ms] SELECT * FROM "items"  WHERE
"items"."deleted_at" IS NULL AND ((id = '1')) ORDER BY "items"."id" ASC LIMIT 1
    [1 rows affected or returned ]
    [GIN] 2019/03/31 - 15:47:53 | 200 |   2.318819ms |              | GET
/v1/name/1
    ✔✔✔

    3 total assertions
    --- PASS: TestGetNameHandler (0.00s)
    PASS
```

可以看到执行 SQL 语句得到一条记录，同时判断输出和预期值是否相符。

这里用到了 sqlMock（地址为 https://github.com/DATA-DOG/go-sqlmock），可以完成对数据的增、删、改、查，同样支持事务和回滚，能够方便地模拟数据库的操作。

数据库的打桩处理具体是如何操作的，我们再总结一下：

- 根据定义的数据库模型(数据表)准备相应的测试数据，用来模拟搜索到的数据表中的记录。
- 使用内置的 httptest 对接口进行测试。
- 编写具体的 SQL 执行语句。
- 调用接口，查看返回值和具体的预期值。

示例代码可参考 https://github.com/wuxiaoxiaoshen/go-how-to-write-test/tree/master/part_four。

6.6 性 能 测 试

本章前面除了讲述代码的测试，检验代码的正确性，还根据测试得出一些指标（比如覆盖率），这在真实的生产环境中都有要求（比如代码覆盖率需要达到 90%）。

代码覆盖率可以使用一些优秀的工具来完成，比如 Codecov（地址为 https://codecov.io/，界面如图 6-2 所示），配合 Travis CI（http://travis-ci.org/）使用。可以在图 6-2 所示的界面中更加直观地查看代码覆盖率等情况。

单元测试只能验证代码是否正确，在复杂的项目下确实很有效。当我们无法确定开发的功能是否会影响别的功能时，单元测试在一定程度上能够有效地验证出来。

如何检验代码的性能呢？这里需要用到基准测试。

举例说明将两个字符串进行拼接的函数：

```go
func One() string {
    var s string
    s += "hello python + \n"
    s += "hello golang + \n"
    return s
}
```

```
func Two() string {
    return fmt.Sprintf("%s+\n%s +\n", "hello python", "hello golang")
}
```

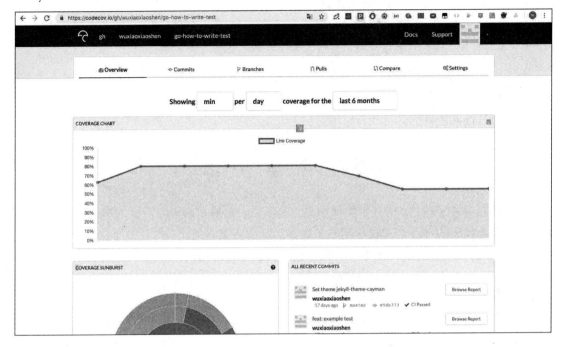

图 6-2　Codecov 界面

基准测试的代码如下：

```
func BenchmarkOne(b *testing.B) {
    b.ResetTimer()
    for i := 0; i < b.N; i++ {
        One()
    }
}

func BenchmarkTwo(b *testing.B) {
    b.ResetTimer()
    for i := 0; i < b.N; i++ {
        Two()
    }
}
```

执行方式如下：

```
go test -v -bench=. -benchmem
```

结果显示如下：

```
goos: darwin
goarch: amd64
pkg: github.com/wuxiaoxiaoshen/go-how-to-wirte-test/part_six
BenchmarkOne-4    20000000    69.6 ns/op    32 B/op    1 allocs/op
BenchmarkTwo-4    10000000    162 ns/op     32 B/op    1 allocs/op
```

```
PASS
ok      github.com/wuxiaoxiaoshen/go-how-to-wirte-test/part_six 3.264s
```

- 实现相同的功能，函数One的性能优于Two的性能。
- 查看的指标是：名称、执行次数、每次循环的执行时间、分配的字节数、内存的交换情况。
- 重点衡量：每次的执行时间、内存交换的情况、分配的字节数。

有了这些指标就可以引导我们去思考什么样的函数性能更好。当然，真实的场景并不会对每一个函数进行性能测试，而是有目的地对关键函数进行性能测试，不断地进行优化，从而达到持续提升性能的目的。

6.7　本 章 小 结

本章主要讲述了在 Go 语言中如何编写单元测试，主要是内置库测试的编写。为了解决测试数据和业务代码的耦合，建议使用基于表格驱动的测试方法。

另外，掌握一些优秀的开源第三方库可以让我们事半功倍，推荐使用 goconvey 第三方库，它支持嵌套、丰富的断言方法，同时提供了替代烦琐的以命令行运行测试的原生方法，可以在 Web 界面查看运行测试的结果和覆盖率等指标。

对于复杂函数的测试，如何解决依赖性问题？我们提供了 Mock 测试的方法，包括对函数的 Mock 操作（Mock 处理）、对结构体方法的 Mock 操作、对数据库的 Mock 操作。每种模拟操作都是为了解决外部依赖的问题，比如对外部网络请求、外部数据库依赖等的操作。这样，能够覆盖绝大多数业务开发的场景。

单元测试是用来对编写的代码的正确性进行验证的测试，不过即便测试通过也不说明代码完全正确，还是可能存在潜在的问题。对于越来越复杂的项目进行测试，可以在一定程度上避免新功能影响原有功能的问题。对于代码的优化，可以从逻辑层面、结构层面对代码进行重构。另外，可以对程序中关键的部分进行性能测试，使用更优秀的算法或者数据结构达到性能优化的目的。

第7章

网 络 爬 虫

在日常开发过程中，数据获取是重要的一环，从网络上获取数据的方式一般是使用网络爬虫。所谓网络爬虫，实质上是计算机程序，这种程序的行为就像蜘蛛在网上爬行一样，所以称为网络爬虫，简称爬虫。通过本章的学习，你将掌握以下知识：

- ❀ 网络爬虫是什么。
- ❀ 如何使用网络爬虫获取数据。

7.1 网络爬虫是什么

网络爬虫是指一段计算机程序，它按照编程者的思路不断地在网页上获取数据。为什么需要网络爬虫？网络爬虫解决的主要问题是高效地从网络上获取数据。市面上有一类数据驱动型公司，其核心价值是数据，以这些数据为基础上进行数据分析、数据挖掘等，才能进一步创造价值，所以说获取数据是重要的第一步。搜索引擎本质上就是一个巨大的网络爬虫，它所搜索的是在互联网上存储的所有信息。搜索引擎提供所搜索到的这些数据才有商业价值。只要数据真实存在，就可以在符合当地法律法规的情况下使用网络爬虫从网络上获取这些数据。

获取数据是网络爬虫最大的用处，比如想做一款关于飞机票历史售价的小程序，辅助我们来决策机票是否值得买。首先需要数据，然后需要确定数据源，即数据来自哪里，一般会选择官方的渠道，比如各大航空公司的网站上查询的数据，使用网络爬虫取的方式获取数据。

互联网的数据都是以网页的形式展示给人们的，简单的呈现方式是通过网页浏览器把网页信息展现出来，这意味着用户需要的数据其实嵌入在网页源代码的各个标签（Tag）内，不过得到网页源代码并不能直接获取到数据，需要进一步使用技术手段对网页进行解析，从而获取到想要的信息。

网络爬虫程序会按照编写者约定的规则不断地对网页进行解析，获取有价值的数据。市面上流行的网络爬虫程序大多是用 Python 语言编写的，不过网络爬虫的本质是程序，并不依赖于任何编程语言，因此我们可以使用自己熟悉的任何编程语言来编写。

总之，网络爬虫就是按照编写者约定的规则对网页进行解析并爬取数据或信息的程序。

数据或信息一般都存储在服务器上，服务器上的数据或信息可以通过网页前端展示给具有访问权限的用户。网络爬虫解析网页前端，根据约定的规则获取相应的数据。

7.2　网页的基本组成

前端开发人员对网页的组成非常熟悉，互联网上的网页信息都是由前端开发人员开发的，后端开发人员主要处理的是数据和业务逻辑。网页由 HTML（超文本标记语言）、CSS（层叠样式表）和 JavaScript 组成。

- HTML用来构建网页内容并将其语义化。
- CSS用来添加样式，比如文字颜色、背景颜色等。
- JavaScript是一种用来给网页添加交互功能的编程语言。

所有的前端代码都是开源的。要了解这些内容，可以直接查看源代码，比如网址为 https://golang.org/。

在终端执行如下命令：

```
// 对方主机地址
host golang.org

>>golang.org is an alias for golang-consa.l.google.com.
>>golang-consa.l.google.com has address 216.239.37.1

ping golang.org

>>PING golang-consa.l.google.com (216.239.37.1): 56 data bytes
```

使用 HTTPie（这是一个 HTTP 的命令行客户端，目标是让客户端和 Web 服务之间的交互尽可能的人性化）。

HTTPie 的官方网址为 https://httpie.org/。

在终端执行如下命令：

```
// 命令
http -I https://golang.org

// 响应
HTTP/1.1 200 OK
Alt-Svc: quic=":443"; ma=2592000; v="46,43,39"
Content-Encoding: gzip
Content-Type: text/html; charset=utf-8
Date: Thu, 15 Aug 2019 09:35:43 GMT
Strict-Transport-Security: max-age=31536000; includeSubDomains; preload
Transfer-Encoding: chunked
Vary: Accept-Encoding
Via: 1.1 google

<!DOCTYPE html>
<html lang="en">
<meta charset="utf-8">
```

```
<meta name="description" content="Go is an open source programming language
that makes it easy to build simple, reliable, and efficient software.">
<meta name="viewport" content="width=device-width, initial-scale=1">
<meta name="theme-color" content="#00ADD8">

    <title>The Go Programming Language</title>
...
```

浏览器作为客户端工具向服务器（216.239.37.1）发起网络访问请求，经过 TCP 协议 3 次握手来确认请求，服务器返回响应信息，此时得到的是 HTML 等网页的源代码，通过浏览器渲染呈现出如图 7-1 所示的结果。

图 7-1　网页源代码

可以看到使用浏览器看到的所有数据或信息其实都嵌入在 HTML 网页源代码中。对于网络爬虫而言，网页中重要的是 HTML 信息，其次是 JavaScript 信息，并不关心 CSS 信息，所以分析的重点落在 HTML 源代码上。

查看网页源代码的方法是：右击网页，在弹出的快捷菜单中选择"审查元素"选项，即可对网页源代码进行查看和调试。

7.2.1　HTML

本小节简单介绍一下 HTML。对于编写网络爬虫的开发者而言，只需要了解 HTML 网页源代码文件（简称为 HTML 网页文件或 HTML 文件）的基本组成，以便在分析网页时知道选择哪种解析方式更为合适即可。HTML 其实是一种用来告知浏览器如何组织页面的一种标记语言，它由一系列元素组成，标签可以包裹不同的内容（构成所谓的元素），标签一般成对出现。

示例代码如下：

```
<html>
<body>
    <div id="test-div">
        <div class="c-red">
            <p id="test-p">JavaScript</p>
```

```
            <p class="language">Java</p>
        </div>
        <div class="c-red c-green">
            <p>Python</p>
            <p>Ruby</p>
            <p>Swift</p>
        </div>
        <div class="c-green">
            <p class="language">Scheme</p>
            <p class="language">Haskell</p>
        </div>
    </div>
</body>
</html>
```

这是一个简单的 HTML 网页文件，可以看出整个源代码文件由一系列元素组成，抽取其中一个元素来进行剖析。

```
<p class="language">Java</p>
```

这个示例可以这么解释：

- <p>是开始标签。
- </p>是结束标签。
- Java是内容。
- class="language"中，class是属性，language是属性值。

网络爬虫大部分的任务都是根据标签来定位元素的，以获取内容或者属性值等。

HTML 网页文件由浏览器解析为一棵 DOM 树（节点树），是一个树形结构。从这个角度看，网络爬虫大部分的工作是遍历 DOM 节点下的子节点，根据标签定位元素，获取元素的内容或者属性值等。

HTML 网页文件内的所有内容都是节点：

- 整个文件是一个文件节点。
- 每个HTML元素都是一个元素节点。
- HTML元素内的文本是文本节点。
- 每个HTML属性都是一个属性节点。

既然是树形结构，节点之间存在的层级关系为父、子、同胞。父节点下层为子节点，同级的子节点称为同胞（或称为兄弟节点或者姐妹节点）。

- 在节点树中，顶端节点被称为根。
- 除了根节点以外，每个节点都有父节点。
- 一个节点可以有任意数量的子节点。
- 拥有相同的父节点的节点是同胞关系。

```
<html>
<body>
```

```
    <div id="test-div">
        <div class="c-red">
            <p id="test-p">JavaScript</p>
            <p class="language">Java</p>
        </div>
    </div>
</body>
</html>
```

这个示例中各节点的关系如下解释：

- html是根节点，没有父节点。
- body是html根节点的子节点。
- <p id="test-p">节点是<div class="c-red">节点的子节点，也是html的子孙节点。
- <p id="test-p">节点和<p class="language">节点是同胞节点，拥有相同的父节点。

为什么要了解这些内容？解析网页源代码时会使用各种方式遍历标签，找到符合条件的标签，获取相应的内容。

遍历标签是解析网页常见的操作方式，存在很多同名的标签，这时区分不同的标签可以通过选择属性和属性值来区分，比如 id、class 属性，其中 id 值具有唯一性，意味着 id 的属性值在一个 HTML 网页文件内不可能重复，通常借助这个特性来唯一定位元素，而 class 的属性值则可以相同。

7.2.2　Chrome 开发者工具的使用

网页浏览器是一种用于检索并展示网页信息资源的应用程序，这类网页信息资源可以是图片、文本、音频、视频或其他内容。互联网上的数据都嵌入在 HTML 网页源代码内，通过网页浏览器可以把这些内容展示出来。目前主流的网页浏览器分为以下几种：

- IE浏览器：微软旗下的浏览器，Windows系统自带的浏览器。
- Chrome浏览器：谷歌出品的基于WebKit内核的浏览器，内置非常强悍的JavaScript引擎，支持自动更新。
- Safari浏览器：苹果旗下的产品，各种苹果产品自带的浏览器。
- Firefox浏览器：Mozilla自己研制了基于Gecko内核和JavaScript引擎OdinMonkey的浏览器。
- 其他浏览器。

尽管市面上存在各种各样的网页浏览器，就市场份额而言，Chrome 浏览器居首位；从开发者"友好"程度来说，Chrome 浏览器功能强大、友好，是大多数程序员使用的主流浏览器。

开发者为什么喜欢这款浏览器？主要是因为其强大的 Chrome 开发者工具，内置于 Chrome 中的 Web 开发和调试工具，可以用来对网站进行迭代、调试和分析。当然，其他网页浏览器都有类似的功能，如果你不介意，那么也可以使用其他网页浏览器的调试功能。下面以 Chrome 浏览器为例进行说明。

对网络爬虫而言，主要用到的 Chrome 浏览器中的调试功能有：查看网页源代码、查看网页元素、查看具体的网络请求。

启用 Chrome 浏览器的调试功能非常简单，可以如下操作：

- 在Chrome菜单中选择"更多工具"→"开发者工具"。
- 在网页的任意处右击，在弹出的快捷菜单中选择"检查"选项。
- 使用快捷键：Windows系统下的快捷键为Ctrl+Shift+I，Mac系统下的快捷键为Cmd+Opt+I。

下面以百度（地址为 https://www.baidu.com）为例来说明整个调试工具的面板，如图 7-2 所示。

图 7-2   百度网站主页的网页源代码

Chrome 浏览器调试功能常用的是前 6 个选项，依次为：

- select元素：可以快速定位元素，定位到的元素页面会高亮显示出来。
- 设备模拟：可以模拟各种设备（比如各种手机、iPad等）。
- Elements（元素）面板：使用元素面板可以自由地操作DOM和CSS，且只对当前页面生效，刷新后恢复原样。
- Console（控制台）面板：可以使用控制台作为Shell在页面上直接和JavaScript交互。
- Source（源代码）面板：可以查看所有的网页源代码，未经浏览器解析和渲染，这意味着使用网络爬虫获取到的内容和Source源代码面板中的内容是一致的。
- Network（网络）面板：使用网络面板了解请求信息，比如路由、请求方法、Header、请求参数等。

这 6 个选项包含 Chrome 浏览器的核心调试功能。

一般分析网络请求的步骤有哪些呢？下面以蛋卷基金（地址为 https://danjuanapp.com/）为例说明如何进行网络请求的分析。

（1）在浏览器中输入蛋卷基金的网址，访问蛋卷基金主页。

（2）打开 Chrome 浏览器的调试功能。

（3）切换至 Network 面板，如图 7-3 所示。

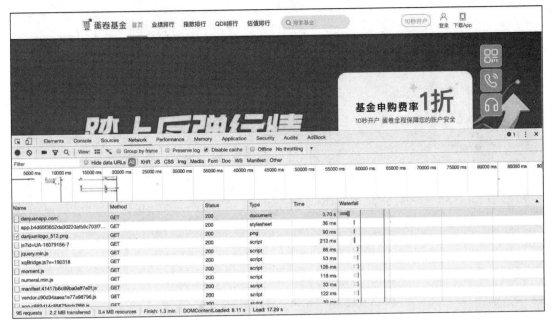

图 7-3 蛋卷基金网站主页的网页源代码

可以看到页面中加载了很多内容，有 HTML 源代码、JS（JavaScript）、图片等，可以通过上文的 Type 字段区分不同的资源类型。有时需要反复地刷新、停止、过滤等，才能寻找到目标资源到底是哪个网络请求的响应结果。也可以查看每个请求的具体信息，比如请求信息、响应信息、路由和方法等。

比如查看 https://danjuanapp.com/请求的头部信息、响应的头部信息、请求方法、状态码，也可以查看响应的源代码，如图 7-4 和图 7-5 所示。

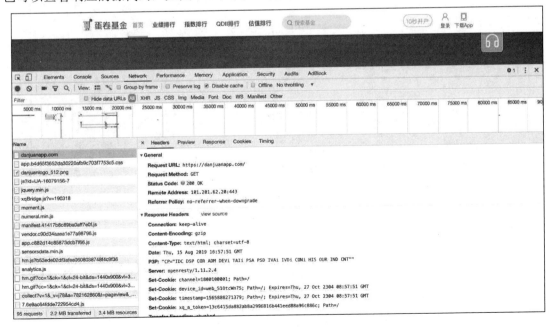

图 7-4 查看请求的头部信息

Go 语言项目开发上手指南

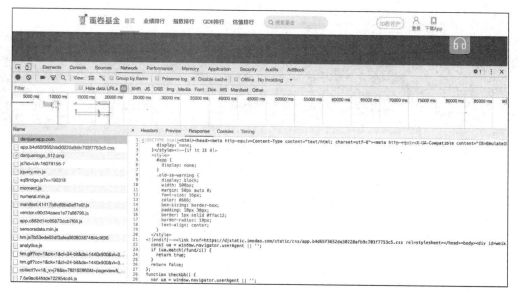

图 7-5　查看请求的具体响应信息

有时需要在 Network 面板内刷新网页，再查看网络请求才知道真实的数据在哪个网络请求中，主要通过对比请求的响应信息来判断是否和预期的一致。

比如这个业绩排行网页（地址为 https://danjuanapp.com/rank/performance）中的数据，通过查看 Elements 面板发现数据在 p 标签内，如图 7-6 所示。

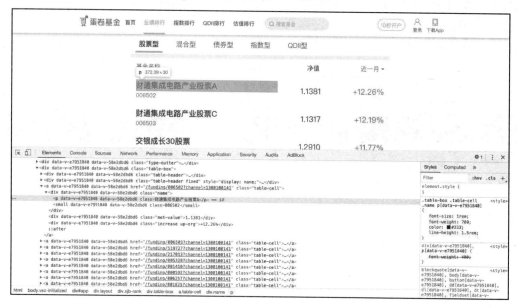

图 7-6　业绩排行

实际上，查看网页源代码并没有发现数据存在 p 标签内，甚至网页源代码中都没有这些数据，这意味着在 Elements 面板看到的内容和网页源代码（右击网页，在弹出的快捷菜单中选择"查看网页源代码"选项，新窗口就会显示网页源代码）不一定完全一致，一切分析以网页源代码为准，如图 7-7 所示。

158

图 7-7　网页源代码

一般出现这类行为的原因是：真实的数据是在某个网络请求后返回的响应，浏览器解析网页源代码会加载 JavaScript 代码，而 JavaScript 会发起某个网络请求、操作 DOM 树，将数据添加进 DOM 树中。一般这些网络请求会出现在 Network 网络面板中，读者需要一点耐心，经常使用 Chrome 浏览器，多分析网络请求。

最终我们会发现其实数据是在这样一个网络请求中：https://danjuanapp.com/djapi/v3/filter/fund?type=1&order_by=1m&size=20&page=1。

这个网络请求返回的是 JSON 格式，这样的格式非常好解析，获取数据自然简便多了，如图 7-8 所示。

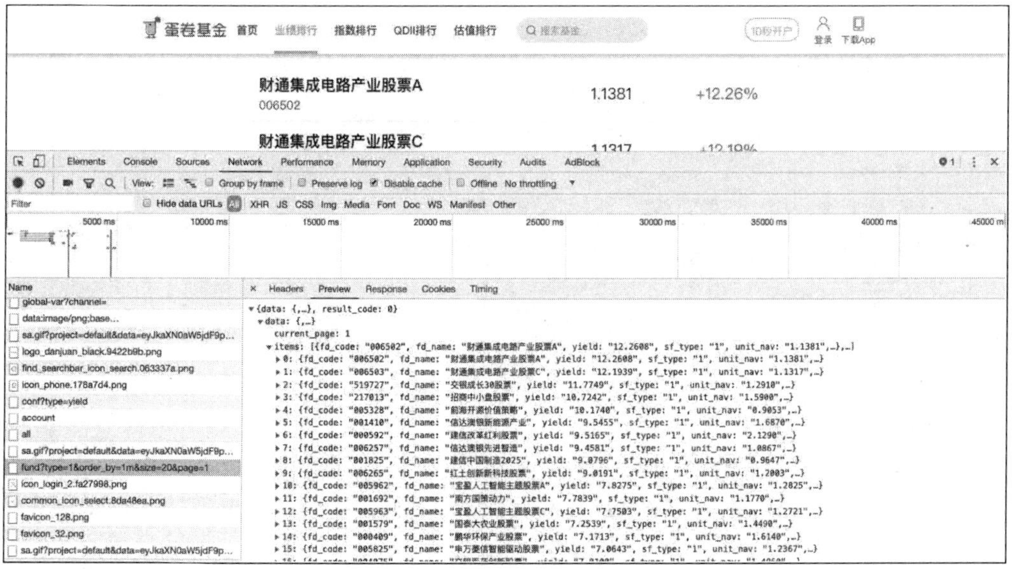

图 7-8　真实数据详情

再次回到网络请求路由层面：?type=1&order_by=1m&size=20&page=1，这些字段就是请求参数，一般是键值对（Key-Value Pair）的形式：size 和 page 很好理解，即每页显示的参数个数和页码，order_by 表示按照哪种方式排列，type 表示是什么类型。

出现这种浏览器解析并渲染之后的数据和网页源代码的数据不一致的情况，是因为浏览器解析并执行了 JavaScript 代码，在 JavaScript 代码中加载了网络请求。分析这种请求的一般思路是分析 JavaScript 代码，读者不一定需要会编写 JavaScript 代码，只需大概能看懂即可，如图 7-9 和图 7-10 所示。

图 7-9　查看 JavaScript 代码

图 7-10　网页请求返回的数据

从中可以看出，在 JavaScript 代码中发现了一些选项，又在 https://danjuanapp.com/djapi/v3/filter/conf?type= yield 接口中发现了选项值。这样读者就可以根据选项构造网络请求，从而获取到相应的数据。读者可以使用 Postman（接口测试工具，其网址为 https://www.getpostman.com/）对接口发起调用，比如更改请求参数，甚至直接转换成相应编程语言的代码。

如何直接复制网络请求，再粘贴到 Postman 呢？可以按如下步骤操作：

（1）在 Chrome 浏览器的调试模式下，选择网络请求并右击，从弹出的快捷菜单中依次选择 Copy→Copy as cURL，如图 7-11 所示。

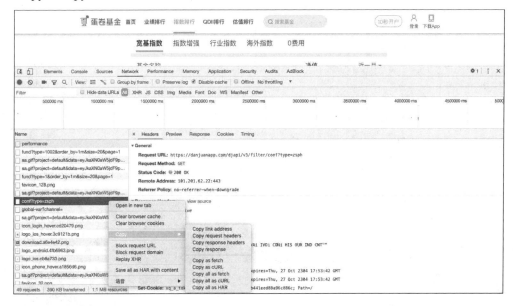

图 7-11　显示 Copy 选项

（2）打开 Postman，依次选择 import→Paste Raw Text 选项，直接将内容复制到输入框中，如图 7-12 所示。

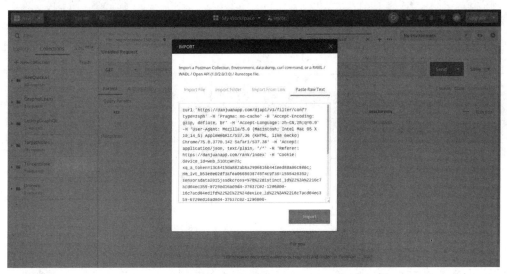

图 7-12　把请求复制到 Postman

（3）直接使用 Postman 对接口进行相应的调试，比如更改输入参数等，如图 7-13 所示。

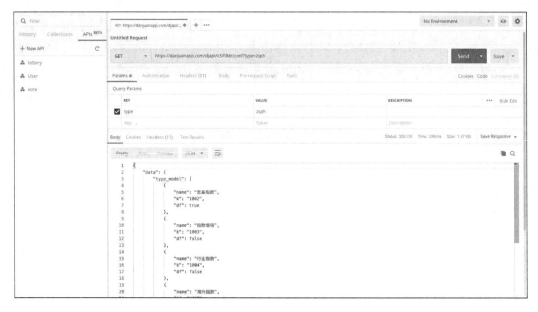

图 7-13　修改参数，使用 Postman API

（4）直接转换成相应编程语言的代码，如图 7-14 所示。

图 7-14　Postman 可以将网络请求直接转换为相应编程语言的代码

7.2.3　小结

根据使用 Chrome 浏览器的开发者工具得到的结果，可以抽象出我们所需关注的点及分析网页的一般步骤和流程。

需要关注的点应为真实的网络请求：请求方法（GET/POST）、请求参数、请求响应等信息。请求方法和参数是为了让读者知道访问对应资源的路径和参数。而请求响应是为了选择合适的方法对源代码进行解析。

分析网页的一般步骤和流程如下：

* 打开Chrome浏览器的开发者模式。
* 输入目标网页：在浏览器内输入目标网址。
* 查看网页源代码是否存在需要的内容。
* 查看Network面板内的请求参数和响应等信息。

7.3　原生库解析 HTML 网页

解析 HTML 网页的核心是构造 DOM 树，原生的内置库 golang.org/x/net/html 可以将 HTML 网页文件解析成 DOM 树。DOM 树由元素组成，元素之间存在父节点、子节点、同胞节点关系，因此可以查看构造 DOM 树的节点的定义如下：

```
type Node struct {
    Parent, FirstChild, LastChild, PrevSibling, NextSibling *Node

    Type        NodeType
    DataAtom    atom.Atom
    Data        string
    Namespace   string
    Attr        []Attribute
}
```

链表的形式包含父节点、子节点、同胞节点，每个节点包含节点类型、属性等，Node 节点的数据结构定义基本上就是对 HTML 元素节点的抽象。

节点的类型存在如下几种：

```
// 文本类型
TextNode
// 文档类型
DocumentNode
// 元素类型
ElementNode
// 注释类型
CommentNode
// Doctype 类型
DoctypeNode
```

如果想操作 DOM 树并获取指定节点元素的属性或者文本内容，应该如何操作？要注意 DOM 树的核心是树形结构，具有层级关系，想获取节点元素的内容，需要逐层遍历，再判断节点是否为预期的节点即可。

【示例】从以下 HTML 网页文件中获取 p 元素的属性和文本内容值。

```
// node.html
<html>
<body>
    <div id="test-div">
        <div class="c-red">
```

```
            <p id="test-p">JavaScript</p>
            <p class="language">Java</p>
        </div>
        <div class="c-red c-green">
            <p>Python</p>
            <p>Ruby</p>
            <p>Swift</p>
        </div>
        <div class="c-green">
            <p class="language">Scheme</p>
            <p class="language">Haskell</p>
        </div>
    </div>
</body>
</html>
// 解析函数
func ParseByHtmlNode() {
    file, err := os.Open("node.html")
    if err != nil {
        log.Println(err)
        return
    }
    // 构造 DOM 树
    doc, err := html.Parse(file)
    if err != nil {
        log.Println(err)
        return
    }
    var f func(*html.Node)
    f = func(n *html.Node) {
        // 遍历节点，根据节点类型和名称进行判断
        if n.Type == html.TextNode && n.Parent.Type == html.ElementNode &&
            n.Parent.Data == "p" {
            fmt.Println(n.Data)
            for _, i := range n.Parent.Attr {
                fmt.Println(i.Key, i.Val)
            }
        }
        for c := n.FirstChild; c != nil; c = c.NextSibling {
            f(c)
        }
    }
    f(doc)
}
```

核心的做法是：构造 DOM 树并从根节点不断遍历子节点、同胞节点，直至找到符合要求的节点。要求是获取 p 标签内的文本和属性，判断条件是节点为 html.TextNode 且父节点的标签名称为 n.Parent.Data = "p"。

快速验证自己编写的代码是否正确，可以采用 TDD（测试驱动开发）的编程方法（或称为编程思想），即对编写的每个函数进行测试，测试函数如下：

```
import "testing"
func TestParseByHtmlNode(t *testing.T) {
    ParseByHtmlNode()
}
>>
JavaScript
id test-p
Java
class language
Python
Ruby
Swift
Scheme
class language
Haskell
class language
```

原生库的最大好处是能够快速地构造 DOM 树，定义 Node 节点的结构体。但具体的定位并不方便，事实上很多第三方库就是在原生库的基础上解决了定位资源难的痛点。这些定位方法使用了 CSS 选择器和 XPath 路径表达式，接下来将会介绍。

7.4　正则表达式解析网页

正则表达式的功能非常强大，通过正则表达式能从文本内按照指定规则提取指定的内容。正则表达式是一个字符串，描述了一种字符串匹配的模式。

由于正则表达式描述的是匹配模式，因此存在语法规范，不过正则表达式的整套语法规范不限定于具体的编程语言。事实上，只要学会了这套语法规范，绝大多数编程语言都支持。

正则表达式常用的操作有 3 种：判断是否匹配、找到指定字符以及字符串操作。查看内置库 Regexp 的常见 API，同样可以发现如下操作：

```
func Match(pattern string, b []byte) (matched bool, err error)
type Regexp
    func Compile(expr string) (*Regexp, error)
    func MustCompile(str string) *Regexp
    func (re *Regexp) Find(b []byte) []byte
    func (re *Regexp) Match(b []byte) bool
    func (re *Regexp) ReplaceAll(src, repl []byte) []byte
    func (re *Regexp) Split(s string, n int) []string
```

正则表达式有很多语法规则，掌握这些语法规则当然不错。不过，在实际情况下，经常使用(.*?)这个表达式的组合，即对需要匹配的内容在括号内前后加上一些能够定位的模式。对前文的 HTML 网页文件解析标签 p 内的文本内容和属性值时，采用的解析准则是：先根据规则匹配出整体的内容，再对匹配出的整体内容匹配需要的内容，即"先大后小"。

```
// 定义结构体
type Element struct {
    TagName    string                `json:"tag_name"`
```

```
        TextContent string          `json:"text_content"`
        Attrs       map[string]string    `json:"attrs"`
}
// p元素:第一个括号内的内容是属性信息,第二个括号内的内容是文本内容
var element = `<p(.*?)>(.*?)</p>`

// 属性值:左边的括号是为了匹配属性名称,右边的括号是为了匹配属性值
var attr = `(.*?)="(.*?)"`

func ParseByRegexp() {
    content, err := ioutil.ReadFile("node.html")
    if err != nil {
        log.Println(err)
        return
    }
    re, err := regexp.Compile(element)
    if err != nil {
        log.Println(err)
        return
    }
    // 匹配到整体内容
    results := re.FindAllStringSubmatch(string(content), -1)
    for _, i := range results {
        var one Element
        one.TagName = "p"
        one.TextContent = i[len(i)-1]
        if len(i) > 2 {
            var attrs = make(map[string]string)
            // 匹配属性内容
            attrReg := regexp.MustCompile(attr)
            for k := 1; k < len(i); k++ {
                a := attrReg.FindAllStringSubmatch(i[k], -1)
                if len(a) != 0 {
                    attrs[strings.TrimSpace(a[0][1])] =
                        strings.TrimSpace(a[0][2])
                }
            }
            one.Attrs = attrs
        }
        fmt.Println(one)
    }

}
```

用 TDD 编程方法验证编写的函数是否正确:

```
func TestParseByRegexp(t *testing.T) {
    ParseByRegexp()
}
>>
{p JavaScript map[id:test-p]}
{p Java map[class:language]}
{p Python map[]}
{p Ruby map[]}
```

```
{p Swift map[]}
{p Scheme map[class:language]}
{p Haskell map[class:language]}
```

使用正则表达式的核心是：明确各种语法规范，根据匹配的内容编写匹配规则，先定位整体内容，再获取需要的内容。对于同样的目标，不同的人编写的正则表达式有可能不同，但其实现的结果是一致的。

- regexp.Compile编译，可以判断语法是否正确。
- regexp.FindX等方法来搜索文本。

正则表达式可以从文本内容中提取所需的内容或信息，难点是编写正则表达式的匹配规则，这要求编写者对正则表达式有整体的了解，通过正则表达式为解析 HTML 网页文件提供了一种有效的途径。

7.5　网络爬虫的流程

网络爬虫是一段计算机程序，按照指定的规则获取网页内指定的内容。网络爬虫流程分为如下几步：

1. 分析

借助Chrome浏览器对目标网站进行分析，包括两个方面：（1）请求，包括请求路由、请求参数、请求头部信息等；（2）响应，指定的内容是否在网页源代码内，还是通过其他路由获取到的。一般分析流程是：（1）使用Chrome浏览器中的Elements查看内容在哪个标签内，一般标签内的内容有可能是通过浏览器解析并渲染而出现的,需要进一步查看网页源代码;（2）分析Chrome浏览器中的Network面板可以查看到的请求路由等信息，包括路由、请求参数等。

2. 规则

规则是指用来获取内容的规则，根据对网页源代码的分析，内容在 HTML 标签内，或者通过 JavaScript 加载 API 来操作 DOM 树，改变 HTML 的内容，这时一般通过 API 实现即可。规则可以划分为两个方面：

（1）DOM 树层面，可以使用 CSS 选择器、XPath 路径表达式来遍历 DOM 树。
（2）把 HTML 网页文件当作普通文本，使用正则表达式来获取文本。

3. 实现

知道内容存放在哪里，规则也明确了，下一步就是如何实现信息的提取。定义结构体，把需要获取的字段分别定义为结构体的某个字段。获取网页源代码，解析网页源代码并提取信息。要存储提取到的信息，可以采用两种方式：

（1）文件方式：可以存储成 JSON 格式的文件、CSV 格式的文件或普通 TXT 文本文件。
（2）持久化存储：选择对应的数据库，比如关系型数据库 MySQL、PostgreSQL，非关系型数据库 MongoDB、Redis，等等。

4. 其他

爬取指定内容是第一步，数据要持久化存储，方便后续的调用，也可能需要进行数据分析，可以借助一些 BI（Business Intelligence，商业智能）可视化软件进行数据分析，分析出一些通用的规律，方便进行后续的商业决策。还可能获取的是一些股票信息，用于量化分析、帮助决策投资等。获取内容后分析出有价值的内容才是所有努力的最终目的。

7.6　网页源代码的获取

网页源代码的获取指的是客户端发起网络请求，得到服务器端的响应信息，即Response，原生net/http库能够方便地构建客户端发起网络请求，也能够方便地构建服务器端来响应网络请求。

7.6.1　原生 net/http 库

原生 net/http 库的客户端的结构体定义如下：

```
type Client
    func (c *Client) CloseIdleConnections()
    func (c *Client) Do(req *Request) (*Response, error)
    func (c *Client) Get(url string) (resp *Response, err error)
    func (c *Client) Head(url string) (resp *Response, err error)
    func (c *Client) Post(url, contentType string, body io.Reader) (resp
*Response, err error)
    func (c *Client) PostForm(url string, data url.Values) (resp *Response, err
error)
```

使用原生 net/http 库发起网络请求非常简单，直接调用 http.Get、http.Post、http.PostForm 即可。不同的网络请求，请求方法与参数不同，这就是前文强调的使用 Chrome 浏览器的开发者工具分析目标网页，从中了解请求路由和参数的原因。

```
func GetResponse(url string) ([]byte, error) {
    response, err := http.Get(url)
    if err != nil {
        log.Println(err)
        return nil, err
    }
    defer response.Body.Close()
    content, err := ioutil.ReadAll(response.Body)
    if err != nil {
        log.Println(err)
        return nil, err
    }
    //fmt.Println(string(content))
    return content, nil

}
```

上面的 GetResponse 函数传入 url 字符串参数，返回响应信息。下面使用 TDD 编程方法来验证这个函数是否正确。

```go
// 可以根据百度网页的"<title>百度一下，你就知道</title>"来判断请求百度是否成功
func TestGetResponse(t *testing.T) {
    content, err := GetResponse("http://www.baidu.com/")
    if err != nil {
        log.Println(err)
        return
    }
    //fmt.Println(string(content))
    fmt.Println(strings.Contains(string(content), "百度一下，你就知道"))
}
```

有时，服务器端会根据网络请求来判断用户是机器人还是真实的用户在使用浏览器浏览网站，有些对数据比较敏感的公司，他们的服务器防爬虫策略比较严谨，会根据请求的频率、标头信息等进行限制，所以我们需要稍微更改一下获取响应的策略。

```go
var rateTime = time.Tick(time.Millisecond * 200)

func GetContent(url string) ([]byte, error) {
    <-rateTime
    request, _ := http.NewRequest(http.MethodGet, url, nil)
    request.Header.Set("User-Agent", "Mozilla/5.0 (Macintosh; Intel Mac OS X 10_14_5) AppleWebKit/537.36 (KHTML, like Gecko) Chrome/75.0.3770.142 Safari/537.36")
    response, err := http.DefaultClient.Do(request)
    if err != nil {
        log.Println(err)
        return nil, err
    }
    defer response.Body.Close()
    return ioutil.ReadAll(response.Body)
}
```

上面这个函数做了两方面的优化：（1）限制速度为200毫秒，（2）加入User-Agent的标头信息。如果需要构建一个非常稳健的爬虫系统，User-Agent就不能是固定的，而需要随着网络请求不断地随机变动。经过这两方面的优化之后，这个函数就比第一个获取响应的函数更为健壮。

同样，使用 TDD 的编程方法进行验证。

```go
func TestGetContent(t *testing.T) {
    content, err := GetContent("http://www.baidu.com/")
    if err != nil {
        log.Println(err)
        return
    }
    //fmt.Println(string(content))
    fmt.Println(strings.Contains(string(content), "百度一下，你就知道"))
}
```

7.6.2 Selenium 浏览器自动化测试

Selenium 是一个用于 Web 应用程序测试的工具，就像真正的用户操作浏览器一样。不过这一切都是自动化操作，测试开发工程师对这个工具应该非常熟悉。

Selenium 是直接操作浏览器的，依赖于浏览器驱动，主流浏览器的驱动可以在官网上进行下载。程序运行时会启动浏览器的驱动，再操作浏览器。Selenium 具有丰富的 WebDriver API，可以完成单击、翻页、跳转、定位等功能，相当于用程序代替用户的鼠标操作等。

Go 版本的 Selenium 客户端支持的功能很丰富，同样也依赖于浏览器的驱动。不过，可以使用官方维护的容器版本的 Selenium + Chrome，推荐使用的镜像为 selenium/standalone-chrome，镜像仓库中其实可以有其他浏览器的版本，如 https://hub.docker.com/u/selenium。

通过镜像的方式免去了本地系统对 WebDriver 驱动的依赖，只需要启动容器即可。

```
# 前提是本地需要安装 Docker，它的官方地址为 https://www.docker.com/
# 搜索
docker search selenium/standalone-chrome

# 拉取
docker pull selenium/standalone-chrome

# 启动：端口映射 4444
docker run -d -p 4444:4444 --shm-size=2g selenium/standalone-chrome
```

如何编写程序来使用 Selenium 操作浏览器？

下载 Go 版本的 Selenium 客户端，在终端执行如下命令：

```
go get github.com/tebeka/selenium
```

需要指出的是，Selenium 可以操作浏览器，也可以定位解析并渲染之后的 HTML 网页文件的 DOM 树，也就是能够使用 Selenium 定位需要的内容，然后爬取需要的内容。不过，一般只会使用 Selenium 获取 JavaScript 代码，再使用其他方法解析得到 HTML 网页文件。

【示例】以 http://quotes.toscrape.com/js/ 网站为例，参考图 7-15。

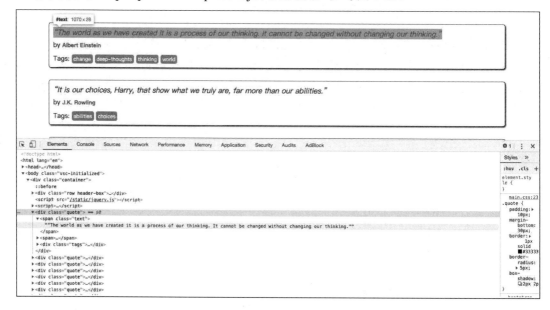

图 7-15　Elements 内显示的内容

通过 Chrome 浏览器分析可以发现，需要的数据都在 <div class="quote">...</div> 元素的标签内。查看网页源代码（在 Chrome 浏览器中右击，在弹出的快捷菜单中选择"查看网页源代码"选项），发现并不在 HTML div 标签内，甚至指定标签的元素都不存在，而是通过 JavaScript 加载之后才出现在标签内，这些数据都在<script>...</script>内，如图 7-16 所示。

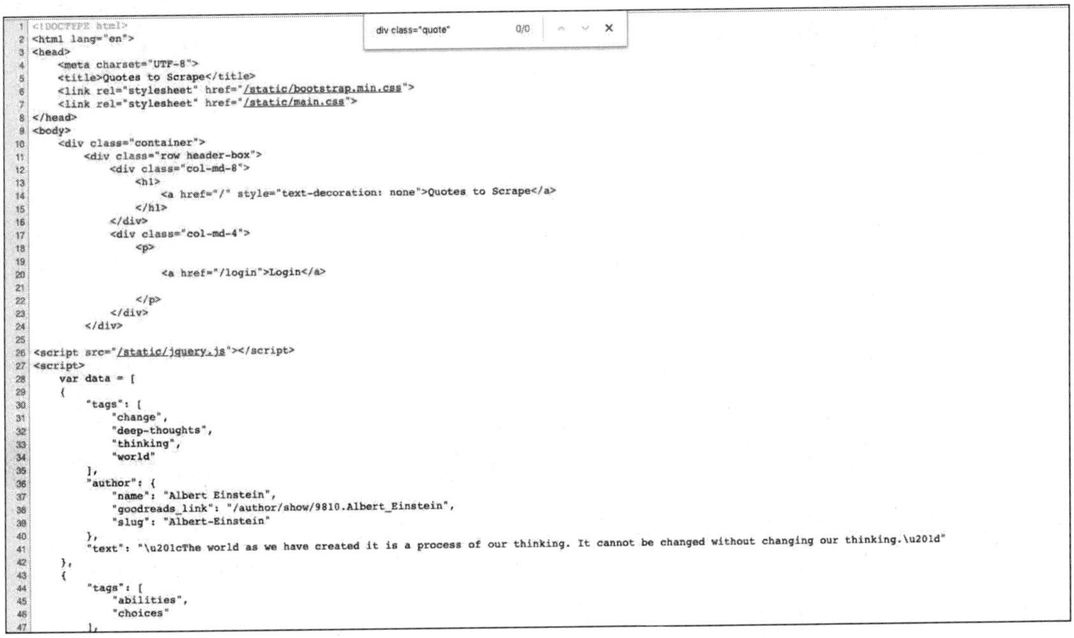

图 7-16　查看网页源代码

遇到这种情况，使用 Selenium 加载 JavaScript 代码之后，这些数据就会出现在<div class="quote">...</div>标签内。

```go
const (
    PORT = 4444
)

func SeleniumGetContent(url string) (string, error) {
    // 指定浏览器选项
    caps := selenium.Capabilities{
        "browserName": "chrome",
    }
    webDriver, err := selenium.NewRemote(caps,
fmt.Sprintf("http://localhost:%d/wd/hub", PORT))
    if err != nil {
        panic(err)
    }
    if err := webDriver.Get(url); err != nil {
        panic(fmt.Sprintf("Failed to load page: %s\n", err))
    }
    return webDriver.PageSource()
}
```

使用 Selenium 的前提是需要浏览器驱动，如果要把浏览器驱动下载到本地，就需要指定存放浏览器驱动的路径，故推荐使用容器版本。

```
func NewSeleniumService(jarPath string, port int, opts ...ServiceOption)
(*Service, error)
```

依然使用 TDD 的编程方法来验证上述代码是否动态成功加载了 JavaScript 中的内容。

```
func TestSeleniumGetContent(t *testing.T) {
    contentOne, err := SeleniumGetContent("http://quotes.toscrape.com/js/")
    if err != nil {
        log.Println(err)
        return
    }
    contentTwo, err := GetContent("http://quotes.toscrape.com/js/")
    fmt.Println(strings.Contains(contentOne, `<div class="quote">`))
    fmt.Println(strings.Contains(string(contentTwo), `<div class="quote">`))
}
>>
true
false
```

请求访问同一个网页（通过网址），但是使用原生的网络请求方式在响应回来的源代码内并没有找到<div class="quote"> 标签,使用 Selenium 在网页源代码经过浏览器解析并渲染出来之后，成功地加载了 JavaScript 代码，因而在响应内找到了<div class="quote">标签。

7.6.3　Chromedp 渲染

现在很多网页都是采用动态渲染的方式，网络爬虫有时需要 Headless Browser（无界面浏览器）来渲染待爬取的页面。

如果读者熟悉 Node.js，就知道有一个专门用来操作 Chrome 浏览器的库为 Puppeteer，它提供了高级的 API 来通过 DevTools 协议控制 Chromium 或 Chrome，能以 Headless 模型来运行浏览器。简单来说，在浏览器中手动执行的绝大多数操作都可以使用 Puppeteer 来完成，并且可以设置成无界面的形式。

事实上，Go 语言操作 Chrome 浏览器也有一个库为 Chromedp，这个库提供了更简单、更快的方式驱动浏览器，可以控制 Chrome 浏览器，也可以用作网络爬虫，其 API 非常强大。

Chromedp 主要提供如下核心功能：

- 抓取网页并生成渲染内容。
- 生成PDF。
- 截图。
- 自动提交表单、UI测试、单击、键盘输入等。

Chromedp 没有依赖的运行库，因此不用下载对应的浏览器驱动，其背后运行的是一个类似 Chrome 浏览器的 Chromium 浏览器，这两者是基于相同的源代码构建的，区别是 Chrome 浏览器的所有功能都会在 Chromium 上实现，可以认为 Chrome 是正式版，Chromium 是开发版，故而使用起来没有太大区别。使用 Chromedp 可以很方便地操作 Chrome 浏览器，不用像 Selenium 一样需要进行复杂的配置（比如本地还得启动一个容器）。

Chromedp 下载安装的方法如下：

```
go get -u github.com/chromedp/chromedp
```

【示例】使用 Chromedp 获取 http://quotes.toscrape.com/js/网站的网页源代码。

```go
func ChromedpGetContent(url string) string {
    ctx, cancel := chromedp.NewContext(context.Background(),
chromedp.WithLogf(log.Printf))
    defer cancel()
    var response string
    err := chromedp.Run(ctx, chromedp.Tasks{
        chromedp.Navigate(url), // 新建一个浏览器对象，打开一个网页
        chromedp.OuterHTML("body", &response), // 获取渲染之后的网页源代码
    })
    if err != nil {
        log.Println(err)
        return ""
    }
    return response
}
```

使用 TDD 的编程方法验证上面的程序是否正确：

```go
func TestChromedpGetContent(t *testing.T) {
    content := ChromedpGetContent("http://quotes.toscrape.com/js/")

    fmt.Println(strings.Contains(content, `<div class="quote">`))
}

>>
true
```

可以看到Chromedp能够操作浏览器，并且可以得到浏览器渲染之后的数据，因此这样操作无界面的浏览器就可以获取包含JavaScript在内的网页源代码，从而解决网页动态渲染的问题。

除此之外，Chromedp 还提供了诸多高级的 API。

```
chromedp.Navigate            //浏览器导航
chromedp.Click               //单击
chromedp.DoubleClick         //双击
chromedp.Text                //文本
chromedp.Title               //网页 Title
chromedp.CaptureScreenshot   // 截图
chromedp.Emulate             // 模拟设备：iPhone、iPad 等
chromedp.OuterHTML           // 获取元素的 HTML 内容
chromedp.ActionFunc          // 自定义行为
chromedp.WaitVisible         // 等待某标签加载完毕
chromedp.SendKeys            // 表单
chromedp.Value               // 设置值
......
```

诸多 API 如何记住？只需要记住常见的分类：

（1）操作浏览器：包括导航（Navigate）、单击（Click）、双击（DoubleClick）、截图（Screenshot）等。

（2）操作 DOM 树：包括遍历元素、增加元素、删除元素、更新元素等。

Chromedp 提供了如下 API 用来搜索 HTML DOM 树元素：

```
chromedp.BySearch
chromedp.ByID
chromedp.ByQuery
chromedp.ByQueryAll
chromedp.ByNodeIP
```

7.6.4　小结

本节提供了 3 种方式获取网页源代码：

- net/http发起网络请求，获取网页源代码。
- Selenium渲染网页，获取网页源代码。
- Chromedp渲染网页，获取网页源代码。

第一种方式获取到的网页源代码不包含渲染 JavaScript 后得到的网页源代码，故获取到的数据不一定包含需要爬取的完整数据。后两种方式包含渲染 JavaScript 之后的网页源代码，与浏览器的操作一致。Selenium 可以操作多种类型的浏览器，提供的 API 也比较丰富。Chromedp 操作的是 Chrome 浏览器，并且没有其他的依赖库（例如浏览器驱动），因此使用起来比较简便。如果网页不包含动态渲染部分，就推荐使用第一种方式，而在获取数据和分析有困难时，则推荐使用 Chromedp 方式。尽管 Selenium、Chromedp 方式都可以操作 DOM 树，都可以完成爬取数据的任务，但是我们建议只使用 Selenium 或者 Chromedp 来解决网页动态渲染部分以获取到网页源代码，而采取其他方式来获取需要爬取的数据。

7.7　CSS 选择器解析网页

本章已经介绍了 HTML 网页文件的组成、如何使用 Chrome 浏览器分析网页、如何获取网页源代码，但是还没讲解如何解析 HTML 网页文件。本节将讲解如何使用 CSS 选择器定位元素来获取指定的内容。

CSS 选择器可以快速定位网页源代码中的元素。如果读者熟悉网页前端或者 jQuery，那么使用 CSS 选择器就没有任何附加的学习成本。

7.7.1　语法

为了讲述方便，仍然使用之前的 HTML 网页文件示例来讲述如何使用 CSS 选择器：

```html
<html>
<body>
    <div id="test-div">
        <div class="c-red">
            <p id="test-p">JavaScript</p>
            <p class="language">Java</p>
        </div>
        <div class="c-red c-green">
```

```
            <p>Python</p>
            <p>Ruby</p>
            <p>Swift</p>
        </div>
        <div class="c-green">
            <p class="language">Scheme</p>
            <p class="language">Haskell</p>
        </div>
    </div>
</body>
</html>
```

需要明确下面一些概念：

- 标签：比如<p>开始标签，</p> 结束标签。
- 属性：比如id、class。
- 属性值：比如test-p、language。
- 文本内容：比如Java、JavaScript。
- 元素：开始标签、结束标签整体的内容，元素之间存在父节点、子节点、同胞节点的关系。

CSS 选择器就是使用这些概念来定位网页源代码中的元素的。学习使用 CSS 选择器比较方便的方式是对任意网页开启 Chrome 浏览器的开发者模式，然后在 Console（控制台面板）内进行操作。

CSS 选择器一般是什么样的形式呢？

```
#test-div > div.c-red.c-green > p:nth-child(2)
```

使用浏览器打开前文的 HTML 网页文件，然后开启开发者模式。在 Console 控制面板中使用 jQuery 语法进行尝试，jQuery 语法的一个选择器类型为$('#test-div')，$是著名的 jQuery 符号，如图 7-17 所示。

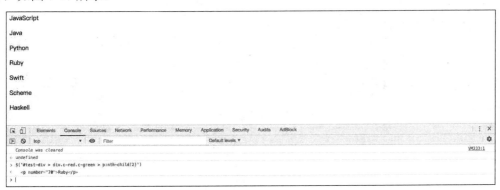

图 7-17 通过标签选择器获取对应的内容

1. 按 id 查找

符号为#id 的属性值不能重复，故可以唯一定位元素。

```
$("#test-div")  // 获取<div id="test-div">…</div>所有元素
$('#test-p')    // 获取<p id="test-p">…</p>元素
```

2. 按 class 查找

符号为 .class 的属性值可以重复，故不能唯一定位元素。

```
$('.language')  // 获取属性值是 class="language" 标签的所有元素
```

3. 按标签查找

符号为标签名称。

```
$('p')          // 获取所有 p 标签元素
$('div')        // 获取所有 div 标签元素
```

4. 按标签和 id 或者 class 组合查找

```
$('p#test-p')        // 获取标签名称为 p 且 id 值为 test-p 的元素
$('p.language')      // 获取所有标签名称为 p 且 class 值为 language 的元素
```

5. 按属性查找

```
$('p[class="language"]')    // 获取标签为 p 且 class 属性值为 language 的元素
```

事实上，标签的任意属性值都可以用于判断，可以完全相等，也可以包含关系、以某字符串结尾或者以某字符串开头等。

```
$('p[class^="lang"]')       // 获取 p 标签 class 属性值以 lang 开头的元素
```

```
$('p[class$="age"]')        // 获取 p 标签 class 属性值以 age 结尾的元素
```

6. 多项

```
$('p,div')          // 获取所有 p, div 标签元素
$('div > p')        // 获取 div 标签下子节点为 p 标签的元素
```

7. 第 n 个子节点

```
:nth-child(n) 为第 n 个子节点
:last-child 为最后一个子节点
:first-child 为第一个子节点
$('div#test-div > div:first-child') // 获取 div 标签 id 属性值为 test-div 的第一个
div 子节点
```

表 7-1 列出了选择器及其说明。

表 7-1　选择器及其说明

选 择 器	例 子	说 明
#id	#test-p	搜索 id="test-p" 的标签，id 选择器
.class	.language	搜索所有 class="language" 的标签，class 选择器
*	*	所有元素
element	p	搜索所有标签为 p 的元素，标签选择器
element,element	div,p	搜索标签为 div,p 的所有元素，多项标签选择器
element element	div p	搜索标签 div 内部的标签 p 的所有元素
element>element	div>p	选择以某父元素为元素的所有元素
[attr]	[class]	选择带有 class 属性的所有元素

（续表）

选 择 器	例 子	说 明
[attr=value]	[class="language"]	选择所有 class="language"的元素
[attr~=value]	[class~="language"]	选择 class 属性包含单词"language"的所有元素
:first-child	p:first-child	选择 p 标签的第一个子节点
:nth-child(n)	p:nth-child(2)	选择 p 标签的第二个子节点
:last-child	p:last-child	选择 p 标签的最后一个子节点
:nth-last-child(n)	p:nth-last-child(2)	选择 p 标签的倒数第二个子节点

可以看出，语法基本围绕标签、属性、属性值、节点关系等展开。

7.7.2 下载安装

Go 版本的 CSS 选择器也是基于 golang.org/x/net/html 封装而成的。事实上，使用 golang.org/x/net/html 也可以提取 HTML 网页文件中的数据，只不过略显麻烦。

1. 下载

```
go get github.com/PuerkitoBio/goquery
```

2. 相关文档

```
https://godoc.org/github.com/PuerkitoBio/goquery
```

3. 常用的 API

```
// 文档树
type Document
    func CloneDocument(doc *Document) *Document
    func NewDocument(url string) (*Document, error)
    func NewDocumentFromNode(root *html.Node) *Document
    func NewDocumentFromReader(r io.Reader) (*Document, error)
    func NewDocumentFromResponse(res *http.Response) (*Document, error)

type Selection
    // 获取属性值
    func (s *Selection) Attr(attrName string) (val string, exists bool)
    // 列表遍历
    func (s *Selection) Each(f func(int, *Selection)) *Selection
    // 结果中通过索引（或下标）获取其中一个
    func (s *Selection) Eq(index int) *Selection
    // 按照表达式搜索全部符合要求的选择器
    func (s *Selection) Find(selector string) *Selection
    // 节点文本内容
    func (s *Selection) Text() string
```

goquery 的 API 非常多，大部分是针对节点的操作，比如搜索、遍历、属性、同胞节点、父节点、文本等内容。

7.7.3 示例

学习和掌握了 CSS 选择器的语法规范，下面就使用 CSS 选择器来获取数据。

【示例】以 http://quotes.toscrape.com/js/为例，如图 7-18 所示。

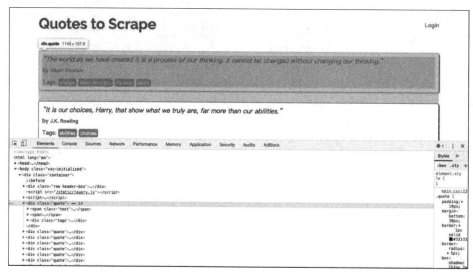

图 7-18　Chrome 调试模式下显示的网页代码

1. 网页分析

在之前的示例中已经对这个网站进行了分析，发现其中的一些数据需要浏览器解析和渲染之后才会出现在<div class="quote">...</div>标签内。

2. 获取网页源代码

在之前的章节已经介绍过，获取网页源代码有以下 3 种方式：

（1）原生 net/http 获取的响应网页源代码。
（2）Selenium 加载浏览器驱动获取解析和渲染之后得到的网页源代码。
（3）Chromedp 操作无界面的 Chrome 浏览器获取解析和渲染之后的网页源代码。

使用 Selenium 或者 Chromedp 方式都可以，下面的示例中选择 Chromedp 方式。

```
// 获取浏览器渲染之后的网页源代码
func ChromedpGetContent(url string) string {
    ctx, cancel := chromedp.NewContext(context.Background(),chromedp.
WithLogf(log.Printf))
    defer cancel()
    var response string
    err := chromedp.Run(ctx, chromedp.Tasks{
        chromedp.Navigate(url),
        chromedp.OuterHTML("body", &response),
    })
    if err != nil {
        log.Println(err)
        return ""
    }
    return response
}
```

3. 定义抓取的内容

一般抓取的字段会有多个,故一个字段定义一个结构体,包含所有需要抓取的字段和类型。

```
type ResultForQuotes struct {
    Text    string   `json:"text"`       // 文本内容
    Author string   `json:"author"`     // 作者
    Tags   []string `json:"tags"`       // tag 标签
}
```

4. 解析网页源代码

获取网页源代码之后,使用 CSS 选择器进行 HTML 网页文件的解析。这里推荐使用 goquery,只要会 jQuery,且懂得 CSS 选择器的语法,就能轻易上手。

解析网页源代码:整体的思路依然是那句口诀——"先大后小",即先定位整体内容,再进一步定位需要抓取的字段。获取整体内容的通用规则如下:

● 如果可以通过 id 唯一定位,那么优先选择 id 搜索。

● 通过 class 属性定位,属性值尽量唯一,便于定位。

● 如果该层级不能唯一定位,就找父节点或者同胞节点来定位。

核心思想是使整体的内容尽量唯一定位到元素。

使用 Chrome 浏览器分析网页发现 `<div class="container">…</div>` 的 class 属性为 container 的值有两个标签,但整体的内容保存在 body 标签下的首个子节点,这是唯一的。另一个是在 footer 标签下,相对于 body 标签来说属于 body 标签的孙节点。

```
// HTML 网页文件的简化形式
<html lang="en">
<head>...</head>
<body>
    <div class="container">
        <div class="quote">...</div>
        <div class="quote">...</div>
        <div class="quote">...</div>
        ...
    </div>
    <footer class="footer">
        <div class="container">
        ...
        </div>
    </footer>
</body>
</html>
```

先抓取大的内容,再在抓取到的内容中抓取符合要求的内容,用于抓取大内容的 CSS 选择器(需要熟知 CSS 选择器的语法)可以是这样的:

```
body > div[class="container"] > div[class="quote"]
```

需要抓取的内容如下:

```
<div class="quote">
    <span class="text">"The world as we have created it is a process
of ...."</span>
    <span>by
        <small class="author">Albert Einstein</small>
    </span>
    <div class="tags">Tags:
        <a class="tag">change</a>
        <a class="tag">deep-thoughts</a>
        <a class="tag">thinking</a>
        <a class="tag">world</a>
    </div>
</div>
```

用于获取文本内容的 CSS 选择器如下:

```
div.quote > span:nth-child(1)
```

获取作者文本的 CSS 选择器如下:

```
div.quote > span > small
```

获取 tag 标签的 CSS 选择器如下:

```
div.quote > div[class="tags"] > a[class="tag"]
```

整体的思路转化为如下代码:

```
func GetQuotesContent(url string) []ResultForQuotes {
    // 获取网页源代码
    content := assistance.ChromedpGetContent(url)

    // 构建 DOM 树
    doc, err := goquery.NewDocumentFromReader(strings.NewReader(content))
    if err != nil {
        log.Println(err)
        return nil
    }
    var results []ResultForQuotes

    // 定位大块的内容
    doc.Find(`body > div[class="container"] > div[class="quote"]`).
        Each(func(i int, selection *goquery.Selection) {
        var one ResultForQuotes

        // 获取 tags
        tags := func() []string {
            var ts []string
            selection.Find("div > a").
                Each(func(i int, selection *goquery.Selection) {
                ts = append(ts, selection.Text())
            })
            return ts
        }
        one = ResultForQuotes{
```

```
            Text:    selection.Find("span").Eq(0).Text(), //div下第一个span标签
的文本
            Author: selection.Find("span > small").Text(), // div下带子节点small
标签的文本
            Tags:    tags(),
        }
        results = append(results, one)
        fmt.Println(one)
    })

    return results
}
```

goquery 是具有 jQuery 风格的 CSS 选择器。读者只需要将能够正确描述的 CSS 选择器的内容放在 Find 方法内即可。事实上，goquery 远比上文描述得更为强大，除遍历节点之外，它还可以操作 DOM 树，比如增加节点、删除节点等，有时也可以用于抓取数据。

使用 TDD 的编程方法来验证编写的函数是否正确：

```
func TestGetQuotesContent(t *testing.T) {
    GetQuotesContent("http://quotes.toscrape.com/js/")
}
>>
{"The ..." Albert Einstein [change deep-thoughts thinking world]}
{"It ..." J.K. Rowling [abilities choices]}
// 省略7条
{"A ..." Steve Martin [humor obvious simile]}
```

每页有 10 条记录，文本、作者、标签都符合要求，说明编写的代码是正确的。

这里只抓取了首页的内容，那么如何遍历整个网站来获取所有的文本、作者、标签呢？一种简单的方式是我们不断地翻页，发现这个网站最终只有 10 页，从 URL 地址信息中可以发现一些规律。

```
http://quotes.toscrape.com/js/page/{page_number}/

// page_number 表示当前页码

// 遍历 10 次即可获取所有的内容
func GetQuotesContentAll() {
    for i := 1; i < 11; i++ {
        GetQuotesContent(fmt.Sprintf("http://quotes.toscrape.com/js/page/
%d/",i))
    }
}
```

如果我们不知道网站到底有多少页，这种方式就不适用。不过，我们可以通过每页的网页源代码是否有翻页按钮来判断，如果有翻页按钮，那么当前网页就不是最后一页，否则就是最后一页。

```
<nav>
    <ul class="pager">
        <li class="next">
            <a href="/js/page/2/">Next <span aria-hidden="true">→</span></a>
```

```
            </li>
        </ul>
</nav>
```

<a href="js/page/2/>...</a>标签内的属性值就是下一页的路由,于是可以构造下一页的路由,获取下一页的 href 属性值的 CSS 选择器如下:

```
li[class="next"] > a
```

全站抓取的逻辑就可以更改为:

```go
func GetQuotesContent(url string) []ResultForQuotes {
    content := assistance.ChromedpGetContent(url)
    doc, err := goquery.NewDocumentFromReader(strings.NewReader(content))
    if err != nil {
        log.Println(err)
        return nil
    }
    var results []ResultForQuotes
    doc.Find(`body > div[class="container"] > div[class="quote"]`).
        Each(func(i int, selection *goquery.Selection) {
            var one ResultForQuotes
            tags := func() []string {
                var ts []string
                selection.Find("div > a").
                    Each(func(i int, selection *goquery.Selection) {
                        ts = append(ts, selection.Text())
                    })
                return ts
            }
            one = ResultForQuotes{
                Text:   selection.Find("span").Eq(0).Text(),
                Author: selection.Find("span > small").Text(),
                Tags:   tags(),
            }
            results = append(results, one)
            fmt.Println(one)
        })

    // 下一页的 CSS 选择器的 a 标签的 href 属性值
    attr, ok := doc.Find(`li[class="next"] > a`).Attr("href")
    // 若没有下一页,则退出函数体
    if !ok {
        return results
    } else {
        // 若有下一页,则可以解析和渲染出来
        url := fmt.Sprintf("http://quotes.toscrape.com" + attr)
        GetQuotesContent(url)
        return results
    }
}
```

使用 TDD 编程方法来验证上面的程序代码是否正确：

```
func TestGetQuotesContent(t *testing.T) {
    GetQuotesContent("http://quotes.toscrape.com/js/")
}

>>
{"The ..." Albert Einstein [change deep-thoughts thinking world]}
// 省略 98 行
{"... a ..." George R.R. Martin [books mind]}
```

同样，就翻页这个功能而言，Chromedp 本来就是为操作浏览器而设计的，故其能更加方便地执行单击操作，相当于人们使用鼠标单击翻到下一页。

```
chromedp.Click(sel interface{}, opts ...QueryOption)  // 第一个参数是选择器

// Chromedp 支持多种选择器

chromedp.BySearch          // 若不指定选择器，则默认该项，类似 devtools ctrl+f 搜索
chromedp.ByID              // 只使用 id 来选择元素
chromedp.ByQuery           // 根据 document.querySelector 的规则选择元素,返回单个节点
chromedp.ByQueryAll        // 根据 document.querySelectorAll 返回所有匹配的节点
```

按照这样的思路，如果存在 Next 翻页标签，就不断地翻页并解析网页内容，否则解析到最后一页。最后一页的判断就是根据是否存在翻页标签，若不存在，则是最后一页，实现这个程序逻辑的代码如下：

```
func GetQuotesContentByClick(url string) []ResultForQuotes {
    // 获取网页渲染之后的源代码和下一页
    content, next := ClickNext(url)
    var results []ResultForQuotes

    // 解析当前页并抓取所需的内容
    getResults := func(content string) []ResultForQuotes {
        doc, err := goquery.NewDocumentFromReader(strings.NewReader(content))
        if err != nil {
            log.Println(err)
            return nil
        }
        doc.Find(`body > div[class="container"] > div[class="quote"]`).
            Each(func(i int, selection *goquery.Selection) {
                var one ResultForQuotes
                tags := func() []string {
                    var ts []string
                    selection.Find("div > a").
                        Each(func(i int, selection *goquery.Selection) {
                            ts = append(ts, selection.Text())
                        })
                    return ts
                }
                one = ResultForQuotes{
                    Text:   selection.Find("span").Eq(0).Text(),
                    Author: selection.Find("span > small").Text(),
```

```
                    Tags:  tags(),
                }
                results = append(results, one)
                fmt.Println(one)
            })
        return results
    }
    results = append(results, getResults(content)...)
    fmt.Println(next)
    // 如果有下一页，就重复解析操作，即进行递归调用
    if strings.Contains(next, "http://") {
        GetQuotesContentByClick(next)
    } else {
        return results
    }
    return results
}

func ClickNext(url string) (string, string) {
    var nextPage map[string]string
    var pageSource string
    ctx1, cancel := chromedp.NewContext(context.Background(),
chromedp.WithLogf(log.Printf))
    defer cancel()
    ctx, cancel1 := context.WithTimeout(ctx1, 30*time.Second)
    defer cancel1()
    // 若有翻页标签，则获取下一页的 URL
    err := chromedp.Run(ctx, chromedp.Tasks{
        chromedp.Navigate(url), // 导航至新的一页
        chromedp.WaitVisible(".footer", chromedp.ByQuery), // 等待渲染结束
        chromedp.OuterHTML("body", &pageSource), // 获取网页源代码
        chromedp.Attributes(`li[class="next"] > a`, &nextPage), // 获取下一页,
从属性值内提取
        chromedp.Click(`li[class="next"] > a`, chromedp.ByQuery), // 单击进入下
一页
    })
    if err != nil {
        // 不存在下一页的情况，仍然需要返回最后一页的网页源代码
        err := chromedp.Run(ctx, chromedp.Tasks{
            chromedp.Navigate(url),
            chromedp.WaitVisible(".footer", chromedp.ByQuery),
            chromedp.OuterHTML("body", &pageSource),
            chromedp.WaitNotPresent(`li[class="next"]`, chromedp.ByQuery),

            // 判断是否是最后一页，根据最后一页是否存在<li class="next">标签来判断
        })
        if err != nil {
            return pageSource, ""
        }
    }
    if _, ok := nextPage["href"]; ok {
        return pageSource, fmt.Sprintf("http://quotes.toscrape.com" +
nextPage["href"])
```

```
    }
    return pageSource, ""
}
```

再次使用 TDD 的编程方法来判断上述程序的编写是否正确：

```
func TestGetQuotesContentByClick(t *testing.T) {
    GetQuotesContentByClick("http://quotes.toscrape.com/js/")
}
>>
// 省略 99 条记录
{"... a mind ..." George R.R. Martin [books mind]}
```

7.7.4　小结

本节的核心是学习 CSS 选择器，介绍了使用比较频繁的几个选择器的语法，比如 id 选择器、class 选择器、标签选择器等，这些选择器可以混合使用。还通过一个示例介绍了如何解析 HTML 网页文件，并从中获取到想要的信息。

分析了整体爬取内容的思路，比如如何分析（分析出什么内容）、如何解析 HTML 内容（解析的思路是什么）、按"先大后小"的顺序如何快速地定位整体内容和要抓取的内容等。

Chromedp 提供了非常高级的 API 来操作 Chrome 浏览器。对浏览器的任意操作都可以通过 Chromedp 来实现。在编写网络爬虫程序的过程中，多分析网页内容，多使用 TDD 的编程方法来验证自己编写的代码是否符合预期。

本节的示例代码可参考：https://github.com/wuxiaoxiaoshen/GopherBook/tree/master/chapter7/data/quotes。

7.8　XPath 路径表达式解析网页

XPath（XML Path）是一种查询语言，能在 XML 文档和 HTML 网页文件中寻找到节点。

XPath 路径表达式和 CSS 选择器的语法非常类似，核心语法规范也是围绕元素、标签、属性、节点这几个层面展开的。

7.8.1　语法

XPath 路径表达式的一般格式如下：

```
//div[@class="cgre:en"]//p
```

为了描述方便，使用 HTML 网页文件进行说明，其代码如下：

```
<!DOCTYPE html>
<html lang="en">
<body>
<div id="test-div">
    <div class="c-red" number="1">
        <p id="test-p" number="90">JavaScript</p>
        <p class="language" number="100">Java</p>
```

```
    </div>
    <div class="c-red c-green" number="2">
        <p number="80">Python</p>
        <p number="70">Ruby</p>
        <p>Swift</p>
    </div>
    <div class="c-green" number="3">
        <p class="language">Scheme</p>
        <p class="language">Haskell</p>
    </div>
</div>
</body>
</html>
```

1. "/" 根节点选取

```
/html/body              # 从根节点定位到 body 标签
```

2. "//" 不考虑位置选择节点

```
//div                   # 文档内任意位置的 div 标签，更常用
//div/p                 # 父节点是 div 的所有 p 标签
```

3. "." 当前节点

```
/html/.                 # 整个 html 标签
```

4. ".." 父节点

```
/html/body/..           # 整个 html 标签
```

5. @ 属性约束

```
//div[@id="test-div"]   # 选取 id="test-div"的 div 标签元素
```

```
//div[@class="c-red c-green"]/@number # 选取 class="c-red c-green" 的 div 标签
```
的 number 属性的值

```
//@class                # 选择任意包含 class 属性的属性值
```

```
//div[@class]           # 选择所有包含 class 属性的 div 标签
```

6. 列表内的值

如果条件内返回的结果有多个，就可以使用列表中的索引获取单个元素。

```
//div[1]                    # 选择第一个 div 元素
//div[n]                    # 选择第 n 个 div 元素
//div[last()]               # 最后一个 div 元素
//div[last()-1]             # 倒数第二个 div 元素
//div[position() > 1]       # 去除第一个元素
```

7. 属性值判断

如果属性值是字符串，那么可以判断是否相等、是否具有包含关系等。如果属性值是数值，那么可以判断值的大小关系。

```
//div[@number>2]        # 获取标签属性 number 大于 2 的 div 元素
```

8. * 任意元素

```
//*   #选择任意元素
```

9. 选择多个

```
//div|//p          # 选择所有 div、p 标签
```

XPath 选择器的语法和 CSS 选择器的语法有差异，但基本类似，只不过前者采用了另一种语法约束。

XPath 路径表达式不像 CSS 选择器那样可以在 Chrome 浏览器的开发者模式下的 Console 控制台面板进行验证，但可以使用插件的形式进行验证，推荐使用 Chrome 浏览器的插件 XPath Helper，使用这个插件可以对当前网页进行实时验证，如图 7-19 所示。

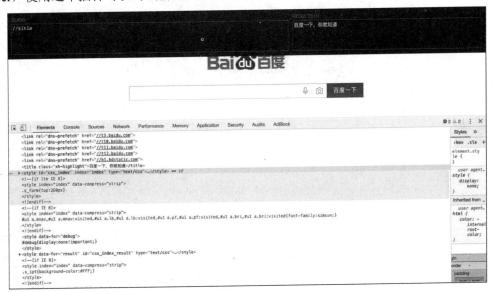

图 7-19　XPath 插件（左边为表达式，右边为结果）

7.8.2　下载安装

Go 版本的 XPath 库是基于原生的 golang.org/x/net/html 封装而成的，它提供了表达式的形式来提取 HTML 网页文件中的内容数据。

1. 下载

```
go get github.com/antchfx/htmlquery
```

2. 文档

```
https://godoc.org/github.com/antchfx/htmlquery
```

3. 常用的 API

```
// 将网页源代码解析成 DOM 树
func Parse(r io.Reader) (*html.Node, error)

// 搜索所有节点：expr 表示 XPath 表达式
func Find(top *html.Node, expr string) []*html.Node
```

```
// 搜索符合要求的节点
func FindOne(top *html.Node, expr string) *html.Node
// 提取标签内的文本内容
func InnerText(n *html.Node) string
```

解析网页的一般规则是"先大后小"，故一般会使用 FindOne 提取整体内容，再使用 Find 遍历搜索到目标节点，而后提取属性或者文本内容 InnerText。

7.8.3 示例

若要抓取微博热搜的内容，可使用 XPath 进行解析 HTML 网页文件，目标网址为 https://s.weibo.com/top/summary?cate=realtimehot，页面如图 7-20 所示。

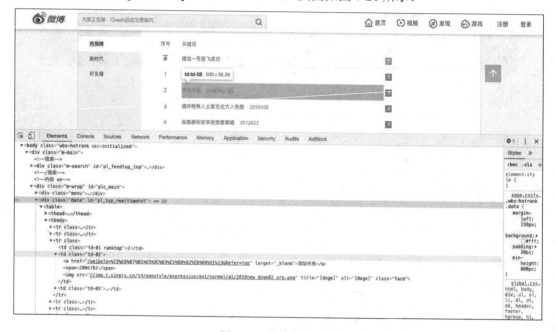

图 7-20　微博热搜页面

热搜的内容是实时的，读者分析网页时的内容和下文描述的内容会有所不同，但分析网页的思想是一致的。

1. 网页分析

- 开启Chrome开发者模式，打开Elements面板，元素都保存在\<tr\>...\</tr\>标签内。
- 进一步分析网页源代码：通过搜索，可以发现内容都在网页源代码内，故不需要加载浏览器来进一步渲染，选择元素的net/http获取网络请求即可。

遵守解析网页"先大后小"的原则，先获取整块内容，最好能唯一定位，一般选择 id 属性来定位，因为 id 属性的值是唯一的。

就微博热搜这个目标网站而言，获取整块内容的 XPath 路径表达式可以为：

```
//div[@id="pl_top_realtimehot"] # 根据 id 属性值
```

其效果如图 7-21 所示。

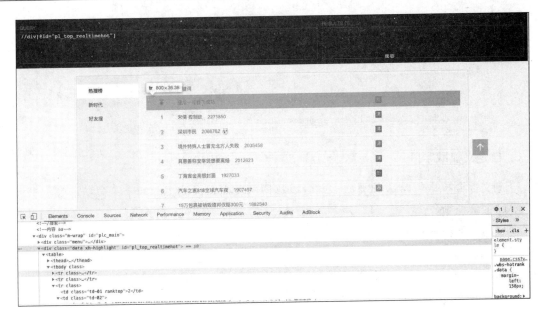

图 7-21　XPath 实例

当然也可以是：

`//div//tbody` # 根据标签

其效果如图 7-22 所示。

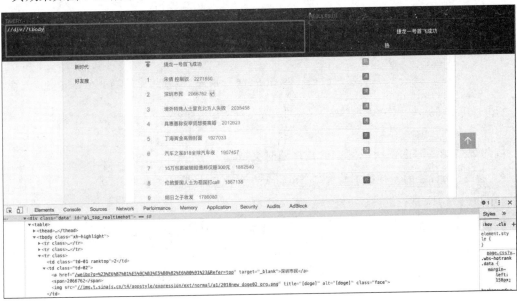

图 7-22　显示效果

2. 获取网页源代码

```
var rateTime = time.Tick(time.Millisecond * 200)
func GetContent(url string) ([]byte, error) {
    <-rateTime
    request, _ := http.NewRequest(http.MethodGet, url, nil)
```

```
    response, err := http.DefaultClient.Do(request)
    if err != nil {
        log.Println(err)
        return nil, err
    }
    defer response.Body.Close()
    return ioutil.ReadAll(response.Body)
}
```

3. 自定义抓取字段

自定义需要抓取的字段和类型，就微博热搜网页而言，感兴趣的字段包括标题、话题链接、实时搜索分数。

定义相应的结构体如下：

```
type ResultForWeiBo struct {
    Title string `json:"title"`
    Score int    `json:"score"`
    Url   string `json:"url"`
}
```

4. 单个字段的 XPath 表达式

将字段的 HTML 网页文件单独抽取出来：

```
<tr class="">
    <td class="td-01 ranktop">2</td>
    <td class="td-02">
        <a href="/weibo?q=%23%E6%B7%B1%E5%9C%B3%E5%B8%82%E6%B0%91%23&amp;
Refer=top" target="_blank">深圳市民</a>
        <span>2066762</span>
        <img src="...省略" title="[doge]" alt="[doge]" class="face">
    </td>
    <td class="td-03"><i class="icon-txt icon-txt-boil">沸</i></td>
</tr>
```

因为热搜是实时的，所以其中的数据随时会变动。

- 标题：tr标签的子标签下的第二个td节点的子节点a标签的文本内容。

  ```
  //tr/td[@class="td-02"]/a
  ```

- 链接：tr标签的子标签下的第二个td节点的子节点a标签的href的属性值。

  ```
  //tr/td[@class="td-02"]/a/@href
  ```

- 排名分数：tr标签的子标签下的第二个td节点的子节点span标签的文本内容。

  ```
  //tr/td[@class="td-02"]/span
  ```

5. 代码实现

```
func ParseWeiBo(content []byte) {
    reader := strings.NewReader(string(content))
    // 将网页源代码解析成 DOM 树
    doc, err := htmlquery.Parse(reader)
    if err != nil {
```

```
        log.Println(err)
        return
    }
    // 按照"先大后小"的原则，先提取整块大的内容
    tds := htmlquery.Find(doc, `//div[@id="pl_top_realtimehot"] //tbody/tr/
td[2]`)
    for index, i := range tds {
        if index == 0 {
            continue
        }
        a := htmlquery.FindOne(i, "/a")
        if len(a.Attr) > 2 {
            continue
        }
        // 提取标题
        aText := htmlquery.InnerText(a)
        // 提取链接
        aHref := htmlquery.InnerText(htmlquery.FindOne(a, "/@href"))
        var result ResultForWeiBo
        result = ResultForWeiBo{
            Title: strings.TrimSpace(aText),
            Url:   fmt.Sprintf("%s%s", HOST, strings.TrimSpace(aHref)),
        }
        // 提取分数
        span := htmlquery.FindOne(i, "/span")
        if span != nil {
            result.Score = assistance.ToInt(htmlquery.InnerText(span))
        }
        fmt.Println(result)
    }
}
```

使用 TDD 的编程方法进行验证：

```
func TestParseWeiBo(t *testing.T) {
    // 获取网页源代码
    content, err := assistance.GetContent(WeiBoRoot)
    if err != nil {
        log.Println(err)
        return
    }
    // 解析 HTML 网页文件
    ParseWeiBo(content)
}
```

```
>>
{具惠善安宰贤决定离婚 4389212 https://s.weibo.com/weibo?q=
%23%E5%85%B7%E6%83%A0%E5%96%84%E5%AE%89%E5%AE%B0%E8%B4%A4%E5%86%B3%E5%AE%9A%E7
%A6%BB%E5%A9%9A%23&Refer=top}
// 省略 48 条记录
{严君泽亲小虎的手 62563 https://s.weibo.com/weibo?q=
%23%E4%B8%A5%E5%90%9B%E6%B3%BD%E4%BA%B2%E5%B0%8F%E8%99%8E%E7%9A%84%E6%89%8B%23
&Refer=top}
```

7.8.4　小结

本节主要介绍了使用 XPath 路径表达式解析 HTML 网页文件，重点学习了 XPath 的语法，还学习了标签、属性、属性值、节点关系、文本等内容的提取。

通过示例进一步学习了如何使用网络爬虫抓取目标网站的内容，包括分析网页、定义字段、使用方法解析 HTML 网页文件。

本节的示例代码可参考：https://github.com/wuxiaoxiaoshen/GopherBook/tree/master/chapter7/data/weibo。

7.9　JSON 数据解析

因为绝大多数需要爬取的数据都嵌入在 HTML 网页文件中，所以就需要通过 CSS 选择器和 XPath 解析 DOM 树。在之前的网页分析中也遇到这类情况：某些数据是经过浏览器渲染的，加载 JavaScript 代码之后才嵌入 HTML 网页源代码中。在这种情况下，JavaScript 代码一般是调用后端服务器的 API，即在前端代码中调用这个 API，把数据嵌入 HTML 源代码中。这种就是所谓的前后端分离，前后端通过 RESTful API 的形式进行数据交互。

前后端交互的数据交换格式一般采用 JSON 格式，即后端提供 RESTful API 的路由，响应给前端的数据是 JSON 格式的。

7.9.1　JSON 数据

从文件的组织结构上看，JSON 文件的数据格式非常容易理解，这种格式通常用于项目的配置文件或者数据交互文件。

JSON 数据分为 3 类，分别说明如下：

- 标量：包括整数类型、浮点类型、字符串类型、布尔类型等数据类型，标量之间的分隔符使用 ","。
- 序列：数组形式，是多个标量的组合，使用符号 "[]" 来表示。
- 映射：Map，是键值对的形式，键不可重复，值可重复，映射关系使用符号 "{}" 来表示。

再复杂的 JSON 数据，也都只是上面 3 类数据的组合。

JSON 数据的示例如下：

```
{
    "data": {
        "directors": [
            "奉俊昊"
        ],
        "rate": "8.9",
        "cover_x": 1500,
        "star": "45",
        "title": "寄生虫",
        "url": "https://movie.douban.com/subject/27010768/",
        "casts": [
```

```
            "宋康昊",
            "李善均",
            "赵汝贞",
            "崔宇植",
            "朴素丹"
        ]
    }
}
```

因为 JSON 格式的数据可读性比较高，所以项目配置文件或者 RESTful API 的响应内容几乎都选择 JSON 格式。与 JSON 格式的数据有关的操作是序列化和反序列化。

1. 反序列化：将 JSON 数据格式转化为 Go 数据类型

要使用原生的 encoding/json 反序列化操作，就必须定义一个和 JSON 格式一致的结构体。

```
type ResultForJSON struct {
    Data struct {
        Directors []string `json:"directors"`
        Rate      string   `json:"rate"`
        Cover     int      `json:"cover_x"`
        Star      string   `json:"star"`
        Title     string   `json:"title"`
        URL       string   `json:"url"`
        Casts     []string `json:"casts"`
    } `json:"data"`
}
```

定义结构体需要注意以下几点：

- 数据类型必须一致。
- 字段名称必须一致，即结构体内的Tag标签必须和JSON数据显示的一致。

将 JSON 数据转换为结构体的解析函数：

```
func ParseJSON() {
    file, err := ioutil.ReadFile("data.json")
    if err != nil {
        log.Println(err)
        return
    }

    var result ResultForJSON
    // 反序列化：优先检查格式
    err = json.Unmarshal(file, &result)
    if err != nil {
        log.Println(err)
        return
    }
    fmt.Println(result)
}
```

使用 TDD 的编程方法验证上面的解析函数是否正确：

```
func TestParseJSON(t *testing.T) {
    ParseJSON()
```

```
    }
    >>
    {{[奉俊昊] 8.9 1500 45 寄生虫 https://movie.douban.com/subject/27010768/ [宋康
昊 李善均 赵汝贞 崔宇植 朴素丹]}}
```

2. 序列化：将 Go 数据类型转化为 JSON 数据格式

```
func MarshalJSON() {
    var object ResultForJSON
    object.Data.Directors = []string{"郑伟文", "陈家霖"}
    object.Data.Casts = []string{"肖战", "王一博", "孟子义", "宣璐", "于斌"}
    object.Data.Title = "陈情令"
    object.Data.Rate = "7.7"
    object.Data.Star = "40"
    object.Data.Cover = 3000
    object.Data.URL = "https://movie.douban.com/subject/27195020/"

    content, err := json.Marshal(object)
    if err != nil {
        log.Println(err)
        return
    }
    fmt.Println(string(content))
}
```

使用 TDD 的编程方法验证 MarshalJSON 函数是否正确：

```
func TestMarshalJSON(t *testing.T) {
    MarshalJSON()
}
```

```
    >>
    {"data":{"directors":["郑伟文","陈家霖"],"rate":"7.7","cover_x":3000,
"star":"40","title":"陈情令","url":"https://movie.douban.com/subject/27195020/",
"casts":["肖战","王一博","孟子义","宣璐","于斌"]}}
```

当 JSON 数据层级和字段非常多而实际上只需要其中几个字段时，如果依然采用原生的反序列方式就非常不方便，因为必须定义一个和庞大 JSON 数据格式一致的结构体。有没有更好的方式呢？

7.9.2　下载安装

GJSON 是一个更便捷的解析 JSON 数据的第三方库，支持链式操作，能让读者非常方便地获取任意数据。

1. 下载

```
go get -u github.com/tidwall/gjson
```

2. 文档

```
https://godoc.org/github.com/tidwall/gjson
```

3. 常用 API

```
// 格式是否正确
func Valid(json string) bool
```

```
func ValidBytes(json []byte) bool

type Result

    // 使用链式操作可以获取任意字段的值
    func Get(json, path string) Result
    func GetBytes(json []byte, path string) Result
    func GetMany(json string, path ...string) []Result
    func GetManyBytes(json []byte, path ...string) []Result

    // 解析成可操作的结果
    func Parse(json string) Result
    func ParseBytes(json []byte) Result

    // 支持对获取的值进行类型转换
    func (t Result) Array() []Result
    func (t Result) Bool() bool
    func (t Result) Exists() bool
    func (t Result) Float() float64
    func (t Result) ForEach(iterator func(key, value Result) bool)
    func (t Result) Get(path string) Result
    func (t Result) Int() int64
```

7.9.3 v2ex 社区实例

如果响应数据采用的是 JSON 格式，那么直接调用 API 进行解析即可。如果是开放的平
台，那么一般会对数据访问进行限制，比如每天最多调用多少次。如果服务器不想让用户任意
调用，那么会要求进行账号的认证，只有通过认证的用户才能调用，否则直接拒绝。正如一些
网站需要用户进行登录或者注册之后，才能看到网站的内容。

1. 网页分析

v2ex（https://www.v2ex.com/）是一个是创意工作者的社区，这里目前汇聚了超过 400 000
名主要来自互联网行业、游戏行业和媒体行业的创意工作者。这个网站每天的热门讨论话题如
图 7-23 所示。

图 7-23 v2ex 主页的信息

假如我们想获取图 7-23 右侧显示的"今日热议主题"（获取标题、节点等），那么我们可以先分析网页，比如数据在 HTML 网页源代码中的哪个标签内，再使用之前介绍的 CSS 选择器或者 XPath 选择器等来解析数据。

事实上，这个网站本身提供了 API（https://www.v2ex.com/api/topics/hot.json），我们可以直接调用 API 来获取"今日热议主题"内的数据，直接调用编程接口 API 即可。

```
[
  {
    "node": {
      "avatar_large": ...
    },
    "member": {
    ...
    },
    "last_reply_by": "vanishcode",
    "last_touched": 1566114105,
    "title": "如果回到大一，你会如何学编程？",
    "url": "https://www.v2ex.com/t/592755",
    "created": 1566042847,
    "content": "",
    "content_rendered": "",
    "last_modified": 1566042847,
    "replies": 65,
    "id": 592755
  }
]
```

GJSON 支持链式操作，比如获取 avatar_large 字段可以如下操作：

```
doc.Get("node.avatar_large").String()
```

2. 定义解析字段

```
type ResultForV2ex struct {
    Title       string `json:"title"`          // 标题
    URL         string `json:"url"`            // 话题链接
    Description string `json:"description"`     // 介绍
    Content     string `json:"content"`         // 概况
}
```

3. 通过 API 来获取响应内容

要通过 API 来获取响应内容，需要明确请求方法、路由、请求参数等，直接使用原生 net/http 发起请求即可。

```
func GetContent(url string) ([]byte, error) {
    <-rateTime
    request, _ := http.NewRequest(http.MethodGet, url, nil)
    response, err := http.DefaultClient.Do(request)
    if err != nil {
        log.Println(err)
        return nil, err
```

```
    }
    defer response.Body.Close()
    return ioutil.ReadAll(response.Body)
}
```

4. 代码实现

```go
func V2ex(url string) {
    content, err := assistance.GetContent(url)
    if err != nil {
        panic(err)
    }
    // 解析成列表，遍历列表内的内容
    doc := gjson.ParseBytes(content).Array()
    for _, i := range doc {
        var r ResultForV2ex
        r = ResultForV2ex{
            Title:       i.Get("title").String(),       // 获取标题
            URL:         i.Get("url").String(),         // 获取链接
            Description: strings.TrimSpace(i.Get("content").String()),
                                                        // 获取介绍
            Content: strings.TrimSpace(i.Get("content_rendered").String()),
                                                        // 概况
        }
        fmt.Println(r)
    }
}
```

使用 TDD 的编程方法验证 V2ex 函数是否正确：

```go
func TestV2ex(t *testing.T) {
    V2ex("https://www.v2ex.com/api/topics/hot.json")
}
```

```
>>
{如果回到大一，你会如何学编程？  https://www.v2ex.com/t/592755  }
// 省略 9 条记录
```

可以看出直接调用 API 的方式来获取数据更为方便。互联网上的应用绝大多数采用 RESTful API 的形式，是通过 API 来获取或者操作服务器的资源。通过一些抓包的软件可以截获网络请求，从而可以分析出绝大多数应用的 API。尤其是客户端应用，比如 App 等多是调用 RESTful 风格的 API 所构建的应用。

本节的示例代码可参考：https://github.com/wuxiaoxiaoshen/GopherBook/tree/master/chapter7/data/v2ex。

7.9.4 猫眼票房实例

猫眼票房是记录实时票房的一个非常重要的平台。读者如果对票房的数据比较感兴趣，可以根据所学的知识编写网络爬虫程序。

1. 网页分析

猫眼票房（http://piaofang.maoyan.com/dashboard）记录实时的票房数据，包括票房占比、

综合票房等。只要能通过浏览器查看这个网站上的数据，就可以通过网络爬虫抓取这些数据，如图 7-24 所示。

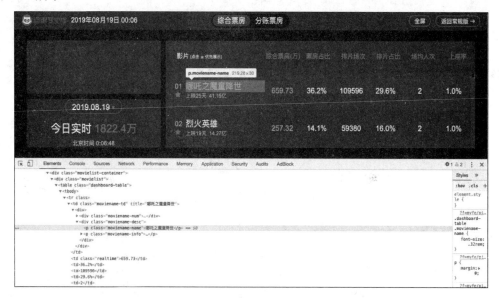

图 7-24　猫眼票房首页数据显示

可以使用 Chromedp 获取这个网站的 HTML 网页源代码，而后解析这个 HTML 网页文件。通过 Chrome 浏览器的 Network 可以发现，网站是实时获取网页票房数据的，Network 面板不断有网络请求 http://piaofang.maoyan.com/second-box，切换一下日期，就会发现请求参数还可以带有参数 beginDate=20190819，完整的网络请求为 http://piaofang.maoyan.com/second-box?beginDate=%s。

请求获取到的数据格式如下：

```
{
  "success": true,
  "data": {
    "updateInfo": "北京时间 00:12:41",
    "totalBoxUnitInfo": "万",
    "splitTotalBox": "1676.7",
    "serverTimestamp": 1566144761000,
    "crystal": {
      "maoyanViewInfo": "13.1",
      "status": 1,
      "viewInfo": "50.7",
      "viewUnitInfo": "万张"
    },
    "totalBoxInfo": "1822.4",
    "list": [
      {
        "avgSeatView": "1.0%",
        "avgShowView": "2",
        "avgViewBox": "34.0",
        "boxInfo": "659.73",
```

```
        "boxRate": "36.2%",
        "movieId": 1211270,
        "movieName": "哪吒之魔童降世",
        "myRefundNumInfo": "--",
        "myRefundRateInfo": "--",
        "onlineBoxRate": "--",
        "refundViewInfo": "--",
        "refundViewRate": "--",
        "releaseInfo": "上映 25 天",
        "releaseInfoColor": "#666666 1.00",
        "seatRate": "38.3%",
        "showInfo": "109596",
        "showRate": "29.6%",
        "splitAvgViewBox": "30.5",
        "splitBoxInfo": "591.83",
        "splitBoxRate": "35.2%",
        "splitSumBoxInfo": "37.91 亿",
        "sumBoxInfo": "41.15 亿",
        "viewInfo": "19.3",
        "viewInfoV2": "19.3 万"
      }
      // 省略
    ],
    "totalBoxUnit": "万",
    "totalBox": "1822.4",
    "splitTotalBoxUnit": "万",
    "queryDate": "2019-08-19",
    "serverTime": "2019-08-19 00:12:41",
    "splitTotalBoxUnitInfo": "万",
    "splitTotalBoxInfo": "1676.7"
  }
}
```

2. 定义字段

字段的定义一方面要根据网站网页显示的字段来决定，另一方面则是根据自己的需求来决定：

比如对于猫眼票房数据，可定义如下字段：

```
type ResultForMaoYan struct {
    AvgSeatView  string `json:"avg_seat_view"`
    AvgShowView  string `json:"avg_show_view"`
    BoxRate      string `json:"box_rate"`
    MovieName    string `json:"movie_name"`
    ReleaseInfo  string `json:"release_info"`
    BoxInfo      string `json:"box_info"`
    ShowInfo     string `json:"show_info"`
    ShowRate     string `json:"show_rate"`
    SplitBoxRate string `json:"split_box_rate"`
    SumBoxInfo   string `json:"sum_box_info"`
}
```

3. 获取网页源代码

JSON 数据无须浏览器进行进一步的渲染，直接使用原生 net/http 库即可。

```go
var getContent = func(url string) ([]byte, error){
    req, err := http.NewRequest(http.MethodGet, url, nil)
    if err != nil {
        panic(err)
    }
    // 网络请求标头信息进行了部分设置
    req.Header.Set("Origin", "http://piaofang.maoyan.com")
    req.Header.Set("Referer", "http://piaofang.maoyan.com/dashboard")
    req.Header.Set("User-Agent", "Mozilla/5.0 (Macintosh; Intel Mac OS X 10_14_5) AppleWebKit/537.36 (KHTML, like Gecko) Chrome/75.0.3770.142 Safari/537.36")
    content, err := http.DefaultClient.Do(req)
    if err != nil {
        panic(err)
    }
    return ioutil.ReadAll(content.Body)
}
```

4. JSON 数据解析

```go
func MaoYan(url string) {

    // 获取网页源代码
    c, _ := getContent(url)
    // 获取票房数据列表：遍历并逐个获取字段
    doc := gjson.ParseBytes(c).Get("data.list").Array()
    for _, i := range doc {
        var r ResultForMaoYan
        r = ResultForMaoYan{
            AvgSeatView:  i.Get("avgSeatView").String(),
            AvgShowView:  i.Get("avgShowView").String(),
            BoxInfo:      i.Get("boxInfo").String(),
            BoxRate:      i.Get("boxRate").String(),
            MovieName:    i.Get("movieName").String(),
            ReleaseInfo:  i.Get("releaseInfo").String(),
            SplitBoxRate: i.Get("splitBoxRate").String(),
            SumBoxInfo:   i.Get("sumBoxRate").String(),
            ShowInfo:     i.Get("showInfo").String(),
            ShowRate:     i.Get("showRate").String(),
        }
        fmt.Println(r)
    }

}
```

使用 TDD 的编程方法验证 MaoYan 函数是否正确：

```go
func TestMaoYan(t *testing.T) {
    MaoYan(fmt.Sprintf("https://box.maoyan.com/promovie/api/box/second.json?beginDate=%s", time.Now().Format("20060102")))
}
```

```
>>
{1.0% 2 36.2% 哪吒之魔童降世 上映 25 天 663.20 109596 29.6% 35.3% }
{1.0% 2 14.1% 烈火英雄 上映 19 天 258.91 59380 16.0% 13.8% }
// 省略 26 条数据
{5.5% 5 <0.1% 爱宠大机密 2 上映 46 天 1.07 54 <0.1% <0.1% }
```

解析 JSON 数据的要点和难点在于分析和选用 API。读者需要多用 Chrome 浏览器的开发者模式，多分析网页。有些情况下，在 JavaScript 代码内，需要读者多使用搜索功能，看看能不能在代码内分析出可用的信息。

本节的示例代码可参考：https://github.com/wuxiaoxiaoshen/GopherBook/tree/master/chapter7/data/maoyan。

7.10　App 端数据的获取

智能手机 App 端应用的数据多是通过调用 RESTful API 获取到的响应数据，应用安装在手机上，如何获取应用内的数据呢？

使用代理工具：Windows 平台推荐 Fiddler（https://www.telerik.com/fiddler），Mac 平台推荐 Charles（https://www.charlesproxy.com/）。这两款软件都是用于客户端和服务器端之间的代理工具，是常用的抓包工具，通过设置好代理能够记录客户端和服务器端之间的所有网络请求。

代理工具对于网络请求，既可以分析请求数据、调试 Web 应用，又可以修改服务器端的数据，是 Web 调试的利器。

捕获客户端和服务器端之间的网络请求有两个前提：

● 设置代理端口。
● 智能手机和计算机连接在同一个局域网络中。

7.10.1　Charles 的使用

Charles 是一款代理服务器（仅限于 Mac 平台），通过设置成系统的网络访问代理服务器，然后截取网络请求和请求结果达到分析抓包数据的目的。这款软件的图标是一个花瓶，也称花瓶代理服务器。

Charles 具有如下功能：

● 截取HTTP和HTTPS网络封包。
● 支持重发网络请求，方便后端调试。
● 支持修改网络请求参数。
● 支持网络请求的截获并动态修改。
● 支持模拟慢速网络。

1. Charles 的设置

Charles 代理端口的具体设置步骤：Proxy→Proxy Settings→HTTP Proxy，Port（端口）设置为 8888，如图 7-25 所示。

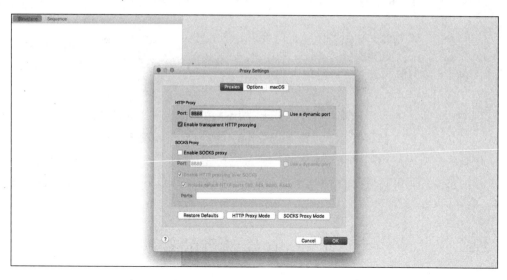

图 7-25　Charles 设置代理端口示例

2. 手机端设置

手机和计算机需要连接在同一个局域网络中：

```
// 在 Mac 终端查看本机 IP
ifconfig eno
>>
en0: flags=8863<UP,BROADCAST,SMART,RUNNING,SIMPLEX,MULTICAST> mtu 1500
    ether 60:30:d4:5f:94:40
    inet6 fe80::1878:d8cb:b5ce:19e4%en0 prefixlen 64 secured scopeid 0x5
    inet 192.168.31.71 netmask 0xffffff00 broadcast 192.168.31.255
    nd6 options=201<PERFORMNUD,DAD>
    media: autoselect
    status: active
```

当然，也可以使用 Charles 获取计算机的本机 IP。在菜单上操作：Help → Local IP Address，结果如图 7-26 所示。

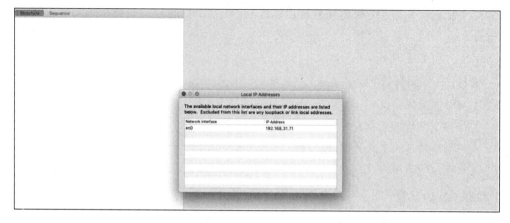

图 7-26　IP 地址

接下来需要在手机上设置代理，即设置计算机的 IP 地址（192.168.31.71）和端口（8888）。

不同类型的手机操作稍微有所不同，下面以 iPhone 手机为例进行讲解。

打开手机"设置"，选择"无线局域网"，选中与计算机同一个 WiFi，点击"配置代理"，选择"手动"，设置服务器和端口，如图 7-27 所示。

3. 手机打开应用

这里的App应用选择蛋卷基金,单击应用内的不同窗口,得到的网络请求如图 7-28 所示。

打开蛋卷基金 App 主页，可以看到主页向服务器发起了很多网络请求。

图 7-27 手机设置代理服务器的
主机名称和端口

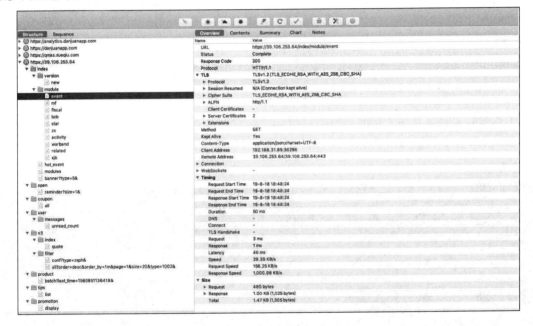

图 7-28 蛋卷基金访问的请求抓包详情

代理服务器可以详细地看到网络请求的路由、请求方法、请求参数、响应信息。

代理服务器的作用就是帮助我们分析客户端向服务器端发起的网络请求，知道了网络请求、请求参数、请求方法等，返回的响应内容又是 JSON 格式的数据，随后获取数据就是水到渠成的事。

7.10.2　Mitmproxy 的使用

Windows 平台的 Fiddlers 和 Mac 平台的 Charles 都是图形界面的代理服务器。如果读者喜欢使用命令行式的代理服务器(具有类似 Fiddler、Charles 的功能)，那么推荐使用 Mitmproxy。

Mitmproxy 官方网址：https://mitmproxy.org/。

Mitmproxy 包含 3 个组件：Mitmdump（使用它对接 Python 脚本）、Mitmweb（提供 Web 版的可视化抓包界面）和 Mitmproxy（命令行式的抓包界面）。

Mitmproxy 具有如下功能：

- 拦截HTTP和HTTPS请求和响应。
- 保存HTTP会话并进行分析。
- 模拟客户端发起请求，模拟服务器端返回响应。
- 利用反向代理将流量转发给指定的服务器。
- 支持Mac和Linux上的透明代理。
- 利用Python对HTTP请求和响应进行实时处理。

整体实现的功能和 Charles 一致，只不过是提供命令行或者 Web 界面的形式。

Mitmproxy 实现抓包时，手机与计算机需要连接同一个局域网络。

1. Mitmweb

手机和计算机连接同一个局域网络，指定端口 8886，在终端输入如下命令，即可启动一个 Web 界面：

```
mitmweb -p 8886 // 指定端口，故手机上的代理端口也需要设置为 8886
```

2. Mitmproxy

手机与计算机连接同一个局域网络，指定端口 8886。在终端输入如下命令，访问 App 后终端会显示请求数据（见图 7-29）：

```
mitmproxy -p 8886
```

图 7-29　终端显示的请求数据

网站主页发起了 19 个网络请求，目前是第 19 个，可以移动到所需的网络请求中，还可以查看网络请求的具体信息，比如请求参数、响应等，如图 7-30 所示。

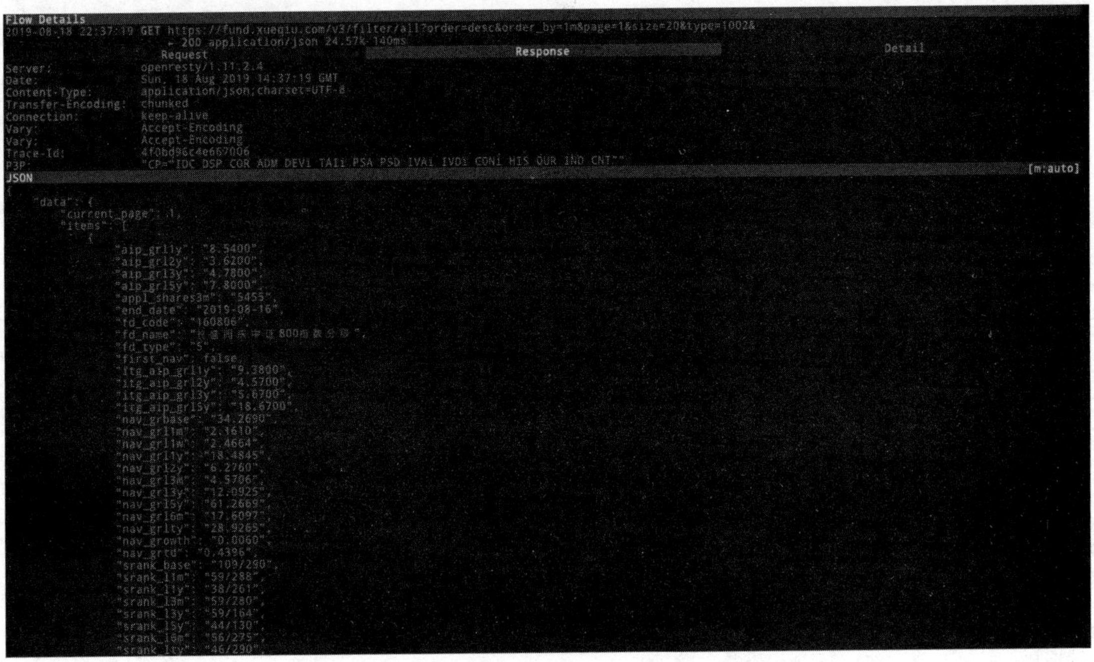

图 7-30　网络请求的具体信息

Mitmproxy 中的一些常用快捷键如下：

- ?: 帮助文档。

- q: 返回/退出程序。

- b: 保存response body。

- f: 输入过滤条件。

- k: 上。

- j: 下。

- h: 左。

- l: 右。

- space: 翻页。

- enter: 进入接口。

- z: 清屏。

- e: 编辑。

- r: 重新请求。

如果访问 HTTPS 网页有问题，手机端就需要访问：http://mitm.it，选择对应的平台安装证书即可。

7.10.3　小结

App 端的应用需要借助代理服务器将所有的网络请求拦截,这样就能够看到请求了哪些内容，包含哪些内容。只要分析出了网络请求，就成功了一大半。解析 JSON 格式的数据只需要发起网络请求，获取我们所需的字段即可。

7.11　数　据　存　储

利用网络爬虫获取的数据,若要日后经常使用,就需要持久化。持久化的方式非常简单:

(1)以文件的形式存储,比如存储成 TXT 文件、CSV 文件、JSON 文件等。

(2)以数据库的形式存储,比如存储到 MySQL、PostgreSQL、Redis、MongoDB、ElasticSearch 等数据库中。

具体的持久化存储方式可根据实际的需求来决定。

7.11.1　百度搜索指数实例

百度搜索指数一定程度上反映了当下网络关注的热点。假如我们想关注当前的热点事件,进行一些热点事件的分析,怎么做呢?本节将分析如何抓取百度热点事件的数据。

如果需要抓取数据,那么首先需要明确目标网址有哪些。使用百度搜索,可以看到网页的右侧栏会不断地显示热点事件。通过分析,我们可以发现目标网址为 http://top.baidu.com/buzz?b=1&fr=20811,其页面显示如图 7-31 所示。

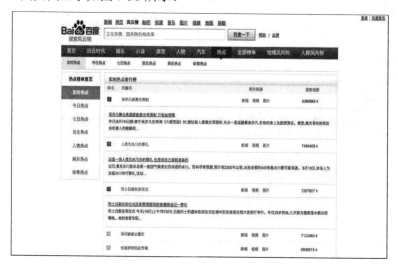

图 7-31　百度热点话题

可以看到热点包括实时热点、今日热点、七日热点等 7 个热点侧边栏,右边显示出排名、关键词、相关链接、搜索指数。如果读者想抓取 7 个热点侧边栏的所有热点排行榜,那么一般的思路是通过根节点(http://top.baidu.com/buzz?b=1&fr=20811)先获取左侧栏所有热点的链接,再逐个获取排行榜。

● 　左侧热点链接如图7-32所示。

按照之前的网页分析思路,先获取大的内容,再获取小的内容,左侧热点链接可以通过 CSS 选择器获取(通过 id 选择器来唯一定位),再逐个遍历元素,最后获取到 href 属性即可。

```
#flist div ul li
```

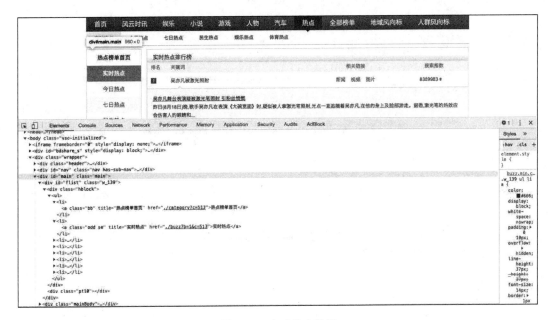

图 7-32 实时热点数据

简化代码如下：

```go
func Parse(response string) []string {
    // 根据网页源代码构造 DOM 树
    doc, err := goquery.NewDocumentFromReader(strings.NewReader(response))
    if err != nil {
        log.Println(err)
        return nil
    }

    var urls []string
    // CSS 选择器定位到元素
    doc.Find("#flist div ul li").Each(func(i int, selection *goquery.Selection) {
        if i == 0 {
            return
        }
        // 获取到 href 属性值
        if v, ok := selection.Find("a").Attr("href"); ok {
            urls = append(urls, strings.Replace(v, ".", ROOT, 1))
        }
    })
    return urls

}
```

● 右侧热点排行如图7-33所示。

像这种排行的榜单一般都是用表格显示的，其实很好定位到节点，先通过 list-table class 标签定位到整体内容，再遍历 tr 节点即可获取到内容。

关键词 CSS 选择器可以为：

```
tbody tr td[class="keyword"] a        # 定位到 a 标签
```

图 7-33　热点排行内容

事件链接 CSS 选择器可以为：

```
tbody tr td[class="keyword"] a        # 定位到 a 标签
```

搜索指数 CSS 选择器可以为：

```
tbody tr td[class="last"] span
```

网站会不断改版，因此读者看到时网站标签可能已经不是当前示例中的样式，但分析思路是一致的。

定义字段的结构体：

```
type ResultBaiDu struct {
    gorm.Model
    Keyword string `json:"keyword"`
    Href    string `json:"href"`
    Number  int    `json:"number"`
}
```

简化代码如下：

```
func AnotherParse(response string) []ResultBaiDu {
    doc, err := goquery.NewDocumentFromReader(strings.NewReader(response))
    if err != nil {
        log.Println(err)
        return nil
    }
    var results []ResultBaiDu
    doc.Find("tbody tr").Each(func(i int, selection *goquery.Selection) {
        if i == 0 {
            return
```

```
        }
        if v, ok := selection.Attr("class"); ok {
            if v == "item-tr" {
                return
            }
        }
        var r ResultBaiDu
        keyword := selection.Find(`td[class="keyword"] a`).Eq(0)
        r.Keyword = strings.TrimSpace(keyword.Text())
        if v, ok := keyword.Attr("href"); ok {
            r.Href = v
        }
        r.Number, _ = strconv.Atoi(selection.Find(`td[class="last"]
span`).Text())
        //fmt.Println(r)
        results = append(results, r)

    })
    return results
}
```

整体流程总结如下：

- 获取根节点（http://top.baidu.com/buzz?b=1&fr=20811）的网页源代码。
- 解析根节点的网页源代码，获取左侧热点链接。
- 逐个获取左侧热点事件链接的网页源代码。
- 解析获取每个热点事件的排行榜。

```
func GetBaiDu(url string) {
    ctx, cancel := chromedp.NewContext(context.Background(), chromedp.
WithLogf(log.Fatalf))
    defer cancel()
    var response string

    // 获取根节点的网页源代码
    err := chromedp.Run(ctx, Tasks(url, &response))
    if err != nil {
        log.Println(err)
        return
    }
    // 左侧所有链接
    urls := Parse(response)
    now := time.Now()
    var results []ResultBaiDu
    for _, i := range urls {
        var childResponse string
        // 获取单个热点事件的网页源代码
        err := chromedp.Run(ctx, AnotherTasks(i, &childResponse))
        if err != nil {
            log.Println(err)
            return
        }
```

```
        // 解析网页源代码以获取排行榜
        results = append(results, AnotherParse(childResponse)...)
    }
    fmt.Println(time.Since(now))
}

// 根节点的网页源代码
func Tasks(url string, response *string) chromedp.Tasks {
    return chromedp.Tasks{
        chromedp.Navigate(url),
        chromedp.WaitVisible("#flist", chromedp.ByQuery),
        chromedp.OuterHTML("body", response),
    }
}

// 获取左侧链接
func Parse(response string) []string {
    doc, err := goquery.NewDocumentFromReader(strings.NewReader(response))
    if err != nil {
        log.Println(err)
        return nil
    }
    //fmt.Println(doc.Html())
    var urls []string
    doc.Find("#flist div ul li").Each(func(i int, selection *goquery.Selection){
        if i == 0 {
            return
        }
        if v, ok := selection.Find("a").Attr("href"); ok {
            urls = append(urls, strings.Replace(v, ".", ROOT, 1))
        }
    })
    return urls
}

// 获取单个链接的网页源代码
func AnotherTasks(url string, response *string) chromedp.Tasks {
    return chromedp.Tasks{
        chromedp.Navigate(url),
        chromedp.WaitVisible("tbody", chromedp.ByQuery),
        chromedp.OuterHTML("body", response),
    }
}

// 解析榜单
func AnotherParse(response string) []ResultBaiDu {
    doc, err := goquery.NewDocumentFromReader(strings.NewReader(response))
    if err != nil {
        log.Println(err)
        return nil
    }
    var results []ResultBaiDu
```

```
        // 定位到 tbody tr 标签
        doc.Find("tbody tr").Each(func(i int, selection *goquery.Selection) {
            if i == 0 {
                return
            }
            if v, ok := selection.Attr("class"); ok {
                if v == "item-tr" {
                    return
                }
            }
            var r ResultBaiDu
            // 定位到关键词所在节点
            keyword := selection.Find(`td[class="keyword"] a`).Eq(0)
            r.Keyword = strings.TrimSpace(keyword.Text())
            if v, ok := keyword.Attr("href"); ok {
                r.Href = v
            }
            r.Number, _ = strconv.Atoi(selection.Find(`td[class="last"] span`)
.Text())
            //fmt.Println(r)
            results = append(results, r)

        })
        return results
    }
```

上述程序代码实现了百度热点数据的抓取。

通过这样一番网页分析、逻辑梳理、代码实现，可以比较顺利地获取到需要的数据。现在的问题是，数据并没有持久化存储，后续需要获取数据就得再次运行网络爬虫程序，假如我们想做一个聚合类的网站，聚合的是最近的热点事件，就需要持久化存储，把爬取到的数据存储到文件或者数据库中。

7.11.2 持久化存储

持久化存储到文件中可以选择多种格式的文件，项目的配置文件一般会选择 YAML 或者 JSON 格式，在网站上看到的导出功能则一般选择存储为 CSV 格式的文件。常用的文件格式有 TXT、CSV、JSON 等。

下面以百度热点事件抓取到的数据为例示范持久化存储到文件的操作。

1. TXT 文件

文件的操作主要就是两点：

（1）读取文件中的内容。

（2）往文件中写入内容。

一些基本的文件操作：

● 文件是否存在，不存在时会发生读写错误。

● 如何创建文件。

- 读取文件，是整体读取还是逐行读取。
- 写入文件，是整体写入还是逐行写入，或者以追加的方式写入。
- 文件目录操作，是创建还是遍历目录下的文件。

内置的 os 模块可用于对文件、文件目录等进行操作。

```go
type File
    func Create(name string) (*File, error)
    func Open(name string) (*File, error)
    func OpenFile(name string, flag int, perm FileMode) (*File, error)
    func (f *File) Read(b []byte) (n int, err error)
    func (f *File) ReadAt(b []byte, off int64) (n int, err error)
    func (f *File) Write(b []byte) (n int, err error)
    func (f *File) WriteAt(b []byte, off int64) (n int, err error)
    func (f *File) WriteString(s string) (n int, err error)
```

就此例而言，抓取到的百度热点事件该如何写入文件中呢？

```go
var FILE_NAME_TEXT = "baidu.txt"

func SaveTxt(results []ResultBaiDu) {
    // 打开当前目录下的文件
    f, err := os.Open(FILE_NAME_TEXT)
    if err != nil {
        // 若不存在，则创建文件
        f, err = os.Create(FILE_NAME_TEXT)
    }
    var w *bufio.Writer
    w = bufio.NewWriter(f)
    // 逐行写入文件
    for _, i := range results {
        c, err := json.Marshal(i)
        if err != nil {
            log.Println(err)
            return
        }
        w.Write(c)
        w.WriteString("\n")
    }
    w.Flush()

}
```

2. JSON 文件

JSON 是一种常用的数据交换格式，通常用于配置文件的数据格式、RESTful API 响应采用的数据格式等。

就 JSON 文件而言，有两个操作：序列化和反序列化。JOSN 的一切数据都可以看作是标量（数值类型、字符串类型、布尔类型）、数组（相同数据类型的集合）、映射（键值对的形式）3 种类型的混合体。

JSON 具有的优点有数据格式简单、易于读写、易于解析等，因而被广泛使用。从内置的 encoding/json 库能够看出，JSON 常用的操作有：

```
// 序列化
func Marshal(v interface{}) ([]byte, error)

// 带格式的序列化
func MarshalIndent(v interface{}, prefix, indent string) ([]byte, error)

// 反序列化
func Unmarshal(data []byte, v interface{}) error

// 格式是否有效
func Valid(data []byte) bool
```

就百度热点事件排行的数据而言，如何将其以 JSON 的格式进行存储呢？

```
var FILE_NAME_JSON = "baidu.json"

func SaveJSON(results []ResultBaiDu) {
    content, err := json.MarshalIndent(results, " ", " ")
    if err != nil {
        log.Println(err)
        return
    }
    err = ioutil.WriteFile(FILE_NAME_JSON, content, 0644)
    if err != nil {
        log.Println(err)
        return
    }
}
```

json.MarshalIndent 相比 json.Marshal 的优点是可以美化 JSON 数据的输出。

3. CSV 文件

逗号分隔值（Comma-Separated Values，CSV，也称为字符分隔值）以纯文本形式存储表格数据，是一种通用的、相对简单的数据文件格式，存储的是表格数据。

CSV 文件的格式如下：

- 表头：列名。
- 数据：数据之间通过逗号分隔，广义上的CSV文件分隔符不仅限于逗号。

CSV 本质上也是文件，自然也包括读和写两个方面，从其文档 encoding/csv 中抽取常用 API 就可以知晓其常用的用法：

```
type Reader
    func NewReader(r io.Reader) *Reader
    func (r *Reader) Read() (record []string, err error)
    func (r *Reader) ReadAll() (records [][]string, err error)
type Writer
    func NewWriter(w io.Writer) *Writer
    func (w *Writer) Error() error
```

```go
func (w *Writer) Flush()
func (w *Writer) Write(record []string) error
func (w *Writer) WriteAll(records [][]string) error
```

就百度热点事件排行的数据而言，如何将其以 CSV 文件进行存储呢？

```go
var FILE_NAME_CSV = "baidu.csv"

func SaveCSV(results []ResultBaiDu) {
    f, err := os.Open(FILE_NAME_CSV)
    if err != nil {
        f, err = os.Create(FILE_NAME_CSV)
    }
    // 表头
    header := []string{"KEY", "URL", "NUMBER"}
    var values [][]string

    for _, i := range results {
        var line []string
        line = append(line, i.Keyword, i.Href, strconv.Itoa(i.Number))
        values = append(values, line)
    }
    w := csv.NewWriter(f)
    // 写入表头
    w.Write(header)
    for _, i := range values {
        // 逐行写入文件
        w.Write(i)
    }
    // 将缓存数据写入文件
    w.Flush()
    err = w.Error()
    if err != nil {
        log.Println(err)
        return
    }
}
```

CSV 文件都是以字符串的形式存储的。在 Web 开发过程中，CSV 是常用的数据文件格式，比如导入和导出功能一般都选择 CSV 文件。导入的主要工作是解析文件获取到数据，导出的主要工作是把要存储的数据写入文件。

7.11.3　数据库的形式

以纯文本的形式存储数据，存储效率比较低，操作也比较复杂，一般是在存储数据量比较小的情况下的一种选择。为了解决这些问题，使用数据库存储能够实现持久化存储，并且有一套结构化查询语句，操作数据也非常简单。

1. 关系型数据库

数据库是 Web 系统的后台支柱，熟练使用数据库也是后端开发工程师必须掌握的技能之一。关系型数据库是常用的数据库类型，数据库由数据表所组成，数据表由多列组成，操作数据库时也是在操作数据表，即执行数据的新增、删除、更新与读取操作。一般的业务系统中不推荐使用原生 SQL 语句，转而使用 ORM 技术，将数据库的数据表映射成结构体对象，而后通过操作结构体对象来完成对数据表的操作。

就百度热点事件排行榜而言，定义的数据表结构如下（Go 中流行的 ORM 包括 GORM 和 XORM 两个库，下面以 GORM 为例来进行介绍）：

```
// GORM中表格的定义
type ResultBaiDu struct {
    gorm.Model
    Keyword string `json:"keyword" gorm:"type:varchar(32)"`
    Href    string `json:"href" gorm:"type:varchar(256)"`
    Number  int    `json:"number" gorm:"type:integer(11)"`
}

// 定义表名
func (R ResultBaiDu) TableName() string {
    return "result_baidu"
}
```

数据库采用客户端/服务器架构的模式，要操作数据库中的数据表，需要在本地或者服务器上启动数据库服务，即启动数据库实例，推荐使用数据库的容器版本。

就百度热点事件排行榜而言，如何使用数据库来实现持久化存储呢？具体操作步骤如下：

（1）启动数据库服务。

（2）创建数据库。

（3）创建连接对象。

（4）定义数据表的结构。

（5）把抓取到的数据写入数据库中。

```
// 声明数据库对象
var DB *gorm.DB
// 创建到数据库的连接
func init() {
    db, err := gorm.Open("mysql", "root:admin123@/baidu?charset=
utf8&parseTime=True&loc=Local")
    if err != nil {
        log.Println(err)
        panic(err)
        return
    }
    DB = db
    DB.LogMode(true)
}

func SaveDB(results []ResultBaiDu) {
    DB.AutoMigrate(&ResultBaiDu{})

    for _, i := range results {
        var one ResultBaiDu
        // 判断数据库是否包含该关键词的记录
```

```
    if dbError := DB.Where("keyword = ?", i.Keyword).
       First(&one).Error; dbError != nil {
       one = i
       // 若记录不存在, 则创建新的记录
       if dbError := DB.Save(&one).Error; dbError != nil {
          log.Println(dbError)
          return
       }
    } else {
       // 若记录存在, 则更新搜索指数 number 字段
       if dbError := DB.Model(&one).Updates(map[string]interface{}{
          "number": i.Number}).Error; dbError != nil {
          log.Println(dbError)
          return
       }
    }
  }
}
```

2. 基于内存的数据库 Redis

Redis（Remote Dictionary Service，远程字典服务）是互联网领域使用广泛的存储中间件，以其高性能和丰富的客户端库在软件领域大放异彩。几乎所有的互联网应用都可以使用 Redis，还是以百度热点事件排行榜为例，其后台就可以使用一个有序集合 zset 来实现，再按分数排名，分数高的热点事件排名靠前；再比如微博的点赞、转发、评论等计数的功能，都可以使用字符串类型的 INCR 自增功能。

Redis 核心的基本数据结构有 5 种：分别为 string（字符串）、list（列表）、set（集合）、hash（哈希）和 zset（有序集合）。熟练掌握这 5 种基本数据结构的使用至关重要。

Redis 提供了一套操作这 5 种数据结构的命令，包含进行数据的新增、删除、更改、查询等操作。

使用 Redis 通常采用客户端/服务器端架构的模式，客户端可以连接本地的 Redis 服务，也可以连接远程的 Redis 服务，不过我们仍然推荐 Redis 以容器的形式运行。

在终端运行如下命令：

```
# 拉取 redis 镜像
> docker pull redis

# 运行 redis 容器
> docker run --name REDIS -d -p6379:6379 redis

# 执行容器中的 redis-cli, 可以直接使用命令行来操作 redis
> docker exec -it REDIS redis-cli
```

仍以百度热点事件排行榜为例，如何使用 Redis 存储呢？事实上，业务场景下较为正确的做法是使用 Redis 作为缓存，对于使用频率较高的数据才会使用 Redis 存储（热数据），对于使用频率较低的数据会采用持久化存储，也就是冷数据使用关系型数据库等来存储。

下载地址如下：

```
go get github.com/gomodule/redigo/redis
```

参考如下程序代码：

```
var (
    BAIDUKEY = "baidu"
)

var REDIS redis.Conn

func init() {
    connect, err := redis.Dial("tcp", "localhost:6379")
    if err != nil {
        log.Println(err)
        return
    }
    REDIS = connect
}

func SaveRedis(results []ResultBaiDu) {
    for index, i := range results {
        reply, err := REDIS.Do("HMSET", fmt.Sprintf(BAIDUKEY+":%d", index),
            "key", i.Keyword, "href", i.Href, "number", i.Number)
        if err != nil {
            log.Println(err)
            return
        }
        fmt.Println(reply)

    }
}
```

上面的代码包含以下几个步骤：

- 创建连接。
- 选择正确的数据类型，比如Hash字典。
- 正确地设计键值对，比如使用分隔符，示例为baidu:id。

在 Redis 客户端命令行中，在字典中插入多条数据的命令如下：

```
HMSET baidu:1 key v1 number v2 href v3
```

转换为编程语言，在客户端实现字典数据的插入：

```
REDIS.Do("HMSET", fmt.Sprintf(BAIDUKEY+":%d", index),
        "key", i.Keyword, "href", i.Href, "number", i.Number)
```

redigo 库实质上是以代码的形式执行 Redis 命令，重要的还是学习 Redis 常用数据结构的操作。

本节的示例代码可参考：https://github.com/wuxiaoxiaoshen/GopherBook/tree/master/chapter7/data/baidu。

7.12 本 章 小 结

本章主要讲述了与数据获取有关的内容：网络爬虫的概念、具体的流程以及如何分析网页、解析网页、持久化数据存储。使用了多个实例来说明网络爬虫的使用过程。

本章的实例自始至终都没有用到网络爬虫框架，其实 Go 版本的网络框架也很多，框架对很多内容进行了封装，一定程度上可以减轻开发者获取数据的难度。本章我们主要学习从零开始获取数据的整体步骤。

网络爬虫程序可以抽象成如下步骤：

（1）确定目标网站的目标数据

要确定目标网站的目标数据，可以借助 Chrome 浏览器的开发者模式来分析网站。如果分析有难度，可以尝试目标网站的 App 版本，这样获取数据就多了一个分析的方向。

（2）获取网页源代码

获取网页源代码是用程序代替客户端进行一次网络请求，获取到服务器的响应信息。如果数据需要浏览器进一步渲染，那么推荐使用 Chromedp 的方式，否则直接使用网页文件即可。

（3）解析网站

根据目标数据在 HTML 网页文件内还是在不同的 JSON 数据文件中，不同的内容形式采用不同的方法，可以选择 CSS 选择器或者 XPath 路径表达式，根据开发者个人喜好即可，两者没有本质的区别。

（4）持久化存储

将获取到的数据进行持久化存储。网络爬虫是获取数据的第一步，最终目的是进行数据分析，得出有效的信息，所以无论是数据可视化还是数据挖掘，都需要持久化作为中间环节。

（5）数据分析或数据可视化

爬取数据的最终目的是获取数据的价值。

通过以上步骤带领读者学习和了解网络爬虫的前因后果。本章的内容可以帮助读者实现 70% 的网络爬虫功能，而事实上网络爬虫的知识还有不少，比如数据加密了如何获取、数据限制了如何获取、访问速度限制了如何获取等一系列问题，都等待着大家去探索。

本章涉及的示例代码可参考：https://github.com/wuxiaoxiaoshen/GopherBook/tree/master/chapter7。

第**8**章

实现命令行工具

在日常开发中会使用各种各样的客户端工具。比如：容器技术Docker有客户端工具，使我们能够很轻松地操作镜像、容器；Go语言存在命令行工具，可进行编译、运行程序等；使用 kubectl 操作 Kubernetes 集群资源。

服务器端大多需要使用 Linux 系统，整个 Linux 生态也推荐在终端中执行命令。

在实现业务需求的整个过程中，有必要从零开始实现一款命令行工具，这样对各类命令行工具底层到底是如何实现和操作的就能够更加清晰明了。

命令行工具是如何使用编程语言实现的呢？本章将讲述如何构造一款命令行工具，主要介绍两大类：一类是使用 Go 语言内置的库来实现，另一类是使用优秀的第三方工具来实现。

8.1 优秀的命令行工具的特点

要实现一款命令行工具，首先应该熟悉一些优秀的命令行工具，了解有哪些特点，这样可以做到心中有数。

8.1.1 Docker

Docker 是一个开源的应用容器引擎，让开发者可以将开发的应用以及相关的依赖移植到容器内。容器可以在任意服务器上进行部署，而后启动应用，可以大大减少依赖，精简开发流程，绝大多数互联网公司都拥抱容器技术，Docker 本身也是使用 Go 开发的，最终成为 Go 编程领域的一个明星级产品。

当然，这里并不讲述容器技术，单纯从命令行界面查看优秀产品的命令行界面有哪些特点。不过，前提是需要安装 Docker。在终端执行 docker 命令：

```
>> docker
Usage: docker [OPTIONS] COMMAND
A self-sufficient runtime for containers
Options:
```

```
    --config string       Location of client config files (default "/Users/
xiewei/.docker")
  -D, --debug             Enable debug mode
  -H, --host list         Daemon socket(s) to connect to
  -l, --log-level string  Set the logging level ("debug"|"info"|"warn"|
"error"|"fatal") (default "info")
    --tls                 Use TLS; implied by --tlsverify
    --tlscacert string    Trust certs signed only by this CA (default
"/Users/xiewei/.docker/ca.pem")
    --tlscert string      Path to TLS certificate file (default "/Users/
xiewei/.docker/cert.pem")
    --tlskey string       Path to TLS key file (default "/Users/
xiewei/.docker/key.pem")
    --tlsverify           Use TLS and verify the remote
  -v, --version           Print version information and quit

Management Commands:
  checkpoint  Manage checkpoints
  config      Manage Docker configs
  container   Manage containers
  image       Manage images
  network     Manage networks
  node        Manage Swarm nodes
  plugin      Manage plugins
  secret      Manage Docker secrets
  service     Manage services
  stack       Manage Docker stacks
  swarm       Manage Swarm
  system      Manage Docker
  trust       Manage trust on Docker images
  volume      Manage volumes

Commands:
  attach      Attach local standard input, output, and error streams to a running
container
  build       Build an image from a Dockerfile
  commit      Create a new image from a container's changes
  cp          Copy files/folders between a container and the local filesystem
  create      Create a new container
  ...
```

在终端输入docker命令，可以得到它的详情，包括用法、可选参数、命令、命令说明等等。执行命令，查看其结果。

在终端输入 docker images，可以查看到以表格显示的响应。

```
>> docker images
REPOSITORY      TAG         IMAGE ID        CREATED         SIZE
golang          latest      7e9ac7032e33    3 weeks ago     776MB
postgres        latest      45e33d1af449    4 weeks ago     228MB
sonarqube       latest      301e57279977    5 weeks ago     803MB
nginx           latest      c82521676580    2 months ago    109MB
elasticsearch   latest      37ad37f1c8a7    2 months ago    486MB
```

```
redis              latest       f06a5773f01e            2 months ago     83.4MB
alpine             3.6          da579b235e92            2 months ago     4.03MB
daocloud.io/library/golang 1.9-alpine3.6 ed119d8f7db5 12 months ago 270MB
java               latest       d23bdf5b1b1b            20 months ago    643MB
```

容器服务区分为客户端和服务器端，输入 docker version 可以查看到客户端和服务器端的信息。

```
>> docker version
Client:
 Version:          18.06.1-ce
 API version:      1.38
 Go version:       go1.10.3
 Git commit:       e68fc7a
 Built:            Tue Aug 21 17:21:31 2018
 OS/Arch:          darwin/amd64
 Experimental:      false

Server:
Engine:
 Version:          18.06.1-ce
 API version:      1.38 (minimum version 1.12)
 Go version:       go1.10.3
 Git commit:       e68fc7a
 Built:            Tue Aug 21 17:29:02 2018
 OS/Arch:          linux/amd64
 Experimental:      true
```

从上文的演示中基本上可以看出，命令行存在如下功能：

● 命令回显：以JSON格式或者以表格方式显示。
● 帮助提示：只有命令行支持的命令才会触发执行动作，现实中可能出现输错命令的情况，这时应该引导用户编写正确的命令。
● 子命令、可选参数：命令还支持参数和子命令，不同的动作产生不同的效果。

8.1.2 Go

Go 语言本身就支持命令行工具，比如经常使用的编译、运行、下载第三方库等命令。

下面来看 Go 本身的命令行工具的一些特点：

```
>> go
Go is a tool for managing Go source code.
Usage:
    go <command> [arguments]
The commands are:
    bug         start a bug report
    build       compile packages and dependencies
    clean       remove object files and cached files
    doc         show documentation for package or symbol
    env         print Go environment information
    fix         update packages to use new APIs
    fmt         gofmt (reformat) package sources
```

```
    generate    generate Go files by processing source
    get         download and install packages and dependencies
    install     compile and install packages and dependencies
    list        list packages or modules
    mod         module maintenance
    run         compile and run Go program
    test        test packages
    tool        run specified go tool
    version     print Go version
    vet         report likely mistakes in packages

Use "go help <command>" for more information about a command.

Additional help topics:

    buildmode   build modes
    c           calling between Go and C
    cache       build and test caching
    ...
>> go env
GO111MODULE=""
GOARCH="amd64"
GOBIN="/Users/xiewei/go/bin"
GOCACHE="/Users/xiewei/Library/Caches/go-build"
GOENV="/Users/xiewei/Library/Application Support/go/env"
GOEXE=""
GOFLAGS=""
GOHOSTARCH="amd64"
GOHOSTOS="darwin"
GONOPROXY=""
GONOSUMDB=""
GOOS="darwin"
GOPATH="/Users/xiewei/go"
GOPRIVATE=""
GOPROXY="https://mirrors.aliyun.com/goproxy/"
GOROOT="/usr/local/go"
GOSUMDB="off"
GOTMPDIR=""
GOTOOLDIR="/usr/local/go/pkg/tool/darwin_amd64"
GCCGO="gccgo"
AR="ar"
CC="clang"
CXX="clang++"
CGO_ENABLED="1"
GOMOD="/Users/xiewei/go/xiewei/go-anything/go.mod"
CGO_CFLAGS="-g -O2"
CGO_CPPFLAGS=""
CGO_CXXFLAGS="-g -O2"
CGO_FFLAGS="-g -O2"
CGO_LDFLAGS="-g -O2"
PKG_CONFIG="pkg-config"
>> go version
go version go1.13.4 darwin/amd64
```

对比 Docker 和 Go 命令行工具，我们可以看出一些共性：

- 都提供了命令集合（在终端输入docker、go）。
- 都有帮助提示。
- 都有良好的命令回显提示。

了解了上面这些命令行工具的特点，自己在设计一款命令行工具时也应该支持这些特性，向优秀的命令行产品学习。

8.2　命令行工具需要处理的内容

通过 8.1 节的学习，我们已经了解了优秀命令行工具的一些特点，比如命令的组织、可选参数的组织、以表格方式或者 JSON 格式显示等。本节就来探究命令行工具需要处理哪些问题。

具体思路如下：

- 命令的组织。
- 参数的读取。
- 函数的处理。
- 帮助提示。

命令行工具本质上就是接收参数（命令）和触发动作（函数处理），如果需要处理之后的返回结果，就要进一步将结果以 JSON 格式或者表格的形式显示出来。

为了便于说明，本节以 Go 命令行工具来说明相关的概念。

- 应用：Application，可以理解为命令行要执行的命令，比如 docker、go。
- 命令：代表命令行的操作，比如docker image代表对镜像进行相关的操作，go env代表对Go的相关环境变量进行操作。
- 参数：比如go build main.go对build命令来说，参数就是main.go，当然参数可以有多个，但构建优雅的命令行工具，参数不宜太多。
- 标志位：代表命令的一些修饰，比如go build -o gitcli main.go，o表示标志位。

8.3　Go 实现命令行的几种方式

前两节说明了优秀的命令行工具的一些基本特点、构建命令行工具的一些概念以及需要处理的问题。

现在转换到编程上，应该如何实现呢？本节将通过使用 3 个方法来设计命令行工具，Go内置的库 os、flag 和第三方命令行构建工具 cobra。整体偏实践型，这 3 个例子各有侧重点，从方法论角度阐述。

- os：Go内置的提供与操作系统功能相关的函数（API）。
- flag：Go内置的提供一系列解析命令行参数的函数（API）。
- cobra：优秀的第三方命令行构建工具。

8.3.1　内置的 os 库

内置的 os 库提供与操作系统功能相关的函数（API），它提供了对文件（os.Mkdir）或者路径（os.Getwd）的相关操作、读取环境变量（os.GetEnv）等操作。os 库也可以用来保管命令行参数（os.Args）。

使用内置的 os 库来打造命令行工具，本质上就是读取命令行参数，对函数进行封装操作。

需要注意的是，os.Args 是一个列表，它的第一个参数（索引值为 0）是文件名（命令名），所以用户在命令行中输入的参数是从命令行中索引值为 1 的位置开始的。

【实例】为了演示一个 os.Args 读取命令行参数的用法，这里新建一个结构体 userInfoOs 代表一个用户的信息，再以结构化方式显示出来。

（1）新建一个结构体 userInfoOs 代表用户信息。

```
type userInfoOs struct {
    File     string `json:"file"`
    Name     string `json:"name"`
    Email    string `json:"email"`
    Company  string `json:"company"`
}
```

（2）读取命令行参数，再用 JSON 序列化显示出来。

```
func PrintCmdOs() {
    args := os.Args
    if len(args) != 4 {
        fmt.Println("you need add name,email,company field")
        return
    }
    var oneUserInfoOs userInfoOs
    oneUserInfoOs.File = os.Args[0]
    oneUserInfoOs.Name = os.Args[1]
    oneUserInfoOs.Email = os.Args[2]
    oneUserInfoOs.Company = os.Args[3]

    // json
    jsonByte, _ := json.MarshalIndent(oneUserInfoOs, " ", " ")
    fmt.Println(string(jsonByte))
}
```

（3）main.go 函数如下：

```
package main
func main(){
    PrintCmdOs()
}
```

（4）输入 go build -o oscli main.go 命令进行编译。

（5）在终端输入参数：./oscli xiewei xiewei@shu.edu.cn shangHai。

结构化显示如下：

```
{
  "file": "./oscli",
  "name": "xiewei",
  "email": "xiewei@shu.edu.cn",
  "company": "shangHai"
}
```

这个实例将用户信息以 JSON 的形式显示在终端上,核心的处理是读取命令行参数之后再执行函数的操作(读取用户参数,赋值给定义的结构体,最后进行 JSON 序列化处理)。

这个实例存在什么问题呢?用户参数的顺序变动时就得不到想要的结果。

```
# 示例
./oscli xiewei@shu.edu.cn shangHai xiewei
{
    "file": "./oscli",
    "name": "xiewei@shu.edu.cn",
    "email": "shangHai",
    "company": "xiewei"
}
```

这就要求使用这个命令行工具的人必须熟悉参数的顺序,对于工具的使用者就不够"友好",所以使用 os 构建命令行工具仅适用于简单的应用场景,并不合适构建复杂的应用场景。

另外,想要构建命令的帮助提示,可以使用 Go 内置库的模板引擎 text/template 或者 html/template。

要使用模板引擎,可以这么做:

```
type userInfoOs struct {
    File    string `json:"file"`
    Name    string `json:"name"`
    Email   string `json:"email"`
    Company string `json:"company"`
}

// template
func (u *userInfoOs) Template() {
    t := template.New("New Template for book")
    t, _ = t.Parse(`
An example of os cli.

Show User Information by template:
    FileName: {{.File}}
    Name: {{.Name}}
    Email: {{.Email}}
    Company: {{.Company}}

Use "user help <topic>" for more information about that topic.
`)
    t.Execute(os.Stdout, u)
}

func PrintCmdOs() {
    args := os.Args
```

```
        if len(args) != 4 {
            fmt.Println("you need add name,email,company field")
            return
        }
        var oneUserInfoOs userInfoOs
        oneUserInfoOs.File = os.Args[0]
        oneUserInfoOs.Name = os.Args[1]
        oneUserInfoOs.Email = os.Args[2]
        oneUserInfoOs.Company = os.Args[3]

        // template
        //oneUserInfoOs.Template()
    }

    func main(){
        PrintCmdOs()

    }
```

重新进行编译，在终端输入命令：./oscli xiewei xiewei@shu.edu.cn shangHai。

```
An example of os cli.

Show User Information by template:
    FileName: ./oscli
    Name: xiewei
    Email: xiewei@shu.edu.cn
    Company: shangHai

Use "user help <topic>" for more information about that topic.
```

模板引擎的原理是构建静态数据和一些变量组成的模板，使用过程中渲染数据，这样可以复用静态代码。

- {{}}表示的是渲染时需要替换的字段。
- {{.}}表示当前对象，{{.FieldName}}表示当前对象的FieldName字段。
- 模板引擎还支持遍历、循环、条件判断、模板函数等功能。

  ```
  html/template 文档(https://godoc.org/html/template)
  ```

本小节简单地演示了如何使用内置的 os 库构建简易的命令行工具。

8.3.2　内置的 flag 库

除了内置的 os 库之外，Go 内置的处理命令行参数的库还有 flag，并且功能比 os 库更加强大。

内置的 flag 库主要有下面两种用法：

1. 预先定义变量

```
var species = flag.String("species", "gopher", "the species we are studying")
// 函数签名
func String(name string, value string, usage string) *string {
    return CommandLine.String(name, value, usage)
}
```

参数说明：

- name 为 species。
- default value 为 gopher。
- usage 为 the species we are studying。

2. 无预先定义变量

```
const (
    defaultGopher = "pocket"
    usage         = "the variety of gopher"
)

flag.StringVar(&gopherType, "gopher_type", defaultGopher, usage)
// 函数签名
func StringVar(p *string, name string, value string, usage string) {
    CommandLine.Var(newStringValue(value, p), name, usage)
}
```

对照着函数签名可以知道：

- p 为 &gopherType。
- name 为 gopher_type。
- value 为 pocket。
- usage 为 the variety of gopher。

上述两种方式的区别在于输入参数是否接收指针参数。

接着以 8.3.1 节使用 os 库读取参数的实例，仍然定义一个存储用户信息的结构体 userInfoFlag。

（1）定义结构体 userInfoFlag：

```
type userInfoFlag struct {
    Name    string `json:"name"`
    Url     string `json:"url"`
    Email   string `json:"email"`
    Company string `json:"company"`
}
```

（2）声明参数，flag 读取参数，默认参数值的设置：

```
var (
    name    string
    url     string
    email   string
    company string
)

func PrintCommandFlag() {
    flag.StringVar(&name, "n", "xieWei", "show user name")
    flag.StringVar(&url, "u", "https://www.baidu.com", "show user url")
```

```
flag.StringVar(&email, "e", "wuxiaoshen@shu.edu.cn", "show user email")
flag.StringVar(&company, "c", "ReadSense", "show user company")
flag.Parse()

var oneUser userInfoFlag
oneUser.Name = name
oneUser.Url = url
oneUser.Email = email
oneUser.Company = company
jsonByte, _ := json.MarshalIndent(oneUser, " ", " ")
fmt.Println(string(jsonByte))
}
```

（3）main.go 函数的调用：

```
package main

func main(){
    PrintCommandFlag()
}
```

（4）编译：go build -o flagcli main.go。

（5）执行：./flagcli。

若命令行无参数，则显示默认参数值。

```
{
  "name": "xieWei",
  "url": "https://www.baidu.com",
  "email": "wuxiaoshen@shu.edu.cn",
  "company": "ReadSense"
 }
./flagcli -n XieWei -c ShangHai
{
  "name": "XieWei",
  "url": "https://www.baidu.com",
  "email": "wuxiaoshen@shu.edu.cn",
  "company": "ShangHai"
 }
```

可以看到，flag 库整体比 os 库在读取命令行时更友好，比如默认参数值的设置、无须顺序写入参数等。

下面我们使用 GitHub 公开的 API 制作一个查询任意用户基本信息的命令行工具。

查询用户信息的 API 为：https://api.github.com/users/%s。

目标：在命令行输入任意用户名，查询是否匹配，若匹配则返回用户信息，否则返回错误处理信息。

API 返回 JSON 格式的响应内容，如图 8-1 所示。

```
// 20180924105955
// https://api.github.com/users/wuxiaoxiaoshen

{
  "login": "wuxiaoxiaoshen",
  "id": 11518873,
  "node_id": "MDQ6VXNlcjExNTE4ODcz",
  "avatar_url": "https://avatars2.githubusercontent.com/u/11518873?v=4",
  "gravatar_id": "",
  "url": "https://api.github.com/users/wuxiaoxiaoshen",
  "html_url": "https://github.com/wuxiaoxiaoshen",
  "followers_url": "https://api.github.com/users/wuxiaoxiaoshen/followers",
  "following_url": "https://api.github.com/users/wuxiaoxiaoshen/following{/other_user}",
  "gists_url": "https://api.github.com/users/wuxiaoxiaoshen/gists{/gist_id}",
  "starred_url": "https://api.github.com/users/wuxiaoxiaoshen/starred{/owner}{/repo}",
  "subscriptions_url": "https://api.github.com/users/wuxiaoxiaoshen/subscriptions",
  "organizations_url": "https://api.github.com/users/wuxiaoxiaoshen/orgs",
  "repos_url": "https://api.github.com/users/wuxiaoxiaoshen/repos",
  "events_url": "https://api.github.com/users/wuxiaoxiaoshen/events{/privacy}",
  "received_events_url": "https://api.github.com/users/wuxiaoxiaoshen/received_events",
  "type": "User",
  "site_admin": false,
  "name": "XieWei",
  "company": "SHU",
  "blog": "",
  "location": "Shanghai",
  "email": null,
  "hireable": true,
  "bio": null,
  "public_repos": 21,
```


图 8-1 JSON 格式的响应内容

（1）定义响应的结构体：

```
type GithubAccountInfo struct {
    Login             string `json:"login"`
    ID                int    `json:"id"`
    NodeId            string `json:"node_id"`
    AvatarUrl         string `json:"avatar_url"`
    GravatarId        string `json:"gravatar_id"`
    Url               string `json:"url"`
    HtmlUrl           string `json:"html_url"`
    FollowerURL       string `json:"follower_url"`
    FollowingURL      string `json:"following_url"`
    GistsURL          string `json:"gists_url"`
    StarredURL        string `json:"starred_url"`
    SubscriptionsURL  string `json:"subscriptions_url"`
    OrganizationsURL  string `json:"organizations_url"`
    ReposURL          string `json:"repos_url"`
    EventsURL         string `json:"events_url"`
    ReceivedEventsURL string `json:"received_events_url"`
    Type              string `json:"type"`
    SiteAdmin         bool   `json:"site_admin"`
    Name              string `json:"name"`
    Company           string `json:"company"`
    Blog              string `json:"blog"`
    Location          string `json:"location"`
    Email             string `json:"email"`
    Hireable          bool   `json:"hireable"`
    Bio               string `json:"bio"`
    PublicRepos       int    `json:"public_repos"`
    PublicGists       int    `json:"public_gists"`
    Followers         int    `json:"followers"`
    Following         int    `json:"following"`
    CreatedAt         string `json:"created_at"`
```

```
        UpdatedAt          string `json:"updated_at"`
    }
```

（2）调用 API 来处理响应的内容：

```go
func GithubUserStorager(name string) GithubAccountInfo {
    url := fmt.Sprintf("https://api.github.com/users/%s", name)
    // 发起网络请求
    request, _ := http.NewRequest("GET", url, nil)
    request.Header.Add("User-Agent", "Mozilla/5.0 (Windows NT 10.0; WOW64)
AppleWebKit/537.36 (KHTML, like Gecko) Chrome/56.0.2924.87 Safari/537.36")
    client := http.DefaultClient
    response, err := client.Do(request)
    if err != nil {
        fmt.Println(err)
        return GithubAccountInfo{}
    }

    defer response.Body.Close()

    // 解析数据
    result, err := ioutil.ReadAll(response.Body)
    fmt.Println(string([]byte(result)))
    var account GithubAccountInfo
    err = json.Unmarshal([]byte(result), &account)
    if err != nil {
        fmt.Println(err)
        return GithubAccountInfo{}
    }
    return account

}
```

（3）提供命令查看所有响应的字段（使用 Go 的反射机制，查看结构体的字段）：

```go
func GithubUserFields() {
    var fields []string
    account := GithubAccountInfo{}
    // 收集结构体的所有字段
    s := reflect.TypeOf(&account).Elem()
    for i := 0; i < s.NumField(); i++ {
        fields = append(fields, s.Field(i).Name)
    }
    fieldsJson, _ := json.MarshalIndent(fields, " ", "")
    fmt.Println(string(fieldsJson))
}
```

（4）封装命令：

```go
func FlagHelper() {
    var Account string
    flag.StringVar(&Account, "a", "wuxiaoxiaoshen", "show github account user
info fields")
    flag.Parse()
    // 如果 Account 输入的是 field，就返回结构体的所有字段，否则返回用户信息
```

```
        if Account == "field" {
            cmdFlag.GithubUserFields()
            return
        } else {
            cmdFlag.GithubUserStorager(Account)
            return
        }
}

func main() {
    FlagHelper()

}
```

（5）编译：go build -o gitcli main.go。

（6）执行命令：./gitcli -a=field。

```
// 查看支持的字段
[
 "Login",
 "ID",
 "NodeId",
 "AvatarUrl",
 "GravatarId",
 "Url",
 "HtmlUrl",
 "FollowerURL",
 "FollowingURL",
 "GistsURL",
 "StarredURL",
 "SubscriptionsURL",
 "OrganizationsURL",
 "ReposURL",
 "EventsURL",
 "ReceivedEventsURL",
 "Type",
 "SiteAdmin",
 "Name",
 "Company",
 "Blog",
 "Location",
 "Email",
 "Hireable",
 "Bio",
 "PublicRepos",
 "PublicGists",
 "Followers",
 "Following",
 "CreatedAt",
 "UpdatedAt"
 ]
```

（7）执行命令：./gitcli -a=vczh。

```
{
    "login": "vczh",
    "id": 773569,
    "node_id": "MDQ6VXNlcjc3MzU2OQ==",
    "avatar_url": "https://avatars3.githubusercontent.com/u/773569?v=4",
    "gravatar_id": "",
    "url": "https://api.github.com/users/vczh",
    "html_url": "https://github.com/vczh",
    "followers_url": "https://api.github.com/users/vczh/followers",
    "following_url": "https://api.github.com/users/vczh/following
{/other_user}",
    "gists_url": "https://api.github.com/users/vczh/gists{/gist_id}",
    "starred_url": "https://api.github.com/users/vczh/starred{/owner}
{/repo}",
    "subscriptions_url": "https://api.github.com/users/vczh/subscriptions",
    "organizations_url": "https://api.github.com/users/vczh/orgs",
    "repos_url": "https://api.github.com/users/vczh/repos",
    "events_url": "https://api.github.com/users/vczh/events{/privacy}",
    "received_events_url": "https://api.github.com/users/vczh/
received_events",
    "type": "User",
    "site_admin": false,
    "name": "Zihan Chen",
    "company": null,
    "blog": "http://www.gaclib.net",
    "location": "Seattle, WA, USA",
    "email": null,
    "hireable": null,
    "bio": "Main contributor of @vczh-libraries  .\r\n\r\nMicrosoft github
account: https://github.com/ZihanChen-MSFT",
    "public_repos": 8,
    "public_gists": 9,
    "followers": 15147,
    "following": 9,
    "created_at": "2011-05-07T08:30:48Z",
    "updated_at": "2019-11-30T14:33:21Z"
}
```

至此，我们通过使用一个公开的 API 完成了一个简单地查询 GitHub 用户信息的命令行工具。如果需要将这个命令行工具的功能丰富起来，一方面需要知道更多的 API。比如在公司或者学习中最好能找到更多已有的 API，这样构建命令行工具的任务就转变为调用 API，再封装成输出即可。另一方面，如果没有现成的 API，就需要自己构建相应的 API。

下面章节的两个例子，一个是使用现有的 GitHub API 构建一个较完整的命令行工具（gitcli）；另一个是自己构建 API，再在这个 API 的基础上构建一个比较完整的命令行工具（stackoverflowcli）。

基于内置库来构建比较完整的命令行工具需要很多的开发工作量。为了精简开发流程，建议使用较为成熟的第三方库 cobra 和 cli 来构建命令行工具。

8.3.3 使用第三方库 cobra 实现 gitcli

GitHub 是一个面向开源及私有软件项目的托管平台，面向开发者开放了很多官方 API。通过这些 API，开发者可以很容易地实现对 GitHub 服务器上资源的增、删、改、查操作。同时，GitHub API 也是优秀的 API 设计参考规范。

本节将使用这些官方的 API 来实现对用户信息、仓库信息、following、follower 等信息的操作。当然，对于不同资源的操作需要相应的权限。

1. 需求分析

GitHub 作为开源软件项目的托管平台，它的核心资源有：

- 用户（账户）信息：主页、邮箱、公司、仓库数据等信息。
- 仓库信息：star、follow、编程语言等。
- 组织信息：GitHub允许用户创建自己的组织，而后在组织内创建软件项目。
- 搜索：使用API根据匹配度返回仓库信息。
- Trending：热门项目趋势，当前时间段火热的开源项目。

查看官方文档，可以得出这些接口信息：

（1）API列表

```
var API = map[string]string{
    "current_user_url":                      "https://api.github.com/user",
    "current_user_authorizations_html_url": "https://github.com/settings/
connections/applications{/client_id}",
    "authorizations_url":                    "https://api.github.com/authorizations",
    "code_search_url":                       "https://api.github.com/search/
code?q={query}{&page,per_page,sort,order}",
    "commit_search_url":                     "https://api.github.com/search/
commits?q={query}{&page,per_page,sort,order}",
    "emails_url":                            "https://api.github.com/user/emails",
    "emojis_url":                            "https://api.github.com/emojis",
    "events_url":                            "https://api.github.com/events",
    "feeds_url":                             "https://api.github.com/feeds",
    "followers_url":                         "https://api.github.com/user/followers",
    "following_url":                         "https://api.github.com/user/
following{/target}",
    "gists_url":                             "https://api.github.com/gists{/gist_id}",
    "hub_url":                               "https://api.github.com/hub",
    "issue_search_url":                      "https://api.github.com/search/
issues?q={query}{&page,per_page,sort,order}",
    "issues_url":                            "https://api.github.com/issues",
    "keys_url":                              "https://api.github.com/user/keys",
    "notifications_url":                     "https://api.github.com/notifications",
    "organization_repositories_url":             "https://api.github.com/
orgs/{org}/repos{?type,page,per_page,sort}",
    "public_gists_url":                      "https://api.github.com/gists/public",
    "rate_limit_url":                        "https://api.github.com/rate_limit",
```

```
        "repository_url":                  "https://api.github.com/repos/{owner}/
{repo}",
        "current_user_repositories_url": "https://api.github.com/user/
repos{?type,page,per_page,sort}",
        "starred_url":                     "https://api.github.com/user/
starred{/owner}{/repo}",
        "starred_gists_url":               "https://api.github.com/gists/starred",
        "team_url":                        "https://api.github.com/teams",
        "user_organizations_url":          "https://api.github.com/user/orgs",
        "user_repositories_url":           "https://api.github.com/users/{user}/
repos{?type,page,per_page,sort}",
        "user_search_url":                 "https://api.github.com/search/users?q=
{query}{&page,per_page,sort,order}",
```

可以看出，API 操作的资源是用户和仓库的信息。构建的命令行工具就是使用这些 API 来查询用户信息、查询代码仓库信息、查询组织仓库信息、搜索指定仓库信息的。

（2）组织命令行样式

组织命令行样式就是指最后的效果，即我们希望有哪些命令。为了表达得更加清晰直观，使用思维导图进行说明，如图 8-2 所示。

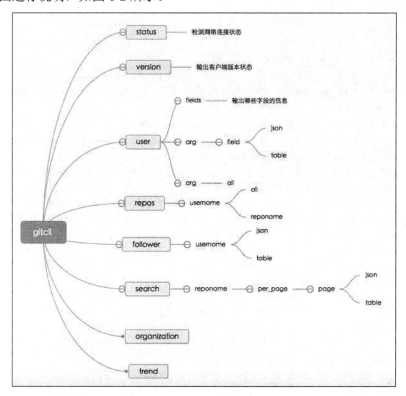

图 8-2　思维导图

命令主要分为以下几类：

- status：检测网络状态，若没有联网，则无法从服务器上获取资源。
- version：客户端（命令行的版本）。

- user：指定账户的基本信息。
- repos：指定账户仓库的基本信息。
- follower：指定账户的粉丝信息。
- search：搜索指定名字的仓库的基本信息。
- organization：指定组织的仓库的信息。
- trend：获取近期热门的仓库的基本信息。

（3）调用GitHub提供的API看是否满足需求

可以在终端使用 curl 调用相关的 API，实现我们自己定义的需求（上文的命令分类），表 8-1 的 API 就能满足需求。

表8-1　API

命　　令	API	Args（参数）	示　　例
user	https://api.github.com/users/%s	用户名称	./gitcli user wuxiaoxiaoshen
repos	https://api.github.com/repos/%s/%s	用户名称，仓库名称	./gitcli repos wuxiaoxiaoshen DB
follower	https://api.github.com/users/%s/followers	用户名称	./gitcli follower Wuxiaoxiaoshen
search	https://api.github.com/search/repositories?q=%s&page=%d&per_page=%d	仓库名称、分页、每页的数目	./gitcli search db
organization	https://api.github.com/orgs/%s/repos	组织名称	./gitcli organization GopherCoder
trend	官方没有提供 API	编程语言名称	./gitcli trend python

在终端输入如下命令，查看返回的具体信息：

```
>> curl https://api.github.com/users/wuxiaoxiaoshen

{
    "login": "wuxiaoxiaoshen",
    "id": 11518873,
    "node_id": "MDQ6VXNlcjExNTE4ODcz",
    "avatar_url": "https://avatars2.githubusercontent.com/u/11518873?v=4",
    "gravatar_id": "",
    "url": "https://api.github.com/users/wuxiaoxiaoshen",
    "html_url": "https://github.com/wuxiaoxiaoshen",
    "followers_url": "https://api.github.com/users/wuxiaoxiaoshen/followers",
    "following_url": "https://api.github.com/users/wuxiaoxiaoshen/
following{/other_user}",
    "gists_url": "https://api.github.com/users/wuxiaoxiaoshen/
gists{/gist_id}",
    "starred_url": "https://api.github.com/users/wuxiaoxiaoshen/
starred{/owner}{/repo}",
    "subscriptions_url": "https://api.github.com/users/wuxiaoxiaoshen/
subscriptions",
    "organizations_url": "https://api.github.com/users/wuxiaoxiaoshen/orgs",
    "repos_url": "https://api.github.com/users/wuxiaoxiaoshen/repos",
```

```
        "events_url": "https://api.github.com/users/wuxiaoxiaoshen/
events{/privacy}",
        "received_events_url": "https://api.github.com/users/wuxiaoxiaoshen/
received_events",
        "type": "User",
        "site_admin": false,
        "name": "XieWei",
        "company": "SHU",
        "blog": "",
        "location": "Shanghai",
        "email": null,
        "hireable": true,
        "bio": null,
        "public_repos": 21,
        "public_gists": 0,
        "followers": 34,
        "following": 43,
        "created_at": "2015-03-17T10:16:33Z",
        "updated_at": "2018-09-10T23:26:43Z"
}
```

通过上文的分析和探索做到心中有数，知道自己实现整个任务的侧重点为：

- 组织命令。
- 请求API解析响应的内容，得到需要的内容。
- 动手构建Trend命令的API。
- 结构化显示的内容：以JSON格式或者表格方式来显示。

2. 项目组织

一个清晰的项目组织结构能够让整个编码流程更为通畅，所以建议维护一个稳定的项目结构（参考优秀的项目组织方式，比如 DDD 领域驱动设计），并在实现过程中不断地微调。

这里按照领域驱动设计的模式将整个项目划分为领域层（Domain）、基础设施层（Infrastructure）、用户界面层、应用层（Application）。层与层之间的相互调用关系确定，逻辑清晰，避免循环调用。

```
├── application
│   ├── cmd_cobra
│   │   └── root_cmd_cobra.go
├── configs
│   └── token.go
├── domain
│   ├── followers_cmd.go
│   ├── organization_cmd.go
│   ├── repository_cmd.go
│   ├── serach_cmd.go
│   ├── trending_cmd.go
│   └── user_cmd.go
├── infrastructure
│   ├── api.go
```

```
|     ├── app.go
|     ├── errors
|     |   └── error.go
|     ├── help.go
|     ├── requests.go
├── main.go
└── vendor
```

各个文件的具体含义如下：

- application：所有命令的集合。
- domain：命令的具体实现。
- infrastructure：基础设施层，提供上层服务，比如 api、request 请求、错误处理信息等。
- main.go：函数入口。
- vendor：第三方库。

3. 编码实现

（1）安装第三方库

```
go get -u github.com/spf13/cobra/cobra
```

（2）基本使用

```
var rootCmd = &cobra.Command{
  Use:   "hugo",
  Short: "Hugo is a very fast static site generator",
  Long: `A Fast and Flexible Static Site Generator built with
            love by spf13 and friends in Go.
            Complete documentation is available at http://hugo.spf13.com`,
  Run: func(cmd *cobra.Command, args []string) {
    // Do Stuff Here
  },
}

func Execute() {
  if err := rootCmd.Execute(); err != nil {
    fmt.Println(err)
    os.Exit(1)
  }
}

func main() {
  Execute()
}
```

- 使用这个第三方库的核心是实现cobra.Command结构体，它有一系列处理参数、设置等的方法。真正的实现是结构体的Run方法。
- 各命令的组织方式使用AddCommand方法来实现，比如rootCmd.AddCommand(versionCmd)，versionCmd是rootCmd的子命令。

（3）编码实现

这里以 user 和 trend 两个命令为例讲述代码的编写方法。

- user命令逻辑的编码实现

✪ 基础设施：请求API

```go
// 本质是一个发起网络请求的过程
// infrastructure/requests.go
// GetResponseNetHttp ...
func GetResponseNetHttp(url string) ([]byte, error) {
    request, err := http.NewRequest("GET", url, nil)
    if err != nil {
        return nil, &errors.ErrorCmdRequest
    }
    request.Header.Add("Authorization", "Basic "+configs.PassWord)
    client := http.DefaultClient
    response, err := client.Do(request)
    if err != nil {
        return nil, &errors.ErrorCmdResponse

    }

    defer response.Body.Close()

    return ioutil.ReadAll(response.Body)
}
```

鉴于 GitHub API 对没认证的用户存在限制调用次数的问题，可以使用认证模式，即 configs.PassWord，具体的值由下列函数来获取：

```go
func BasicAuthTokenEncode(username string, password string) string {
    data := []byte(fmt.Sprintf("%s:%s", username, password))
    return base64.StdEncoding.EncodeToString(data)
}
```

✪ API配置

```go
// infrastructure/api.go

var API = map[string]string{
    // userCommand
    "user_url": "https://api.github.com/users/%s",

    // repoCommand
    "repo_url":        "https://api.github.com/users/%s/repos",
    "repo_single_url": "https://api.github.com/repos/%s/%s",

    // followerCommand
    "user_follower_url": "https://api.github.com/users/%s/followers",

    // searchCommand
    "repository_search_url": "https://api.github.com/search/repositories?q
=%s&page=%d&per_page=%d",

    // organizationCommand
    "organization_url":      "https://api.github.com/orgs/%s",
    "organization_repo_url": "https://api.github.com/orgs/%s/repos",

    // trendingCommand
```

```
    "trending_url": "https://github.com/trending/%s?since=%s",
}
```

❂ **user命令处理逻辑的编写**

```go
// domain/user_cmd.go

package domain

import (
    "encoding/json"
    "fmt"
    "gitcli/infrastructure"

    "github.com/alexeyco/simpletable"

    "github.com/tidwall/gjson"

    "github.com/spf13/cobra"
)

type Info struct {
    Field  string `json:"field"`
    Result string `json:"result"`
}
// UserCmd ...
var UserCmd = &cobra.Command{
    Use:     "user",
    Aliases: []string{"u"},
    Short:   "show user information",
    Long: `information contains username、url、
            html_url、name、company、location、
            public_repos、followers、following、created_at、updated_at`,
    Args: cobra.MinimumNArgs(1),
    Run:  UserCommand,
}

// UserCommand ...
func UserCommand(cmd *cobra.Command, args []string) {

    if len(args) <= 1 {
        fmt.Println(fmt.Sprintf("try %s --help", cmd.Use))
        return
    }

    // 查询字段
    if args[0] == "fields" {
        var fields = []string{"url", "login", "location", "created_at",
"updated_at", "followers", "following", "public_repos",
            "bio", "email", "company"}
        jsonByte, _ := json.MarshalIndent(fields, " ", " ")
        fmt.Println(string(jsonByte))
        return
    }

    url := fmt.Sprintf(infrastructure.API["user_url"], args[0])
```

```go
    // 获取用户的响应信息
    response, _ := infrastructure.GetResponseNetHttp(url)
    responseResult := gjson.ParseBytes(response)

    if args[1] == "all" {
        jsonByte, _ := json.MarshalIndent(responseResult.Raw, " ", " ")
        fmt.Println(string(jsonByte))
        return
    }
    //fmt.Println(args)
    if len(args) <= 2 {
        fmt.Println("Should add one more argument")
        return
    }

    if args[1] != "all" && args[2] == "json" {

        infoField := showUserField(args[1], responseResult.Get(args[1]))
        if infoField.Result == "" {
            infoField.Result = "None"
        }
        showUserInfoJson(infoField)
        return
    }
    if args[1] != "all" && args[2] == "table" {
        infoField := showUserField(args[1], responseResult.Get(args[1]))
        showUserInfoTable(infoField)
        return
    }

}

// showUserInfoJson ...
func showUserInfoJson(info *Info) {
    jsonByte, _ := json.MarshalIndent(info, " ", " ")
    fmt.Println(string(jsonByte))

}

// showUserInfoTable ...
func showUserInfoTable(info *Info) {
    table := simpletable.New()
    table.Header = &simpletable.Header{
        Cells: []*simpletable.Cell{
            {Align: simpletable.AlignCenter, Text: "FIELD"},
            {Align: simpletable.AlignCenter, Text: "VALUE"},
        },
    }
    r := []*simpletable.Cell{
        {Align: simpletable.AlignLeft, Text: fmt.Sprintf("%s", info.Field)},
        {Align: simpletable.AlignLeft, Text: info.Result},
    }
    table.Body.Cells = append(table.Body.Cells, r)
    table.SetStyle(simpletable.StyleCompactLite)
    fmt.Println(table.String())
```

```
}
// showUserField ...
func showUserField(field string, result gjson.Result) *Info {
    return &Info{
        Field:  field,
        Result: result.Raw,
    }
}
```

上面的代码简单解释如下:

- **Info结构体**: 包含字段名称和结果 (把信息都返回给用户, 则字段过多, 这里根据字段名称把该字段的值返回给用户)。
- **UserCmd**: 子命令的入口, Use表示命令名称, Short、Long可以写一些命令的介绍, Run是函数的主体处理逻辑。
- **UserCommand**: 根据请求的参数args []string返回所有用户支持的字段, 以JSON格式或者表格形式返回结果。
- **showUserInfoJson**: 将结果以JSON格式返回。
- **showUserInfoTable**: 将结果以表格形式返回。
- **showUserField**: API返回的结果是JSON格式的, 通过这个函数可以获取JSON内指定字段的值。

```
>> curl https://api.github.com/users/wuxiaoxiaoshen

{
    "login": "wuxiaoxiaoshen",
    "id": 11518873,
    "node_id": "MDQ6VXNlcjExNTE4ODcz",
    "avatar_url": "https://avatars2.githubusercontent.com/u/
    11518873?v=4",
    "gravatar_id": "",
    "url": "https://api.github.com/users/wuxiaoxiaoshen",
    "html_url": "https://github.com/wuxiaoxiaoshen",
    "followers_url": "https://api.github.com/users/wuxiaoxiaoshen/
    followers",
    "following_url": "https://api.github.com/users/wuxiaoxiaoshen/
    following{/other_user}",
    "gists_url": "https://api.github.com/users/wuxiaoxiaoshen/
    gists{/gist_id}",
    "starred_url": "https://api.github.com/users/wuxiaoxiaoshen/
    starred{/owner}{/repo}",
    "subscriptions_url": "https://api.github.com/users/wuxiaoxiaoshen/
    subscriptions",
    "organizations_url": "https://api.github.com/users/wuxiaoxiaoshen/
    orgs",
    "repos_url": "https://api.github.com/users/wuxiaoxiaoshen/repos",
    "events_url": "https://api.github.com/users/wuxiaoxiaoshen/
    events{/privacy}",
    "received_events_url": "https://api.github.com/users/wuxiaoxiaoshen/
```

```
        received_events",
        "type": "User",
        "site_admin": false,
        "name": "XieWei",
        "company": "SHU",
        "blog": "",
        "location": "Shanghai",
        "email": null,
        "hireable": true,
        "bio": null,
        "public_repos": 21,
        "public_gists": 0,
        "followers": 34,
        "following": 43,
        "created_at": "2015-03-17T10:16:33Z",
        "updated_at": "2018-09-10T23:26:43Z"
    }
```

上面这个 JSON 格式的响应内容，如果使用原生的 JSON 库进行处理，就需要定义一个字段和类型完成相对应的结构体。

比如这样的：

```
type Info struct{
    Login string `json:"login"`
    ID int `json:"id"`
    ...
    SiteAdmin bool `json:"site_admin"`
    ...
    Followers int `json:"followers"`
    ...
}
```

其实可以借用了一个更优雅的解析 JSON 的方案：GJSON。

比如通过这个 API 获取响应内容的 following 字段的值，可以进行如下操作，整体实现更为优雅。

```
responseResult := gjson.ParseBytes(response)
responseResult.Get("following").Raw
```

✪ **主命令逻辑的编写**

```
// application/cmd_cobra/root_cmd_cobra.go
package cmdCobra

import (
    "fmt"
    "github.com/wuxiaoxiaoshen/gitcli/domain"
    "github.com/wuxiaoxiaoshen/gitcli/infrastructure"
    "os"

    "github.com/spf13/cobra"
)
var (
```

```
        version = infrastructure.Version
        cliName = infrastructure.ApplicationCmdName
)

// RootCmd ...
var RootCmd = &cobra.Command{
    Use:  cliName,
    Args: cobra.ExactArgs(0),
    Run:  printCliName,
}

// printCliName
func printCliName(cmd *cobra.Command, args []string) {
    if len(args) > 0 {
        fmt.Println(fmt.Sprintf("try %s --help", cmd.Use))
        return
    }
    fmt.Println(fmt.Sprintf("%s is an application for operation github.\n",
cliName))
}

// Execute ...
func Execute() {

    // user command
    RootCmd.AddCommand(domain.UserCmd)

    if err := RootCmd.Execute(); err != nil {
        fmt.Println(err)
        os.Exit(1)
    }
}
```

✪ main.go函数入口

```
package main

import (
    "flag"
    "github.com/wuxiaoxiaoshen/gitcli/application/cmd_cobra"
)

func CobraHelper() {
    cmdCobra.Execute()
}

func main() {

    CobraHelper()
}
```

效果展示如下：

✪ 获取所有字段

```
>> ./gitcli user fields
[
  "url",
```

```
        "login",
        "location",
        "created_at",
        "updated_at",
        "followers",
        "following",
        "public_repos",
        "bio",
        "email",
        "company"
    ]
```

✪ **获取用户url字段的具体值**

```
>> ./gitcli user wuxiaoxiaoshen url json
{
 "field": "url",
 "result": "\"https://api.github.com/users/wuxiaoxiaoshen\""
 }
>> ./gitcli user wuxiaoxiaoshen url table
 FIELD                   VALUE
-------  -----------------------------------------------
 url     "https://api.github.com/users/wuxiaoxiaoshen"
```

✪ **trend命令逻辑的编码实现**

GitHub API 官网（地址为 https://developer.github.com/）的 API 集合中并没有提供这个接口，只能通过 https://github.com/trending 网址访问，所以这个命令与之前的命令不同之处在于需要构建 API 才能获取到服务器上的资源。这里选择的方法是网络爬虫。

✪ **定义需要抓取内容的结构体**

```
// domain/trending_cmd.go

type trendingRepo struct {
    Name        string `json:"name"`
    TotalStar   string `json:"total_star"`
    SinceStar   string `json:"since_star"`
    Fork        string `json:"fork"`
    Description string `json:"description"`
    Language    string `json:"language"`
    Url         string `json:"url"`
}
```

✪ **使用CSS选择器获取相应字段的内容**

```
// domain/trending_cmd.go
// url: https://github.com/trending/go?since=daily

func getTrendingRepos(url string) []trendingRepo {

    var languagePattern string
    languagePattern = `trending/(.*?)\?`
    languageRegexp := regexp.MustCompile(languagePattern)
```

```
allMatch := languageRegexp.FindAllStringSubmatch(url, -1)
var trendingRepos []trendingRepo

response, _ := infrastructure.GetResponseNetHttp(url)
responseByte := bytes.NewReader(response)
doc, _ := goquery.NewDocumentFromReader(responseByte)
doc.Find("article.Box-row").Each(func(i int, selection *goquery.Selection) {
    name := strings.TrimSpace(selection.Find("h1 a").Text())
    newReplacer := strings.NewReplacer(" ", "", "\n", "", "\t", "")
    newName := newReplacer.Replace(name)

    description := strings.TrimSpace(selection.Find("p").Text())

    number := selection.Find("div").Eq(1)

    totalStar := strings.TrimSpace(number.Find("a").Eq(0).Text())

    fork := strings.TrimSpace(number.Find("a").Eq(1).Text())

    sinceStar := strings.TrimSpace(number.Find("span").Last().Text())

    pattern := "(.*?)stars"
    regexpPattern := regexp.MustCompile(pattern)
    all := regexpPattern.FindAllStringSubmatch(sinceStar, -1)
    var sinceNumber string
    for _, one := range all {
        sinceNumber = strings.TrimSpace(one[1])
    }

    var oneTrendingRepo trendingRepo
    oneTrendingRepo = trendingRepo{
        Name:        newName,
        Description: description,
        TotalStar:   totalStar,
        Fork:        fork,
        SinceStar:   sinceNumber,
        Language:    allMatch[0][1],
        Url:         "https://github.com/" + newName,
    }
    trendingRepos = append(trendingRepos, oneTrendingRepo)
})
    return trendingRepos
}
```

GitHub Trending 网页源代码如图 8-3 所示。

✪ 完善trend命令和结果展示

```
// domain/trending_cmd.go

var TrendingCmd = &cobra.Command{
    Use:   "trend",
    Short: "show github trending by language",
    Long:  "show github trending by language , period , and date, get more detail
information",
    Run:   trendingCommand,
}
```

```go
func trendingCommand(cmd *cobra.Command, args []string) {
    var url string
    url = makeTrendingUrl(args)
    if url == "None" {
        return
    }
    var trendingRepoInfo []trendingRepo
    trendingRepoInfo = getTrendingRepos(url)

    if args[len(args)-1] == "json" {
        showTrendingRepoByJson(trendingRepoInfo)
    }

    if args[len(args)-1] == "table" {
        showTrendingRepoByTable(trendingRepoInfo)
    }

}

func showTrendingRepoByJson(trendingRepos []trendingRepo) {
    jsonByte, _ := json.MarshalIndent(trendingRepos, " ", " ")
    fmt.Println(string(jsonByte))
}

func showTrendingRepoByTable(trendingRepos []trendingRepo) {
    table := simpletable.New()
    headers := []string{"name", "star", "now_star", "fork", "language", "url"}
    var cells []*simpletable.Cell

    for _, header := range headers {
        cell := &simpletable.Cell{
            Align: simpletable.AlignLeft, Text: strings.ToUpper(header),
        }
        cells = append(cells, cell)
    }
    table.Header = &simpletable.Header{
        Cells: cells,
    }
    for _, item := range trendingRepos {
        r := []*simpletable.Cell{
            {Align: simpletable.AlignLeft, Text: item.Name},
            {Align: simpletable.AlignLeft, Text: item.TotalStar},
            {Align: simpletable.AlignLeft, Text: item.SinceStar},
            {Align: simpletable.AlignLeft, Text: item.Fork},
            {Align: simpletable.AlignLeft, Text: item.Language},
            {Align: simpletable.AlignLeft, Text: item.Url},
        }
        table.Body.Cells = append(table.Body.Cells, r)
    }
    table.SetStyle(simpletable.StyleCompactLite)
    fmt.Println(table.String())
}

func makeTrendingUrl(args []string) string {
```

```
    var url string
    if len(args) < 1 {
        fmt.Println("you should at least add one argument")
        url = "None"
    } else if len(args) == 1 {
        url = fmt.Sprintf(infrastructure.API["trending_url"], strings.ToLower
(args[0]), "daily")
    } else {
        url = fmt.Sprintf(infrastructure.API["trending_url"], strings.ToLower
(args[0]), args[1])
    }
    return url
}
```

图 8-3　GitHub 网页源代码

✪ 添加到主命令下

```
// application/cmd_cobra/root_cmd_cobra.go

func Execute() {

    // user command
    RootCmd.AddCommand(domain.UserCmd)

    // trending command
    RootCmd.AddCommand(domain.TrendingCmd)

    if err := RootCmd.Execute(); err != nil {
        fmt.Println(err)
        os.Exit(1)
    }
}
```

✪ 获取Go语言的热门项目

```
>> ./gitcli trend go json
[
  {
   "name": "rclone/rclone",
   "total_star": "17,206",
   "since_star": "12",
   "fork": "1,363",
   "description": "\"rsync for cloud storage\" - Google Drive, Amazon Drive,
S3, Dropbox, Backblaze B2, One Drive, Swift, Hubic, Cloudfiles, Google Cloud Storage,
Yandex Files",
   "language": "go",
   "url": "https://github.com/rclone/rclone"
  },
  {
   "name": "getlantern/lantern",
   "total_star": "172",
   "since_star": "19",
   "fork": "10,044",
   "description": "Lantern 官方版本 *** lantern censorship-circumvention
censorship gfw vpn accelerator",
   "language": "go",
   "url": "https://github.com/getlantern/lantern"
  }
  //省略
]
```

```
>> ./gitcli trend go table
```

NAME	STAR	NOW_STAR	FORK	LANGUAGE	URL
rclone/rclone	17,206	12	1,363	go	
https://github.com/rclone/rclone					
getlantern/lantern	172	19	10,044	go	
https://github.com/getlantern/lantern					
v2ray/v2ray-core	25,300	37	5,717	go	
https://github.com/v2ray/v2ray-core					
lightningnetwork/lnd	4,269	10	1,195	go	
https://github.com/lightningnetwork/lnd					
gohugoio/hugo	39,973	19	4,509	go	
https://github.com/gohugoio/hugo					
go-gitea/gitea	17,378	30	1,979	go	
https://github.com/go-gitea/gitea					
txthinking/brook	10,666	7	2,027	go	
https://github.com/txthinking/brook					
adonovan/gopl.io	3,746	4	1,471	go	
https://github.com/adonovan/gopl.io					
dgrijalva/jwt-go	6,665	8	626	go	
https://github.com/dgrijalva/jwt-go					
GoesToEleven/golang-web-dev	1,907	3	915	go	
https://github.com/GoesToEleven/golang-web-dev					

iikira/BaiduPCS-Go	18,668	45	2,837	go
https://github.com/iikira/BaiduPCS-Go				
michenriksen/gitrob	4,199	5	590	go
https://github.com/michenriksen/gitrob				
Dreamacro/clash	4,878	38	656	go
https://github.com/Dreamacro/clash				
tinygo-org/tinygo	5,013	18	217	go
https://github.com/tinygo-org/tinygo				
xtaci/kcptun	11,254	10	2,191	go
https://github.com/xtaci/kcptun				
go-telegram-bot-api/telegram-bot-api	1,806	2	308	go
https://github.com/go-telegram-bot-api/telegram-bot-api				
ipfs/go-ipfs	9,041	43	1,639	go
https://github.com/ipfs/go-ipfs				
cockroachdb/cockroach	17,457	5	2,012	go
https://github.com/cockroachdb/cockroach				
fyne-io/fyne	7,042	10	290	go
https://github.com/fyne-io/fyne				
pkg/errors	5,320	3	379	go
https://github.com/pkg/errors				
bxcodec/go-clean-arch	1,950	9	339	go
https://github.com/bxcodec/go-clean-arch				
projectdiscovery/subfinder	1,944	100	239	go
https://github.com/projectdiscovery/subfinder				
open-telemetry/opentelemetry-go	357	3	82	go
https://github.com/open-telemetry/opentelemetry-go				
miekg/dns	4,148	6	684	go
https://github.com/miekg/dns				
haccer/subjack	745	11	123	go
https://github.com/haccer/subjack				

注　意
热门项目实时排行，数据有可能不一致，另外 API 和网页改版都可能引起上文代码执行失效。读者把握整体思想即可，而不是具体的代码。

其他的命令可以根据前文的组织方式一一实现，具体流程如下：

- 构建内容的结构体，比如用户信息、仓库信息等。
- 实现API来获取到定义的结构体内容。
- 组织命令显示的方式：JSON格式或者表格方式。
- 添加到主命令下。

4. 显示

经过前文的讲解，加上提供的源代码（地址为 https://github.com/GopherCoder/gitcli），相信读者能够完善这样一款操作 GitHub 资源的命令行工具。

最终效果如下：

```
>> ./gitcli --help
Usage:
```

```
    gitcli [flags]
    gitcli [command]

Available Commands:
  follower     show user follower info
  help         Help about any command
  organization show organization info
  repos        show user repository
  search       search repository from github
  status       show network status
  trend        show github trending by language
  user         show user information
  version      show application version

Flags:
  -h, --help   help for gitcli

Use "gitcli [command] --help" for more information about a command.
```

这个命令行工具支持命令和子命令,命令的组织和显示方式可根据参数的不同有不同的显示,还提供了帮助命令。

本节的示例代码可参考:https://github.com/GopherCoder/gitcli。

8.4 本 章 小 结

本章介绍了 3 种实现命令行的方式,其中两种通过使用内置库来实现,另外一种通过使用优秀的第三方库来实现。这 3 个不同的例子整体实现的逻辑总结如下:

(1)使用逻辑清晰的项目结构,在编码层面也应该采用相似的风格。

(2)明确需求,整体分析,从宏观层面把握项目,这样具体实现起来事半功倍,本章相关章节的安排也是按照这个思路进行的。

通过本章的学习,希望读者能够创造出更多、更优秀的命令行工具。

第9章

动手实现一个库

作为后端工程师，我们除了不断地提高自己的技术能力，完成日常的业务代码，学习新技术之外，其实都希望自己拥有一款产品，因此很多独立开发者会时不时地开发一款 App、写一个热门的项目或者开发一个优秀的小程序等。

有很多开发者对前、后端都可以胜任，这样就可以很容易地开发一个属于自己的项目。如果这类开发者能抓住用户的痛点，开发出一款解决用户痛点的产品，那么这类开发者既能胜任开发的工作，又能胜任产品经理的工作。笔者个人认为懂技术的产品经理和懂产品的技术人员都是未来的人才需求。

虽然仅凭本章的内容不能带领大家创造一款产品，但是可以学习如何编写一个库。无论是 Python 还是 Go 都有诸多的第三方库，这些优秀的第三方库极大地方便了我们的开发工作，许多优秀的编程思维都体现在优秀的第三方库内，比如 Python 领域优秀的 Web 框架 Flask、Go 领域优秀的 Web 框架 Gin。

本章将带领读者完成一个库的编写。

9.1　解决什么问题

网络爬虫技术是一项比较基础的技术，本书的很多内容就是基于网络爬虫得到的公开数据来进行讲述的。

一般网络爬虫的基本思路是：

- 分析网页。
- 请求网页。
- 解析源代码。
- 抽取数据。
- 存储数据。
- 分析数据。
- 展示数据。

在 Go 中，是如何实现请求网页操作的呢？一般使用内置的 **net/http** 库来编写请求函数。

```
func getResponse(url string) ([]byte, error) {
    // method one

    response, err := http.Get(url)
    if err != nil {
        err := errors.New("http get fail")
        return nil, err
    }
    defer response.Body.Close()
    return ioutil.ReadAll(response.Body)

}
```

这是通常的网页请求，其操作的基本参数都是默认的，使用 Get 动作请求网页时得到网络的响应（一般为服务器端的响应）。

这种请求一般包括下面一些信息点：

- 请求：

    ◆ 请求行。

    ◆ 请求头。

    ◆ 消息体。

- 客户端请求：

```
GET/HTTP/1.1
Host: www.google.com
```

指定方法（GET）、资源路径（www.google.com）、协议版本（HTTP/1.1）。

- 服务器端的响应：

```
HTTP/1.1 200 OK
Content-Length: 3059
Server: GWS/2.0
Date: Sat, 11 Jan 2003 02:44:04 GMT
Content-Type: text/html
Cache-control: private
Set-Cookie: PREF=ID=73d4aef52e57bae9:TM=1042253044:LM=1042253044:
S=SMCc_HRPCQiqy
X9j; expires=Sun, 17-Jan-2038 19:14:07 GMT; path=/; domain=.google.com
Connection: keep-alive
```

包括协议版本、状态码、响应信息。

不过，绝大多数网页请求中的请求头都需要指定用户代理（User-Agent）。如果服务器根据请求的用户代理确定访问是"正常"的，就对请求进行响应。

User-Agent 是一个字符串，代表用户行为的标识，比如访问服务器的设备是浏览器还是安卓设备。

一般的样式如下：

user-agent: Mozilla/5.0 (Macintosh; Intel Mac OS X 10_13_6) AppleWebKit/537.36 (KHTML, like Gecko) Chrome/68.0.3440.106 Safari/537.36

从上文的标识可知，Mac 系统下的 Chrome 浏览器版本为 68.0.3440.106。

所以，带有用户代理的请求一般如下：

```
func getResponseMethodTwo(url string) ([]byte, error) {

    // method two

    request, err := http.NewRequest("GET", url, nil)
    if err != nil {
        err := errors.New("http request fail")
        return nil, err
    }

    client := http.DefaultClient

    request.Header.Add("User-Agent", "Mozilla/5.0 (Macintosh; Intel Mac OS X 10_13_6) AppleWebKit/537.36 (KHTML, like Gecko) Chrome/68.0.3440.106 Safari/537.36")
    response, err := client.Do(request)
    if err != nil {
        err := errors.New("http response fail")
        return nil, err
    }

    defer response.Body.Close()

    return ioutil.ReadAll(response.Body)

}
```

在上面的请求中指定了用户代理。

在通过网络爬虫进行大规模的数据抓取过程中，如果用户代理保持不变，那么服务器可以根据是否是同一个用户标识在持续地发出网络请求来决定是否进行响应，故而网络爬虫发出的请求有可能不能正确地得到服务器端的响应，结果返回的是 504 错误提示代码。

此时，不能正确地访问服务器以及服务器的资源，也就意味着请求失败。

这时的用户痛点是：如何在请求时恰当地变更用户代理？

9.2　解　决　方　案

从前文的分析可知，只需在请求中以一定的频率变更用户代理即可解决问题。这其实是一个应对反爬虫的非常基本的措施。

9.2.1　手动处理

手动收集一系列的用户代理即可。

```
Mozilla/4.0 (compatible; MSIE 6.0; Windows ME) Opera 7.53 [en]
Mozilla/5.0 (Macintosh; U; PPC Mac OS X 10_5_3; en-us) AppleWebKit/525.18 (KHTML, like Gecko) Version/3.1.1 Safari/525.20
```

```
Mozilla/5.0 (Windows; U; Windows NT 6.0; en-US) AppleWebKit/532.1 (KHTML, like
Gecko) Chrome/4.0.220.1 Safari/532.1
Mozilla/5.0 (Windows NT 6.1; WOW64; Trident/7.0; AS; rv:11.0) like Gecko
Opera/9.64 (X11; Linux x86_64; U; en-GB) Presto/2.1.1
...
```

在请求中不断地变更用户代理。

```
var userAgentList = []string{
    `Mozilla/4.0 (compatible; MSIE 6.0; Windows ME) Opera 7.53 [en]`,
    `Mozilla/5.0 (Macintosh; U; PPC Mac OS X 10_5_3; en-us) AppleWebKit/525.18
(KHTML, like Gecko) Version/3.1.1 Safari/525.20`,
    `Mozilla/5.0 (Windows; U; Windows NT 6.0; en-US) AppleWebKit/532.1 (KHTML,
like Gecko) Chrome/4.0.220.1 Safari/532.1`,
    `Mozilla/5.0 (Windows NT 6.1; WOW64; Trident/7.0; AS; rv:11.0) like Gecko`,
    `Opera/9.64 (X11; Linux x86_64; U; en-GB) Presto/2.1.1`,
}

// 随机获取 User-Agent
func ChangeUserAgent(urls []string) {
    for _, url := range urls {
        request, err := http.NewRequest("GET", url, nil)
        if err != nil {
            err := errors.New("http request fail")
            fmt.Println(err)
            return
        }

        client := http.DefaultClient
        rand.NewSource(time.Now().UnixNano())
        request.Header.Add("User-Agent", userAgentList[rand.Intn
(len(userAgentList))])
        _, err = client.Do(request)

        if err != nil {
            err := errors.New("http response fail")
            fmt.Println(err)
            return
        }

    }

}
```

前文中随机地选取一个用户代理，根据请求不断地变更。它存在以下问题：

（1）手动收集用户代理，重复性工作多，不够完备。

（2）变更用户代理取决于用户收集的代理的数目。

9.2.2　参考别人的思路

经过前文的分析发现，虽然可以完成任务，但是实现得不够优雅，如何才能找到一个比较优雅的方案，至少是更自动化的方案？

经过有目的地在开源领域内调研和搜索，我们发现Python中存在这样一个库：fake-useragent：

https://github.com/hellysmile/fake-useragent。它提供了一个比较自动化的实现方案。

想要了解原作者的实现思路，我们要注意以下内容：

- 官方文档：明确如何使用。
- 源代码：明确如何实现。

这是理解原作者思路的两个比较重要的方面，官方文档告知如何使用，源代码让我们知道原作者是如何实现的。

带着这样的疑问，开始从文档和源代码入手。

❂　fake-useragent 文档

fake-useragent: https://github.com/hellysmile/fake-useragent 文档

```
from fake_useragent import UserAgent
ua = UserAgent()

ua.ie
# Mozilla/5.0 (Windows; U; MSIE 9.0; Windows NT 9.0; en-US);
ua.msie
# Mozilla/5.0 (compatible; MSIE 10.0; Macintosh; Intel Mac OS X 10_7_3;
Trident/6.0)'
ua['Internet Explorer']
# Mozilla/5.0 (compatible; MSIE 8.0; Windows NT 6.1; Trident/4.0; GTB7.4;
InfoPath.2; SV1; .NET CLR 3.3.69573; WOW64; en-US)
ua.opera
# Opera/9.80 (X11; Linux i686; U; ru) Presto/2.8.131 Version/11.11
ua.chrome
# Mozilla/5.0 (Windows NT 6.1) AppleWebKit/537.2 (KHTML, like Gecko)
Chrome/22.0.1216.0 Safari/537.2'
ua.google
# Mozilla/5.0 (Macintosh; Intel Mac OS X 10_7_4) AppleWebKit/537.13 (KHTML,
like Gecko) Chrome/24.0.1290.1 Safari/537.13
ua['google chrome']
# Mozilla/5.0 (X11; CrOS i686 2268.111.0) AppleWebKit/536.11 (KHTML, like Gecko)
Chrome/20.0.1132.57 Safari/536.11
ua.firefox
# Mozilla/5.0 (Windows NT 6.2; Win64; x64; rv:16.0.1) Gecko/20121011
Firefox/16.0.1
ua.ff
# Mozilla/5.0 (X11; Ubuntu; Linux i686; rv:15.0) Gecko/20100101 Firefox/15.0.1
ua.safari
# Mozilla/5.0 (iPad; CPU OS 6_0 like Mac OS X) AppleWebKit/536.26 (KHTML, like
Gecko) Version/6.0 Mobile/10A5355d Safari/8536.25

# and the best one, random via real world browser usage statistic
ua.random
```

原作者仅提供了几个比较简单的 API：

- ie
- msie

- opera
- chrome
- google
- firefox
- ff
- safari
- random

因为库实现的功能比较单一，即只完成用户代理的任务，所以 API 都比较单一，只是一些常用浏览器的用户代理。

在了解了别人库的基本用法之后，我们再看看这个库的特性：

- grabs up to date useragent from useragentstring.com
- randomize with real world statistic via w3schools.com

原作者之所以提供这几个浏览器的接口，是因为：根据一些统计数据，这些浏览器占据了绝大多数的市场份额，如图 9-1 所示；数据的来源是一个专门提供用户代理的网站，如图 9-2 所示。

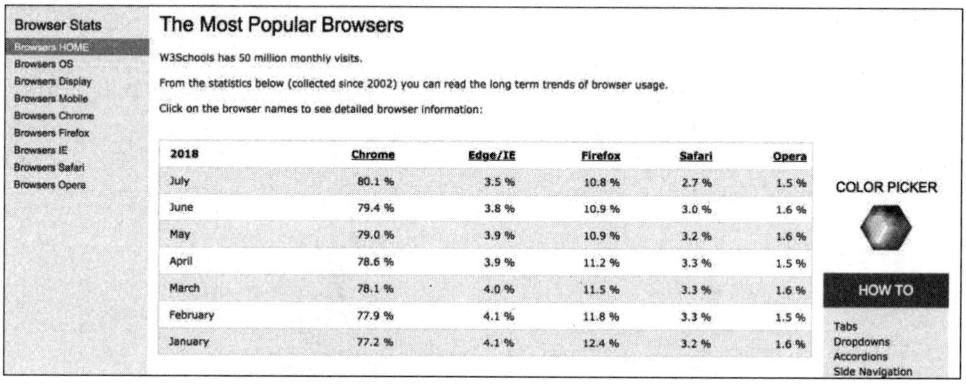

图 9-1 常用浏览器占据的市场份额

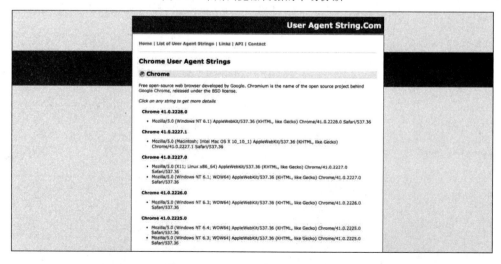

图 9-2 专门提供用户代理的网站

通过传入不同的浏览器的名称，可以获取对应的 User-Agent，例如：

http://useragentstring.com/pages/useragentstring.php?name=Chrome

http://useragentstring.com/pages/useragentstring.php?name=Safari

http://useragentstring.com/pages/useragentstring.php?name=Firefox

http://useragentstring.com/pages/useragentstring.php?name=Opera

http://useragentstring.com/pages/useragentstring.php?name=Internet+Explorer

看到此处，我们大概知道原作者的主要数据是从 useragentstring.com 这个网站抓取的，并且进一步封装成 API 的形式。

为了验证猜想，进一步来看看原作者的源代码实现。

（1）获取网页源代码

```python
def get(url, verify_ssl=True):
    attempt = 0
    while True:
        request = Request(url)
        attempt += 1
        try:
            if urlopen_has_ssl_context:
                if not verify_ssl:
                    context = ssl._create_unverified_context()
                else:
                    context = None
                with contextlib.closing(urlopen(
                    request,
                    timeout=settings.HTTP_TIMEOUT,
                    context=context,
                )) as response:
                    return response.read()
            else:  # ssl context is not supported ;(
                with contextlib.closing(urlopen(
                    request,
                    timeout=settings.HTTP_TIMEOUT,
                )) as response:
                    return response.read()
```

（2）获取浏览器信息

```python
def get_browser_versions(browser, verify_ssl=True):
    """
    very very hardcoded/dirty re/split stuff, but no dependencies
    """
    html = get(
        settings.BROWSER_BASE_PAGE.format(browser=quote_plus(browser)),
        verify_ssl=verify_ssl,
    )
    html = html.decode('iso-8859-1')
    html = html.split('<div id=\'liste\'>')[1]
    html = html.split('</div>')[0]
```

```
pattern = r'\?id=\d+\'>(.+?)</a'
browsers_iter = re.finditer(pattern, html, re.UNICODE)

browsers = []
for browser in browsers_iter:
    if 'more' in browser.group(1).lower():
        continue
    browsers.append(browser.group(1))
    if len(browsers) == settings.BROWSERS_COUNT_LIMIT:
        break
if not browsers:
    raise FakeUserAgentError(
        'No browsers version found for {browser}'.format(browser=browser))
return browsers
```

（3）加载浏览器信息

```
def load(self):
    try:
        with self.load.lock:
            if self.cache:
                self.data = load_cached(
                    self.path,
                    use_cache_server=self.use_cache_server,
                    verify_ssl=self.verify_ssl,
                )
            else:
                self.data = load(
                    use_cache_server=self.use_cache_server,
                    verify_ssl=self.verify_ssl,
                )

            # TODO: change source file format
            # version 0.1.4+ migration tool
            self.data_randomize = list(self.data['randomize'].values())
            self.data_browsers = self.data['browsers']
```

对源代码进行分析，重要的是分析出原作者的思路。如果读者想学到更多，还需要研究代码的实现思路、风格、编码方式和项目组织等。

总结一下，原作者的实现思路如下：

- 主要信息源抓取自某个网站。
- 暴露出的API来自统计数据。
- 为了解决可能存在的网络问题设置了缓存，防止网络请求失败。

9.2.3 自己的思路

通过了解别人实现的思路，我们可以结合自己的能力实现自己的思路。

核心思路：抓取信息并封装成 API，API 选择常用的浏览器（包括简写，比如 FireFox 和 FF 等价）并随机得到一个用户代理。

1. 需求分析

我们的目标是实现自动化得到用户代理，以方便网络请求过程中设置用户代理。

结合前文的思路，可以划分为以下几个步骤：

- 分析提供用户代理的目标网站：数据源。
- 解析出需要的用户代理信息。
- 分析提供浏览器数据信息的网站。
- 解析出需要的浏览器数据信息。

这本质上也是网络爬虫，使用程序的方式获取到用户代理信息。

2. 定义暴露的 API

根据上文的介绍，用户代理信息包含浏览器信息和版本信息，所以我们定义的 API 也包含浏览器信息。

仿照 Python 版本的 faker-useragent，我们可以定义如下开放的 API：

```
fakeUserAgent.Random()       //返回任意一个用户代理
fakeUserAgent.Safari()       //返回符合 Safari 浏览器的用户代理
fakeUserAgent.Chrome()       //返回符合谷歌浏览器的用户代理
fakeUserAgent.IE()           //返回符合 IE 浏览器的用户代理
fakeUserAgent.Opera()        //返回符合 Opera 浏览器的用户代理
fakerUserAgent.FireFox()     //返回符合火狐浏览器的用户代理
```

即提供 5 种浏览器类型（Safari、Chrome、IE、Opera、FireFox）的 API 和一个随机选择浏览器类型（Random）的 API。

结果如下：

```
Mozilla/5.0 (X11; U; Linux i686; fr; rv:1.9.0.7) Gecko/2009031218 Gentoo
Firefox/3.0.7
Mozilla/5.0 (Macintosh; U; PPC Mac OS X; de-de) AppleWebKit/412.6.2 (KHTML,
like Gecko) Safari/412.2.2
Mozilla/5.0 (X11; U; Linux x86_64; en-US) AppleWebKit/534.3 (KHTML, like Gecko)
Chrome/6.0.458.1 Safari/534.3
Mozilla/5.0 (compatible; MSIE 7.0; Windows NT 6.0; fr-FR)
Opera/7.23 (Windows NT 6.0; U)  [zh-cn]
Mozilla/5.0 (Windows; U; Windows NT 5.2; en-US; rv:1.7.9) Gecko/20050711
Firefox/1.0.5
```

3. 编码实现

明确了需求，预先定义了 API，接下来就可以正式编写代码了。实际的业务开发过程中经常是这样一个过程：需求讨论、编码实现、测试和上线。

编写代码首先需要一个好的项目结构，本书中绝大多数项目结构遵从领域驱动设计的思想。

- application：应用层。
- domain：领域层。
- infra：基础设施层。
- main.go：主函数入口。

分步骤实现如下：

（1）infra 层

infra 层主要实现项目的一些基础设施的功能，整个 fakeUserAgent 项目本质上是一个网络爬虫项目。

网络爬虫的一般步骤是：

- 明确目标源和需求。
- 分析目标源。
- 获取网页源代码。
- 解析网页源代码得到目标数据。
- 结构化目标数据。

整个基础设施层的一个重要功能是获取网页源代码。

```go
package download

import (
    "net/http"

    "errors"

    "github.com/PuerkitoBio/goquery"
)

var (
    ErrRequest  = errors.New("request err")
    ErrResponse = errors.New("response err")
)

func ResponseDownload(url string) (*goquery.Document, error) {
    request, err := http.NewRequest("GET", url, nil)
    if err != nil {
        return nil, ErrRequest
    }

    request.Header.Add("User-Agent", "Mozilla/5.0 (Windows NT 6.1) AppleWebKit/537.36 (KHTML, like Gecko) Chrome/41.0.2228.0 Safari/537.36")
    client := http.DefaultClient

    response, err := client.Do(request)
    if err != nil {
        return nil, ErrResponse
    }

    defer response.Body.Close()
    return goquery.NewDocumentFromReader(response.Body)
}
```

（2）domain 层

domain 层在该项目中主要包括 global（全局的一些配置信息）和 parse（目标网站的解析）。

✪　global：全局配置文件

```
var (
    BROWSERS_STATS_PAGE = "https://www.w3schools.com/browsers/default.asp"
    BROWSER_BASE_PAGE   = "http://useragentstring.com/pages/
useragentstring.php?name=%s"
)
```

BROWSERS_STATS_PAGE 浏览器统计数据网站，读者如果访问不了，那么可以直接指定 Chrome、IE、Safari、FireFox 和 Opera 几种浏览器。

BROWSER_BASE_PAGE 指定浏览器的名称，可以获取相应类型浏览器的用户代理集合。

✪　parse：网页解析

以 Chrome 浏览器的用户代理信息为例，对网页源代码的分析如图 9-3 所示。

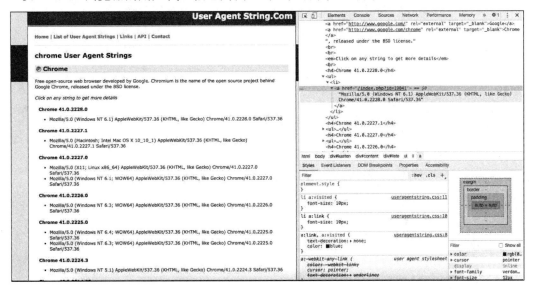

图 9-3　网页源代码

```
// 网络地址
// http://useragentstring.com/pages/useragentstring.php?name=chrome
func UserAgentCom(doc *goquery.Document) ([]string, error) {
    var newBrowserList = make([]string, 1)
    doc.Find("div#liste ul li").Each(func(i int, selection *goquery.Selection) {
        userAgent := selection.Find("a").Text()
        //fmt.Println(userAgent)
        newBrowserList = append(newBrowserList, userAgent)
    })
    return newBrowserList, nil
}
```

对应的 CSS 选择器为#liste > ul:nth-child(11)。

UserAgentCom 函数可将对应网页内的用户代码信息收集在 newBrowserList 内。

（3）application层

application 层的主要任务是完成之前定义的 API。

首先定义一个结构体：FakeUserAgent。

```
type FakeUserAgent struct {
    UserAgentStringOk bool
    Cache             bool
}
```

设置的两个属性是 UserAgentStringOk 和 Cache。相应的值设置为 true，表示信息来源于此。比如 Cache 设置为 true，表示使用本地缓存的数据。两者必须有一个为 true。

初始化：

```
func NewFakeUserAgent(UserAgentStringOk bool, CacheOK bool) *FakeUserAgent {
    return &FakeUserAgent{
        UserAgentStringOk: UserAgentStringOk,
        Cache:             CacheOK,
    }
}
```

定义结构体的方法：

```
func (F *FakeUserAgent) IE() string {}
func (F *FakeUserAgent) InternetExplorer() string {}
func (F *FakeUserAgent) Msie() string {}
func (F *FakeUserAgent) Chrome() string {}
func (F *FakeUserAgent) Google() string {}
func (F *FakeUserAgent) Opera() string {}
func (F *FakeUserAgent) Safari() string {}
func (F *FakeUserAgent) FireFox() string {}
func (F *FakeUserAgent) FF() string {}
func (F *FakeUserAgent) Random() string {}
```

根据前文的解析得到 newBrowserList，随机从中选取一个。

```
func (F *FakeUserAgent) common(browserType string) string {

    // 先检查属性的有效性
    if !F.valid() {
        log.Println("UserAgentStringOk or CacheOk should be true")
        return "None"
    }
    r := rand.NewSource(time.Now().Unix())
    randomChoice := rand.New(r)
    // 如果 CacheOk 是 true，直接读取本地缓存
    if F.Cache {
        index := randomChoice.Intn(len(global.LOCALUSERAGENT[browserType]))
        return global.LOCALUSERAGENT[browserType][index]

    }

    var url string
    // 实时从网络中抓取数据
```

```go
    if F.UserAgentStringOk {
        url = fmt.Sprintf(global.BROWSER_BASE_PAGE, browserType)
    } else {
        url = global.CACHE_SERVER
    }

    var (
        doc *goquery.Document
        err error
    )

    doc, err = download.ResponseDownload(url)

    if err != nil {
        fmt.Println(ErrUserAgent)
        panic(ErrUserAgent)
    }
    var (
        userAgentList []string
    )

    if F.UserAgentStringOk {
        userAgentList, err = parse.UserAgentCom(doc)
        if err != nil {
            fmt.Println(ErrUserAgent)
            panic(ErrUserAgent)
        }
        return userAgentList[randomChoice.Intn(len(userAgentList))]
    }
    return ""

}

func (F *FakeUserAgent) valid() bool {
    // UserAgentStringOk
    // Cache
    // 两个参数必须有一个为 true
    if !(F.UserAgentStringOk || F.Cache) {
        return false
    }
    return true
}
```

前文大致是所有的实现思路，在对应浏览器的数据源内先解析网络获取的数据，再从数据中随机选取一个并定义好相应的 API。

回顾一下我们是怎么完成这个任务的：

（1）理解需求，需要完成一个自动获取用户代理的功能。

（2）获取数据源，用户代理数据不是凭空产生的，与浏览器的类型、版本等相关。

（3）分析数据源，考虑如何根据数据源把需要的内容采集下来。

（4）编写代码，前期工作思考清楚了，就可以开始编码实现，不过项目组织需要清晰明确，对外的 API 需要清晰简单。

9.2.4　持续集成

编写代码完成了核心功能，也就完成了大部分的任务。那么，编码结束项目就结束了吗？真实的业务开发场景会对同一个项目不断地迭代，比如不断地增加新功能、删除某功能，那么如何保障编写代码的正确性？如何保障新开发的功能对已有功能不会造成影响？

其中一个重要的环节是：编写单元测试，借助持续集成（Continuous Integration，CI）工具，每次提交代码自动地执行开发定义的步骤，包括运行单元测试、计算代码覆盖率等。

什么是持续集成呢？

简单地说，开发者提交代码，合并分支，持续集成工具会自动地抓取新的代码，运行代码内开发者编写的脚本，这套脚本主要用来运行测试等。脚本的任何一个步骤出错，将停止运行后续的代码。当然，这些东西也可以用来部署代码，这个话题称为持续交付（Continuous Delivery，CD）。

这种自动化工具的好处是显而易见的：开发团队可以保持软件及时更新，并迅速投入实际生产环境中。大型互联网公司都有专门的团队负责自动化工具。

针对开源代码持续集成工具，笔者推荐下面几个：

- TravisCI
- GitHub Actions
- DaoCloud

1. TravisCI

市面上有很多持续集成自动化工具，TravisCI 是其中一个典型代表，市场份额最大，支持各种编程语言，开发者只需管理 GitHub 账号的相关项目，安装它的配置文件，并按照相应的规范编写配置文件即可。

TravisCI 需要在项目的根目录下配置文件.travis.yml，采用 YAML 的文件格式进行编写，包含具体的执行步骤。

TravisCI 运行只包含两个阶段：

- install（安装）阶段：安装依赖内容，比如相应的库。
- script执行阶段：执行对应的脚本。

这两个步骤包含相应的钩子方法（简单来说，是 install、script 执行之前或者执行之后触发的步骤）。

- before_install：install执行之前的步骤。
- before_script：script执行之前的步骤。
- after_failure：script失败执行的步骤。
- after_success：script成功执行的步骤。
- after_script：script执行之后的步骤。

当然，还包含一些通知、编程语言等定义。

语法约束的更多细节，可参考文档 https://docs.travis-ci.com/。

fakeuseragent 这个项目主要完成的是执行测试的步骤，查看编写的方法是否正确，及时纠正项目中的问题。

```
# 编程语言
language: go
# 版本
go:
  - "1.13"
  - "1.13.x"
# 环境变量
env:
  - GO111MODULE=on
# 邮件通知
notifications:
  email:
    recipients:
      - 1156143589@qq.com
    on_success: change # default: change
    on_failure: always # default: always

# 安装依赖并执行测试
before_install:
  - go mod vendor
  - go test -cpu=1,2,4 -v -tags integration ./...
  - go vet $(go list ./... | grep -v /vendor/)

# 生成代码覆盖率文件
script:
  - go test -race ./... -coverprofile=coverage.txt -covermode=atomic

# 上传代码覆盖率文件，统计测试覆盖率
after_success:
  - bash <(curl -s https://codecov.io/bash) -t
2698cef8-0920-4e4e-8b60-304231fa756d
```

计算代码覆盖率用到了另一个第三方服务 codecov（https://codecov.io/），它能可视化代码覆盖率，其中 2698cef8-0920-4e4e-8b60-304231fa756d 是关联项目的密钥，读者可以自行注册，生成其他密钥，尝试关联项目，让项目代码覆盖率可视化。

执行结果如图 9-4 所示。

图 9-4　构建持续集成

单击 build|passing 按钮可以获取执行徽章，如图 9-5 所示。

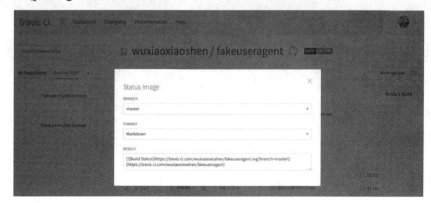

图 9-5　执行是否通过徽章

代码覆盖率如图 9-6 所示。

图 9-6　代码覆盖率

单击 settings 可以获取执行代码覆盖率统计徽章，如图 9-7 所示。

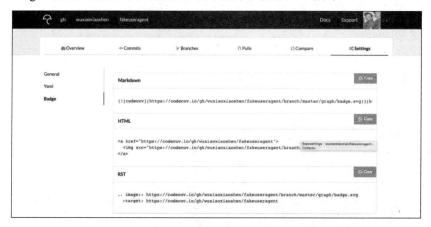

图 9-7　代码覆盖率统计徽章

将其 Markdown 徽章样式复制到项目 README.md 文件中，可以在查看项目时查看到相应的徽章显示，如图 9-8 所示。

图 9-8　README.md 显示的徽章

前文是使用 TravisCI 持续集成的步骤。读者要用好这些工具，核心就是阅读文档，不用把脚本写得过于复杂，掌握其基本的用法即可。

2. GitHub Actions

GitHub Actions 是官方推出的构建流水线工具，支持各种编程语言，涵盖绝大多数应用场景，因为是原生支持的工具，执行速度非常快（笔者逐渐放弃了 TravisCI 方案）。

官方提供了许多样例，读者可以根据使用场景选择其中一个或者多个。

GitHub Actions 定义了一些术语：

- workflow：工作流程，所有的持续集成步骤的集合。
- job：任务。
- step：步骤。
- action：动作。

简单地说，在项目的根目录下创建.github/workflows 目录，目录下放置编写的 YAML 配置文件。读者可能不清楚 GitHub Actions 的语法规范，没关系，官方提供了诸多示例，如图 9-9 所示。

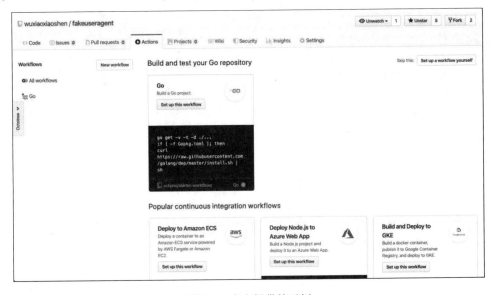

图 9-9　官方提供的示例

选择适合自己项目的编程语言或者示例之后，系统就会自动在项目内创建.github/workflows 文件夹和相应的 YAML 文件，再稍微改动其步骤即可。

```yaml
# 名称
Name: Go
# 触发
on: [push]
# jobs
jobs:

  build:
    name: Build
    runs-on: ubuntu-latest
    steps:

    - name: Set up Go 1.13
      uses: actions/setup-go@v1
      with:
        go-version: 1.13
      id: go

    - name: Check out code into the Go module directory
      uses: actions/checkout@v1

    # 下载依赖
    - name: Get dependencies
      run: go mod vendor

    # 格式化文件
    - name: Go vet
      run: go vet $(go list ./... | grep -v /vendor/)

    # 执行测试
    - name: Go test
      run: go test -cpu=1,2,4 -v -tags integration ./...

    # 执行示例
    - name: Go run main.go
      run: go run main/main.go

    # 执行下载库的操作
    - name: Go get
      run: go get github.com/wuxiaoxiaoshen/fakeuseragent/application
```

GitHub Actions 的整体步骤比 TravisCI 的更加精简，开发者只需要定义自己的执行步骤即可。因为原生支持，所以其执行速度非常快（国内下载某些 Go 依赖库非常耗时、困难，而使用 GitHub Actions 完全不会遇到这种问题）。

每次提交代码会执行上述定义的步骤，如图 9-10 和图 9-11 所示。

除此之外，比如镜像的构建等任务也可以尝试使用 GitHub Actions 来完成，它可快速地验证，因此我们极力推荐使用。

图 9-10　构建流程

图 9-11　构建流程日志显示

3. DaoCloud

DaoCloud 是一家做容器云的创业公司，其免费账号可以用来执行测试、构建镜像、执行部署等，有需求的话可以付费升级组织功能。

开发者多使用 DaoCloud（https://www.daocloud.io/）来构建镜像。

DaoCloud 定义了一套自己的 Devops 规范：

- 项目：可以关联GitHub上的项目，定义流水线，比如执行测试、执行部署。
- 镜像仓库：构建的镜像，推送至DaoCloud私有云，用户可以下载，如图9-12所示。
- 集群：主要是服务器的关联。

图 9-12　流程实例

下面演示如何使其自动构建镜像：

（1）在项目内编写 Dockerfile（不熟悉 Docker 构建镜像的可以查看文档）。

```
FROM golang:1.13.4
LABEL maintainer=XieWei:1156143589@qq.com
WORKDIR /go/fakeuseragent
RUN mkdir -p /go/fakeuseragent
COPY . .
RUN apt-get update && apt-get install -q -y vim git openssh-client &&
apt-get clean
CMD ["bash", "-c", "go run /go/fakeuseragent/main/main.go"]
```

（2）DaoCloud 内关联 GitHub 项目，如图 9-13 所示。

图 9-13　关联 GitHub 代码仓库

（3）设置流水线步骤：设置 Dockerfile 目录，比如如何触发构建，DaoCloud 将整体的部署划分为测试、构建、发布 3 个阶段，读者可以根据需求定义某阶段，如图 9-14 所示。

图 9-14　构建流程环节的设置

（4）读者可以选择手动或者自动触发流水线，如图 9-15 所示。

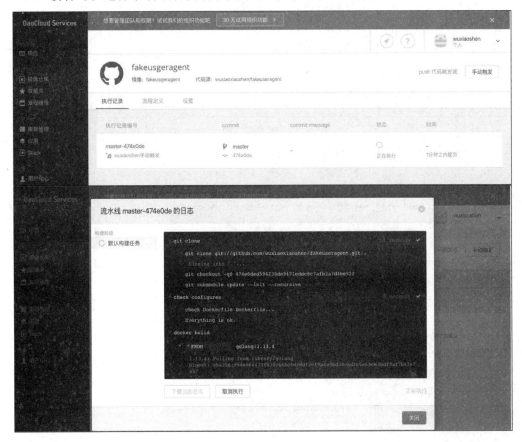

图 9-15　触发流程日志

DaoCloud 的整体功能比较完善，涵盖测试、构建、发布的整个流程，有需求的读者可以使用。

鉴于其稳定性问题，如果读者只是想构建镜像，GitHub Actions 完全可以做到，它也可以完成构建完镜像推送至 Docker Hub 的任务。

❂　调整.github/workflows内的配置文件

```
name: Go
on: [push]
jobs:

 build:
   name: Build
   runs-on: ubuntu-latest
   steps:

   - name: Set up Go 1.13
     uses: actions/setup-go@v1
     with:
       go-version: 1.13
     id: go
```

```
    - name: Check out code into the Go module directory
      uses: actions/checkout@v1

    - name: Get dependencies
      run: go mod vendor

    - name: Go vet
      run: go vet $(go list ./... | grep -v /vendor/)

    - name: Go test
      run: go test -cpu=1,2,4 -v -tags integration ./...

    - name: Go run main.go
      run: go run main/main.go

    - name: Go get
      run: go get github.com/wuxiaoxiaoshen/fakeuseragent/application
    # 登录 Docker Hub
    - name: Docker Login
      run: docker login -u ${{ secrets.DOCKER_USER }} -p
${{ secrets.DOCKER_PASSWORD }}

    # 构建镜像
    - name: Build the Docker image
      run: docker build . --file Dockerfile --tag
wuxiaoshen/fakeuseragent:$(date "+v0.%Y%m%d%H")

    # 推送至远端
    - name: Docker Push
      run: docker push wuxiaoshen/fakeuseragent:$(date "+v0.%Y%m%d%H")

    # 查看镜像
    - name: Echo Images
      run: docker images
```

GitHub Actions 配合构建镜像后推送至 Docker Hub，镜像是公开的，对代码有管控的读者斟酌使用。

其中，secrets.DOCKER_USER、secrets.DOCKER_PASSWORD 可以在项目的 Settings/Secrets 内设置，如图 9-16 所示。

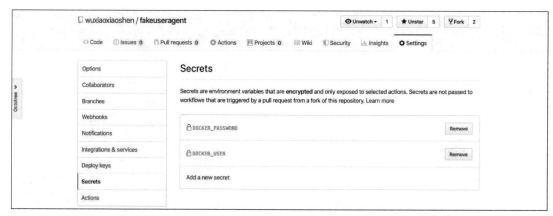

图 9-16　设置 Docker Hub 的用户账号和密码

在 Docker Hub（地址为 https://hub.docker.com/）上查看推送结果，如图 9-17 所示。

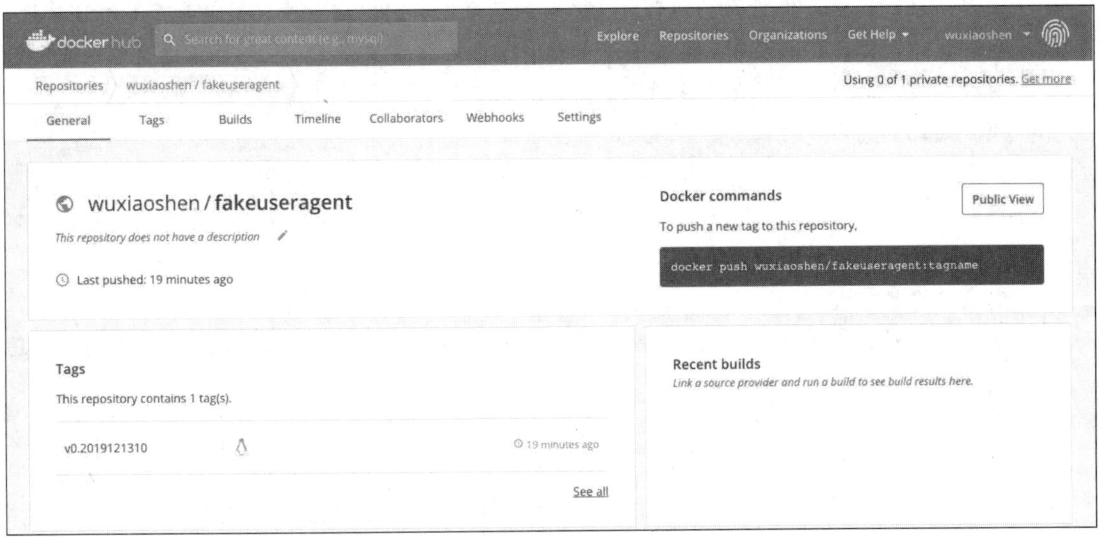

图 9-17　推送至 Docker Hub 的结果

4. 小结

这 3 种方案对项目的安全性有要求，可以使用 GitHub 账户，推荐使用 GitHub Actions 持续集成。其他平台仅作为参考使用，原因有二：一是代码托管在 GitHub 上是个人较佳的选择，二是构建速度极快。

9.2.5　拓展

我们在参考别人的实现思路的基础上实现了自己的 fake-useragent 版本，并提供了简单的 API。在完成项目之后，还可以实现什么功能呢？

在 Python 编程语言中，有很多库值得我们学习、分析和参考。fake-useragent 是 "假" 的数据，还有没有其他类似的库呢？

Python 中有一个专门的库用来生成假的数据，主要是前端编写页面经常需要这类数据，这些数据手动填充可能不太友好，所以有人编写了这样一个库，不仅有 Python 版的，还有 PHP、Ruby 版的。

Faker：https://github.com/joke2k/faker。

学有余力的读者可以按照类似的思路，先分析别人的思路是怎样的，再结合自己的能力进行相应 Go 版本的开发。

学习就是这样的，重复和拓展，不断地熟悉和精进。

9.3　本 章 小 结

本章实现了一个 Go 版本的 fake-useragent 库，内容主要包括：

- 需求分析

  主要解决的是需要做什么的问题。在真实的互联网公司，这一步一般是和产品经理沟通，也叫需求澄清，产品经理和程序员一起商量哪些内容需要开发，程序员根据自己的实际情况评估实现的难度和预估开发时间。

- 别人思路的学习

  如果读者做过类似的工作，那么一般会借鉴自己项目中的实现思路。假如读者确实没有思路，可以和同事沟通，也可以自己寻找资料进行研究。这一步也是模仿学习的过程，应不断地拓展自己的技能边界。

- 自己思考的实现

  希望读者对自己的项目事先要理解清楚，以避免后期返工，耽误项目进度。在职场中，遇到这种情况更应该及时沟通。

- 定义API

  这一层面一般是对外的。对外的API并不需要真正实现，只需要足够清晰的API，方便使用即可，读者一定要有这种"API即文档"的思维，以减少后期的沟通成本。

- 完善编码

  完成了核心的功能，并不意味着项目就结束了，在真实的生产环境中项目的难度远远超过上述案例，开发者需要编写测试代码，预留项目拓展机制、持续集成等功能。

第 10 章

Web 服务

Web 开发是软件开发领域的一个重要组成部分，Go 语言凭借着出色的语言特性在各个领域内都有应用，比如微服务、中间件、区块链等。

同样，凭借着出色的开源能力、完善的社区生态，Go 语言在 Web 领域也表现得非常不错。使用内置库 net/http 可以快速地构建 Web 服务，丰富的第三方 Web 框架（诸如 gin、echo、iris、beego 等）使得整个生态更加完善。

本章使用内置库 net/http 和第三方 Web 框架 iris 来构建 Web 服务，其核心是 RESTful 风格的 API 设计。通过本章的学习，读者可以很好地掌握使用内置库构建 Web 服务和使用第三方框架构建 Web 服务的方法。

- ✿ 使用内置库 net/http 和 html/template 来构建简易的 Web 服务。
- ✿ 从企业级服务出发，使用内置库 net/http 来构建完善的 Web 服务。
- ✿ 从企业级服务出发，使用第三方 Web 框架 iris 来构建完善的 Web 服务。

10.1 使用 net/http 构建简易的 Web 服务

主要内容包括：

- 启动Web服务。
- 使用template及其相应的应用。
- 使用中间件。
- 设计整个系统。

10.1.1 启动 Web 服务

在 Go 语言中，通过短短的几行代码就可以启动一个简易的 Web 服务，这源于 Go 在语言层面对并发的原生支持，所以 Go 语言特别适用于构建高性能的 Web 服务。

在第 4 章中已经介绍过内置库 net/http，启动 Web 服务靠的就是内置库 net/http。

前端网页中有些内容是静态的，即不可变的，有些内容是动态的，可以与服务器进行数据交互，这样就能动态地改变网页的内容。

企业在开发 Web 服务的内容时通常要和下面这几类职业人士沟通：

- 产品经理帮助梳理用户的真实需求，对产品进行定位、竞品分析等，决定产品的走向。
- 设计人员根据产品经理的需求和产品原型图进行设计。
- 在前后端分离的情况下，前端人员或者客户端开发人员根据后端提供的接口来建立与服务器交互，根据设计人员的设计稿完成产品。
- 后端人员完成的是核心的任务，他们根据需求文档完成相应的内容开发。
- 测试人员对完成的内容进行相应的功能测试。

这是一般企业的开发流程，具体的功能当然会不断地变更，甚至整个产品都完全改版。每一类职业的人都要在开发过程中对产品负责。产品开发完成后，在实际生产环境中的服务器上运行代码，这一步所要完成的是产品上线。

后端人员在这个过程中需要接触如下技术来完成 Web 开发：

- 熟悉一门编程语言：后端人员选择相应的技术栈进行完成产品功能的开发。
- 关系型数据库：产品提供的服务、内容的存储，一定会和数据库打交道，比如抖音，用户看到的是视频、图片、点赞、评论等，这些内容实际上都要存储在某个数据库内，只有这样才能让数据持久化。当然，数据量、使用场景不同，数据库的选择也不一样，在某个阶段甚至需要对数据库再进行设计，比如当前数据库使用场景变了，或者数据量变大了（达到上亿级别）等，这些因素都影响着对数据库的选择。
- 非关系型数据库：有些情况下，关系型数据库同样不适合当前的使用场景，这时数据存储有可能选择非关系型数据库，比如频繁读取的数据需要进行缓存，这时可能选择Redis等；对搜索要求很高时可能选择ElasticSearch等。
- 代码版本管理：当前企业基本都使用Git进行代码版本管理，其他的代码管理技术几乎可以忽略不计。如果某家企业不是使用Git进行版本管理，那么可能需要考虑这家公司的技术是不是落后了。
- 维护代码的质量：测试人员会对功能进行测试，但不可能将所有的Bug都测试到，作为开发人员需要编写相应的单元测试对代码进行测试。
- 让生产环境和开发人员的环境一致：当前企业都使用Docker容器技术，用于维护环境的一致性，极大地方便后续的持续部署，因此开发人员应该要拥抱容器技术。
- 持续集成和持续部署：合并新代码，并自动触发相应的测试，确保测试通过才能继续代码的合并，否则就要查看错误、排查问题。新代码一旦合入，就要构建新容器服务，原有容器内运行当前正确的代码，比如Web服务，自动启动新容器来代替原容器提供服务。
- 在线运行真实的服务时，使用的用户一旦增多，比如同一时刻用户访问量激增，当前服务器同一时刻可能不能应对激增的所有请求，这时就要使用集群等功能将网络请求分配给其他服务器，从而缓解当前服务器的压力。

由此可见，在整个流程中作为后端人员接触的技术非常多，从编程语言到服务器部署、维护稳定等。

Web 服务提供的就是用户访问网络资源、获取资源、更新资源和删除资源等服务。

下面看一下真实的网络请求（https://www.baidu.com），借助浏览器的调试功能（推荐使用 Chrome 浏览器），如图 10-1 所示。

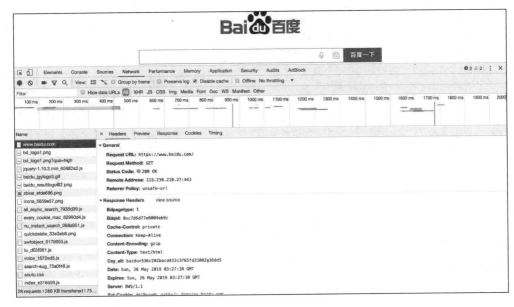

图 10-1　百度主页的网页源代码

从图 10-1 中可以看到网络请求、响应包含很多内容。浏览器之所以会展示出不同的内容，是与搜索引擎的服务器进行交互的结果。

这些内容其实都是 HTTP（Hyper Text Transfer Protocol，超文本传输协议），该协议约定了网络传输过程中需要遵循的规则。

发起访问的一方称为客户端，提供服务的一方称为服务器端。浏览器可以称为客户端。

客户端发起网络请求遵循 HTTP 协议。客户端发起一个 HTTP 请求到服务器，这个请求消息中包括以下格式：

- 请求行：Request Line。
- 请求标头：Header。
- 空行，协议规定标头信息和真实数据之间有一行空行。
- 请求数据。

```
> GET /persons HTTP/1.1
> Host: localhost:9999
> User-Agent: curl/7.54.0
> Accept: */*
> Content-Type: application/json
```

上文示例：客户端发起 GET 请求，访问的地址是 localhost:9999/persons，标头信息包含 Host、User-Agent、Accept、Content-Type。

服务器响应的信息包含如下部分：

- 状态行：协议版本、状态码。
- 消息标头。
- 空行。
- 正文。

```
< HTTP/1.1 200 OK
< Content-Type: application/json
< Set-Cookie: expires=Get; Expires=Mon, 27 May 2019 04:13:43 GMT
< Date: Sun, 26 May 2019 04:13:43 GMT
< Content-Length: 390
<
[{"avatar":"http://images.org/123","origin_id":"08ff7c7ccbe23a21ff3856f
e13b8cb8e","id":1,"created_at":"2019-05-26T12:13:43.134858+08:00","tele
phone":"1234567890","gender":1,"what_is_up":"Python"},{"avatar":"http:/
/images.org/456","origin_id":"b9fdb24e2947f9290bd7474346e33f25","id":2,
"created_at":"2019-05-26T12:13:43.13486+08:00","telephone":"987654321",
"gender":0,"what_is_up":"Golang"}]
```

上文示例：服务器端采用 HTTP/1.1 版本进行响应，状态码是 200，响应标头信息包括 Content-Type、Set-Cookie、Date、Content-Length，响应正文包括 JSON 字符串。

HTTP 协议标准提供了多种请求方法，主要包括 GET、POST、PUT、PATCH、DELETE、HEAD、OPTIONS、CONNECT、TRACE 等。

各个请求方法对应的作用如下：

- GET：获取指定资源。
- POST：在服务器上创建新资源，需要传入请求参数。
- PUT/PATCH：在服务器上更新资源，需要传入请求参数。
- DELETE：在服务器上删除指定资源。
- HEAD：只获取请求的标头信息。
- OPTIONS：查看服务器的性能。
- CONNECT：将连接改为管道方式的代理服务器。
- TRACE：回显服务器收到的请求，主要用于测试或诊断。

HTTP 协议标准提供了由 3 位十进制数组成的状态码，常见的如下：

- 200：请求成功。
- 307：重定向。
- 404：请求资源有误。
- 504：服务器连接有误。

状态码还有很多，开发人员需要了解它们的分类：

- 1XX：接收到请求。
- 2XX：请求正确。
- 3XX：重定向。
- 4XX：客户端错误。
- 5XX：服务端错误。

对于开发人员而言，构建 Web 服务的核心是设计请求操作、路由、响应信息、状态码等信息。

在 Go 语言中，启动一个 Web 服务只需要简单的几行代码：

```
package main
import (
    "net/http"
    "log"
)
func Hello(writer http.ResponseWriter, request *http.Request){
    writer.Write([]byte("Hello World"))
}
func main(){
    http.HandleFunc("/", Hello)
    log.Fatal(http.ListenAndServe(":9999", nil))
}
```

上述代码中的启动端口为 9999，这是本地服务；访问路由为 localhost:9999，将调用 Hello() 函数，触发返回 "Hello World" 的响应信息。

下面使用内置库构建一个简易的 Web 服务，提供简单的前端网页，从中学习如何进行 Web 开发。

主页效果如图 10-2 所示。

图 10-2　主页的默认信息

文章详情页面效果如图 10-3 所示。

图 10-3　文章详情的页面信息

登录页面如图 10-4 所示。

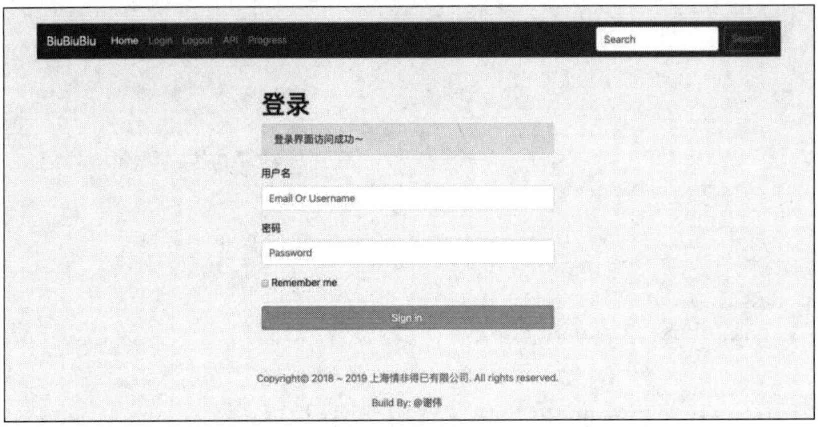

图 10-4　登录页面的信息

接口页面如图 10-5 所示。

图 10-5　接口页面的信息

进度条页面如图 10-6 所示。

图 10-6　进度条页面的信息

开发 Web 服务要明确哪些是前端的职责、哪些是后端的职责。以上由 5 个页面组成的系统是一个非常简单的网页系统，并没有很复杂的内容，页面的展示使用了 Bootstrap 前端框架，这样能够快速地帮助后端人员构建网页的页面。

开发这样一个简单的 Web 服务要遵循以下步骤:

- 明确目的: 要确定最终目标是什么, 需要开发多少页面, 页面的内容包括哪些。
- 技术选型: 既然是前端页面, 要确定开发人员是否熟悉前端, 如何进行技术选型, 是选择内置库还是选择第三方框架。
- 代码组织结构: 完成功能开发必要的项目组织结构。

10.1.2　目标

开发一个类似博客系统的 Web 服务, 页面主要包括:

- 主页: 导航栏 (主页按钮、登录界面、登出界面、API界面、进度条界面)、正文 (文章列表, 可以跳转到文章详情)。
- 文章详情: 文章正文的内容, 侧边栏显示状态 (用户数、分享数、收藏等)。
- 登录界面: 用户名、密码输入框、提交按钮。
- API界面: 表格显示一些歌曲, 下文显示服务提供API的详情。
- 进度条: 计算当年已过多少天, 得出进度条的长度。

10.1.3　模板的使用

页面展示的很多内容其实都是前端负责的, 而后端进行数据的处理, 比如正文的列表、文章详情、API 内容、进度条、数据信息等。

逐个完成网页页面的编写, 在此之前需要了解模板引擎: 在静态 HTML 源代码内插入动态语言生成的数据, 模板的作用可以复用很多静态代码。

比如下面这个示例程序:

```go
package main
import (
    "net/http"
    "log"
    "http/template"
)

func HelloTemplate(writer http.ResponseWriter, request *http.Request) {
    t, err := template.New("hello").Parse(`
    <html>
        <head>
            <title>{{.Title}}</title>
        </head>
        <body>
            <h1>
                {{.Content}}
            </h1>
        </body>
    </html>
`)
    if err != nil {
        panic(fmt.Sprintf("template fail : %s", err.Error()))
    }
```

```
    text := struct {
        Title   string
        Content string
    }{
        Title:   "Hello Golang",
        Content: "Golang",
    }
    err = t.Execute(writer, text)
    if err != nil {
        panic(err)
    }
}

func main(){
    http.HandleFunc("/", HelloTemplate)
    log.Fatal(http.ListenAndServe(":9999", nil))
}
```

上面示例程序中的模板是：

```
<html>
    <head>
        <title>{{.Title}}</title>
    </head>
    <body>
        <h1>
            {{.Content}}
        </h1>
    </body>
</html>
```

模板内的内容语法都需要带上{{}}。上面的{{.Title}}和{{ .Content }}表示模板中的动态数据，"."表示当前上下文的变量，比如上面示例程序中的 text 结构体变量，text 包含属性 Title 和 Content。模板引擎可以根据传入的变量将动态数据填充进去。

模板引擎还支持如下操作：

- 遍历：{{range .}} ... {{end}}、{{with .}} ... {{end}}。
- 分支：{{ if . }} ... {{ else }} ... {{end}}。
- 管道：{{ .| function }}，管道后接处理函数，对当前变量进行操作。
- 模板继承：{{ define "name"}} ... {{end}} 定义模板，{{ template "name"}}引用模板。
- 直接调用对象方法在模板中可以直接调用当前变量的方法。

```
<html>
    <head>
        <title>{{.Title}}</title>
    </head>
    <body>
        {{if .Content}}
            {{range .Content}}
            <p>{{ . | handle}}</p>
```

```
            {{end}}
        {{ else}}
        <button>No Result</button>
        {{end}}
    </body>
</html>
```

上面模板内判断传入变量的 Content 是否有值，如果有值就进行遍历，否则输出 No Result。

```go
func textHandle(value string) string {
    return fmt.Sprintf(value + " Yes")
}

func HelloTemplate(writer http.ResponseWriter, request *http.Request) {
    t := template.New("hello")
    t = t.Funcs(template.FuncMap{"handle": textHandle})
    t, err := t.Parse(`
<html>
    <head>
        <title>{{.Title}}</title>
    </head>
    <body>
        {{if .Content}}
            {{range .Content}}
            <p>{{ . | handle}}</p>
            {{end}}
        {{ else}}
        <button>No Result</button>
        {{end}}
    </body>
</html>
`)
    if err != nil {
        panic(fmt.Sprintf("template fail : %s", err.Error()))
    }
    text := struct {
        Title   string
        Content []string
    }{
        Title:   "Hello Golang",
        Content: []string{"Go", "Python", "Java", "JavaScript"},
    }
    err = t.Execute(writer, text)
    if err != nil {
        panic(err)
    }
}

func main() {
    http.HandleFunc("/template", HelloTemplate)
    log.Fatal(http.ListenAndServe(":9999", nil))
}
```

管道信息的处理需要在加载模板之前载入，即 t.Funcs(template.FuncMap{"handle": textHandle})。handle 表示模板中管道内使用的值，实际的处理函数是 textHandle。

实际的结果如下：

```
<html>
        <head>
                <title>Hello Golang</title>
        </head>
        <body>
                        <p>Go Yes</p>
                        <p>Python Yes</p>
                        <p>Java Yes</p>
                        <p>JavaScript Yes</p>

        </body>
</html>
```

模板的继承如下：

```
func HelloTemplate(writer http.ResponseWriter, request *http.Request) {
    content := `
{{define "content"}}
        {{if .Content}}
            {{range .Content}}
            <p>{{ . | handle}}</p>
            {{end}}
        {{ else}}
         <button>No Result</button>
        {{end}}
{{end}}
`
    html := `
    <html>
        <head>
            <title>{{.Title}}</title>
        </head>
        <body>
            {{template "content" .}}
        </body>
    </html>
`
    temp := template.New("Hello")
    t2 := template.Must(template.Must(temp.Funcs(template.FuncMap{"handle":
textHandle}).Parse(content)).Clone())
    t3, err := t2.Parse(html)
    if err != nil {
        panic(fmt.Sprintf("template fail : %s", err.Error()))
    }
    text := struct {
        Title   string
        Content []string
    }{
```

```
        Title:  "Hello Golang",
        Content: []string{"Go", "Python", "Java", "JavaScript"},
    }
    err = t3.Execute(writer, text)
    if err != nil {
        panic(err)
    }
}
```

模板的定义使用{{define "name"}}...{{ end}}语法，模板的继承使用{{template "name" .}}，".' 表示上下文变量，可以对模板进行复用。

上文模板的使用需要注意加载模板的顺序，就上文这个问题应该先加载 content 模板，再加载被继承过的模板，否则系统会报错。

还可以直接调用当前对象的方法：

```
package main

import (
    "fmt"
    "html/template"
    "os"
    "time"
)

func main() {
    text := `
<html>
    {{ if not .A.IsZero }}
    <h1>{{.B}}</h1>
    {{else}}
    <h3>{{.CreatedAt.Format "2006-01-02 15:04:05"}}</h3>
    <h3>{{.Hello "Golang"}}</h3>
    {{end}}
</html>
    content := Name{
        A :A{},
        B: "s",
        CreatedAt: time.Now(),
    }
    t , _ := template.New("s").Parse(text)
    t.Execute(os.Stdout, content)
}

type Name struct {
    A A
    B string
    CreatedAt time.Time
}

func (n Name) Hello(value string) string {
```

```
    return value + " oops!"
}

type A struct {
    Value string
}

func (a A) IsZero() bool{
    if a.Value == "" {
        return true
    }
    return false
}
```

上面的示例程序中调用了结构体对象 A 的 IsZero 方法和结构体对象 Name 的 Hello 方法，间接调用了 time.Time 的 Format 方法，甚至还可以接收传入的参数，比如 Hello 方法传入参数 Golang，Format 方法传入参数 2006-01-02 15:04:05。

结果输出为：

```
<html>

    <h3>2019-05-27 15:03:14</h3>
    <h3>Golang oops!</h3>

</html>
```

模板的用法总结如下：

- 作用：静态页面中用一些带{{}}符号的样式表示占位符，通过传入动态数据完成数据的填充。
- 语法：模板中支持一些特定的语法。
    - 变量：{{.}}表示当前变量，具体含义需要根据上下文语境来确定。
    - 判断和分支：{{if .}} ... {{else}} ... {{end}}。
    - 循环：{{range .}} ... {{end}}，{{with .}}...{{end}}。
    - 模板定义与继承：{{define "子模板名称" }} ... {{end}}，{{template "子模板名称" .}} ... {{end}}。
    - 管道操作：将当前变量作为参数传入一个处理函数中。
    - 对象方法：可以直接调用变量对象的方法。

使用如下的方法：

- 根据需要的动态数据定义相应的结构体和方法。
- 在模板中使用占位符。
- 调用template的Parse、ParseFile、Execute等方法来加载模板。

10.1.4 内容开发

开发 Web 服务的核心涉及设计请求方法、路由、响应信息、状态码等。

1. 主页

所有页面中的导航栏和页脚都是固定的，常见网页的导航栏和页脚也是固定的，为此需要定义模板及其继承，将中间页面展示的内容抽离出模板。

为了更快地搭建页面内容，使用 Bootstrap 4.3.1 前端框架。

整体的页面模板如下（index.html）：

```html
<html lang="en">
<head>
    <meta name="viewport" content="width=device-width, initial-scale=1">
    <meta charset="UTF-8">
    <!-- 新版本的 Bootstrap 核心 CSS 文件 -->
    <link rel="stylesheet" href="https://cdn.bootcss.com/twitter-bootstrap/
4.3.1/css/bootstrap.css" >
    <script src="https://cdn.bootcss.com/jquery/3.3.1/
jquery.slim.min.js" ></script>
    <script src="https://cdn.bootcss.com/popper.js/1.14.7/esm/
popper.min.js" ></script>
    <script src="https://cdn.bootcss.com/twitter-bootstrap/4.3.1/js/
bootstrap.min.js"></script>
    <style>
        .btn.btn-primary{
            background-color: #00bb00;
            border-color: #00bb00;
        }
        .container-small{
            max-width: 500px;
        }
        body{
            max-width: 1200px;
            margin: 25px auto;
            background: #f5f5f5;
        }
    </style>
    <title>BiuBiuBiu</title>
</head>
<body>
<nav class="navbar navbar-expand-lg navbar-dark bg-dark">
    <a class="navbar-brand" href="/">
        BiuBiuBiu
    </a>
    <button class="navbar-toggler" type="button" data-toggle="collapse"
data-target="#navbarSupportedContent" aria-controls="navbarSupportedContent"
aria-expanded="false" aria-label="Toggle navigation">
        <span class="navbar-toggler-icon"></span>
    </button>
    <div class="collapse navbar-collapse" id="navbarSupportedContent">
        <ul class="navbar-nav mr-auto">
            <li class="nav-item active">
                <a class="nav-link" href="/">Home <span class="sr-only"></span>
</a>
            </li>
            <li class="nav-item">
```

```
                    <a class="nav-link" href="/login">Login</a>
                </li>
                <li class="nav-item">
                    <a class="nav-link" href="/logout">Logout</a>
                </li>
                <li class="nav-item">
                    <a class="nav-link" href="/apis">API</a>
                </li>
                <li class="nav-item">
                    <a class="nav-link" href="/progress">Progress</a>
                </li>
            </ul>
            <form class="form-inline my-2 my-lg-0">
                <input class="form-control mr-sm-2" type="search" placeholder=
"Search" aria-label="Search">
                <button class="btn btn-outline-success my-2 my-sm-0" type="submit">
Search</button>
            </form>
        </div>
    </nav>
    <br>
    <br>
    <div class="starter-template">
        {{ template "content" . }}
    </div>
    <br>
    <br>
    <footer class="text-muted text-center text-small">
        <p class="text-muted">Copyright© 2018 ~ 2019 上海情非得已有限公司. All
rights reserved.</p>
        <p class="text-muted">Build By: <a href="https://www.zhihu.com/people/
wu-xiao-shen-16/activities" target="_blank">@谢伟</a></p>
    </footer>
</body>
</html>
```

其中，导航栏在标签 nav 内，页脚在标签 footer 内。当模板没有加载内容时，静态的网页如图 10-7 所示。

图 10-7　静态的网页

导航栏的几个标签对应主页、登录、登出、API、进度页面链接。

在目标主页设计要显示的文章信息：标签、标题、创建时间、内容概括、评论数、收藏数、点击数，如图 10-8 所示。

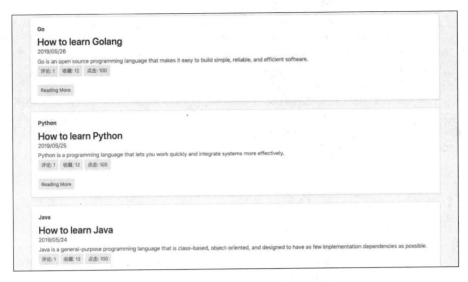

图 10-8　要显示的文章信息

主页正文的设计只需要加载继承一个模板，对模板内填充的数据进行遍历即可。

主页正文模板如下（home.html）：

```
{{define "content"}}
    <div class="jumbotron mt-3" style="background: #FFFFFF ">
        <h2 class="text-left"> 欢迎，简易的 Web 教程示例 <span class="badge
badge-secondary">New</span></h2>
        <p>
            <a class="btn btn-primary btn-lg" href="https://www.zhihu.com/
people/wu-xiao-shen-16/activities">访问主页</a>
        </p>
    </div>
    <br>
    <br>
    <div class="row mb-1">
        {{range .}}
        <div class="col-md-12">
            <div class="card flex-md-row mb-4 shadow-sm h-md-250">
                <div class="card-body d-flex flex-column align-items-start">
                    <strong class="d-inline-block mb-2 text-primary">{{.Tag}}
</strong>
                    <h3 class="mb-0">
                        <a class="text-dark" href="#">{{.Title}}</a>
                    </h3>
                    <div class="mb-1 text-muted">{{.Time | timeHandle}}</div>
                    <p class="card-text mb-0 text-muted" >{{ .Content }}</p>
                    <span class="d-inline-block" tabindex="0">
                        <button class="btn btn-primary btn-sm " type="button"
style="color:#6a757e;background-color: #e8ecef;border-color: #e8ecef">评论:
{{.CommentInt}}</button>
                        <button class="btn btn-primary btn-sm" type="button"
style="color:#6a757e;background-color: #e8ecef;border-color: #e8ecef">收藏:
{{.CollectionInt}}</button>
```

```
                    <button class="btn btn-primary btn-sm" type="button"
style="color:#6a757e;background-color: #e8ecef;border-color: #e8ecef">点击:
{{.ClickInt}}</button>
                    </span>
                    <br>
                    <a type="button" href="/passage" class="btn btn-primary
btn-sm" style="color:#6a757e;background-color:`#e8ecef;border-color: #e8ecef"
data-container="body" data-toggle="popover" title="Reading More" data-content="It
is just Mock">Reading More</a>
                </div>
            </div>
        </div>
        {{end}}
    </div>
    <nav aria-label="Page navigation example">
        <ul class="pagination justify-content-center pagination-sm">
            <li class="page-item disabled">
                <a class="page-link" href="#" tabindex="-1"><<<</a>
            </li>
            <li class="page-item">
                <a class="page-link" href="#" tabindex="-1">1</a>
            </li>
            <li class="page-item">
                <a class="page-link" href="#" tabindex="-1"> >> </a>
            </li>

        </ul>
    </nav>
{{end}}
```

将需要动态加载的数据用结构体表示，模板引擎内的变量需要和定义的结构体的字段名称一致，否则模板引擎会报错。

```
type content struct {
    Tag           string       `json:"tag"`
    Title         string       `json:"title"`
    Time          time.Time    `json:"time"`
    Content       string       `json:"content"`
    CommentInt    int          `json:"comment_int"`
    CollectionInt int          `json:"collection_int"`
    ClickInt      int          `json:"click_int"`
}

type contents []content
```

对应的逻辑处理函数只需要加载模板引擎，再加载动态数据即可：

```
func home(writer http.ResponseWriter, req *http.Request) {
    var c contents
    c = []content{
        {
            Tag:          "Go",
            Title:        "How to learn Golang",
```

```
            Time:           time.Now(),
            Content:        "Go is an open source programming language that makes
it easy to build simple, reliable, and efficient software.",
            CommentInt:     1,
            CollectionInt: 12,
            ClickInt:       100,
        },
        {
            Tag:            "Python",
            Title:          "How to learn Python",
            Time:           time.Now().Add(-24 * time.Hour),
            Content:        "Python is a programming language that lets you work
quickly and integrate systems more effectively.",
            CommentInt:     2,
            CollectionInt: 34,
            ClickInt:       1000,
        },
        {
            Tag:            "Java",
            Title:          "How to learn Java",
            Time:           time.Now().Add(-24 * 2 * time.Hour),
            Content:        "Java is a general-purpose programming language that
is class-based, object-oriented, and designed to have as few implementation
dependencies as possible.",
            CommentInt:     3,
            CollectionInt: 124,
            ClickInt:       900,
        },
        {
            Tag:            "JavaScript",
            Title:          "How to learn JavaScript",
            Time:           time.Now().Add(-24 * 2 * 2 * time.Hour),
            Content:        "JavaScript often abbreviated as JS, is a high-level,
interpreted programming language that conforms to the ECMAScript specification.
JavaScript has curly-bracket syntax, dynamic typing, prototype-based
object-orientation, and first-class functions.",
            CommentInt:     212,
            CollectionInt: 1224,
            ClickInt:       9030,
        },
    }
    currentPath, _ := os.Getwd()
    temp := template.New("index.html")
    t := temp.Funcs(template.FuncMap{"timeHandle": timeHandle})
    t, err := t.ParseFiles(path.Join(currentPath, "chapter10/simple/template/
index.html"),
        path.Join(currentPath, "chapter10/simple/template/home.html"))
    if err != nil {
        fmt.Println(err)
        return
    }
```

```
    err = t.Execute(writer, c)
    if err != nil {
        panic(err)
    }
}

func timeHandle(date time.Time) string {
    return date.Format("2006/01/02")
}

func main(){

    http.HandleFunc("/", home)
    log.Fatal(http.ListenAndServe(":9999", nil))
}
```

上面的示例程序设计对主页的访问路由是 localhost:9999，调用的逻辑处理函数是 home，启动的服务端口是 9999。

需要注意的事项如下：

- 对于错误的处理信息，本地调试时最好使用panic进行错误的捕获或者使用日志，这样方便查看具体的报错信息。对于初学者而言，没有报错信息难以及时发现问题。
- 模板的加载要注意顺序：先加载哪个，后加载哪个。

软件中间件是一种独立的系统软件或者服务程序，在 Web 服务中也常使用中间件，比如日志的处理、认证信息等。中间件的使用一般是在网络请求逻辑处理之前或者之后进行相应的操作。

为了更好地对 Web 服务进行处理，建议在所有的网络请求上使用日志处理中间件，程序运行时就能够看到一些日志信息，这样便于及时排除。

中间件服务如何编写？中间件发生在真实的网络请求逻辑处理之前或者之后，通常的写法是这样的：

```
func middlewareHandler(next http.Handler) http.Handler{
    return http.HandlerFunc(func(w http.ResponseWriter, r *http.Request){
        // 执行 handler 之前的逻辑
        next.ServeHTTP(w, r)
        // 执行 handler 之后的逻辑
    })
}
```

也可以这样编写：

```
func middlewareHandler(next http.HandlerFunc) http.HandlerFunc{
    return func(w http.ResponseWriter, r *http.Request){
        // 执行 handler 之前的逻辑
        next.ServeHTTP(w, r)
        // 执行 handler 之后的逻辑
    }
}
```

两者的差别在于，接收的参数和返回值不同：一个是 http.Handler，另一个是 http.HandlerFunc，两者的调用稍有差别。

源代码中 http.Handler 和 http.HandlerFunc 的定义如下：

```
type Handler interface {
    ServeHTTP(ResponseWriter, *Request)
}

type HandlerFunc func(ResponseWriter, *Request)

// ServeHTTP calls f(w, r)
func (f HandlerFunc) ServeHTTP(w ResponseWriter, r *Request) {
    f(w, r)
}
```

由此可以看出，http.HanlerFunc 实现了 Handler 接口。

为处理函数添加日志处理中间件：

```
func logger(next http.HandlerFunc) http.HandlerFunc {
    now := time.Now()
    return func(writer http.ResponseWriter, request *http.Request) {
        log.Printf("[Web-Server]: %s | %s", request.RequestURI,
now.Format("2006/01/02 -15:04:05"))
        next.ServeHTTP(writer, request)
    }

}

func middlewareLogger(next http.Handler) http.Handler {
    now := time.Now()
    return http.HandlerFunc(func(writer http.ResponseWriter, request
*http.Request) {
        log.Printf("[Web-Server]: %s | %s", request.RequestURI,
now.Format("2006/01/02 -15:04:05"))
        next.ServeHTTP(writer, request)
    })
}
```

如果需要用中间件对函数进行处理，那么可以调用上面两种中间件函数中的一个：

```
func main(){
    http.HandleFunc("/example", logger(home))
    http.Handle("/exampleTwo", midderlewareLogger(http.HandlerFunc(home)))
}
```

网站主页内容的完成总结如下：

- 导航栏和页脚内容固定，固定模板，其他内容继承其他模板。
- 正文内容是文章列表，动态加载数据，构建需要填充数据的结构体列表，再遍历即可。
- 为了方便查看日志信息，使用日志中间件，方便查看访问的路由和时间。

2. 文章详情

文章详情包含两大块：文章的内容和侧边栏状态，其中文章内容包含文章标题、创建时间、作者、文章的正文；侧边栏状态包括用户数、分享数、评论数、收藏数。

据此定义与文章部分和状态部分有关的结构体：

```go
type passageContent struct {
    Title     string    `json:"title"`
    CreatedAt time.Time `json:"created_at"`
    Author    string    `json:"author"`
    Detail    string    `json:"detail"`
}

type side struct {
    Tag   string   `json:"tag"`
    Items []string `json:"items"`
}
```

文章详情的模板为 passage.html：

```html
{{define "content"}}
 <div class="container">
<div class="row">
    <div class="col-md-9">
        <h1 class="pb-3 mb-4 font-italic border-bottom">{{ .Title }}</h1>
        <p>{{.CreatedAt | time }}<a href="#">{{.Author}}</a></p>
        <p style="line-height: 2">{{.Detail}}</p>
    </div>
   <aside class="col-md-3">
     <div class="p-3">
        <h4 class="font-italic">{{.Tag}}</h4>
        <ol class="list-unstyled mb-0">
            {{range .Items }}
                <li >
                    <p class="text-muted">{{ . }}</p>
                </li>
            {{end}}
        </ol>
     </div>
   </aside>

</div>
</div>
{{end}}
```

将整个页面内容分割为 9:3，其中文章内容占 9 份，侧边栏状态占 3 份，分别对应 html 标签 <div class="col-md-9"></div>和<div class="col-md-3"></div>。

文章标题的字体、正文的行高等由前端 CSS 样式定义，后端负责数据交互。

设计文章详情的逻辑处理函数为：func passage(writer http.ResponseWriter, request *http.Request)。

```go
func passage(writer http.ResponseWriter, request *http.Request) {

    var content = struct {
        passageContent
        side
```

```
        }{
            passageContent: passageContent{
                Title:     "How to learn golang",
                CreatedAt: time.Now(),
                Author:    "Go Team",
                Detail: `The Go programming language is an open source project to
make programmers more productive.

    Go is expressive, concise, clean, and efficient. Its concurrency mechanisms
make it easy to write programs that get the most out of multicore and networked
machines, while its novel type system enables flexible and modular program
construction. Go compiles quickly to machine code yet has the convenience of garbage
collection and the power of run-time reflection. It's a fast, statically typed,
compiled language that feels like a dynamically typed, interpreted language.`,
            },
            side: side{
                Tag: "状态",
                Items: []string{
                    "用户数：62",
                    "分享数：27",
                    "评论数：19",
                    "收藏数：12",
                },
            },
        }
        currentPath, _ := os.Getwd()
        temp := template.New("index.html")
        t := temp.Funcs(template.FuncMap{"time": timeFormat})
        t, err := t.ParseFiles(
        path.Join(currentPath, "chapter10/simple/template/index.html"),
        path.Join(currentPath, "chapter10/simple/template/passage.html"))
        if err != nil {
            fmt.Println(err)
            return
        }
        err = t.Execute(writer, content)
        if err != nil {
            panic(err)
        }
    }

// 模板中时间的处理函数
func timeFormat(date time.Time) string {
    return fmt.Sprintf(date.Format(time.Stamp) + "By")
}
```

上面的示例程序中使用到了模板继承，即将导航栏和页脚栏的内容和文章详情的内容结合在一起。模板加载 HTML 文件的顺序要注意，先加载 index.html，再加载 passage.html。

结合主页启动 Web 服务，样式如下：

```
func main() {
    http.HandleFunc("/", logger(home))
```

```
    http.Handle("/2", middlewareLogger(http.HandlerFunc(home)))
    http.HandleFunc("/passage", logger(passage))
    log.Fatal(http.ListenAndServe(":9999", nil))

}
```

在主页单击 Reading More 按钮即可实现跳转到详情页面。

文章详情的完成总结如下：

- 模板继承，页面中导航栏和页脚内容自动加载，只考虑正文部分。
- 正文划分为两大块：文章详情和侧边栏状态。
- 定义模板，定义模板中加载数据的结构体。
- 编写具体的逻辑处理函数。

3. 登录/登出界面

登录界面在前端的展示中其实很简单，包括输入用户名或者邮箱、输入用户密码、单击"登录"按钮。在单击"登录"按钮之后会向后端发起一个网络请求，后端对用户输入的用户名和密码进行验证，如果存在该用户并且密码正确，就跳转到相应的页面；如果不对，就提示报错信息。

这里为了简单处理，仅处理如何读取到用户名和密码，对相应的参数进行验证。

参照之前的输入，模板内容中的动态数据包含错误提示信息。

定义相应的结构体：

```
type loginInfo struct {
    UserName string  `json:"user_name"`
    Password string  `json:"password"`
    Error    []error `json:"error"`
}
```

用户名和密码是从发起网络请求的窗体中进行读取。后端进行验证，如果出错，就提示错误信息并在页面中显示出来。相应的模板如下（login.html）：

```
{{define "content"}}
<div class="container container-small">
<h1>登录</h1>
<form action="/login" method="post" name="login" class="form-signin">
    <div class="alert alert-success">登录界面访问成功～</div>
    <div class="form-group">
            <label>用户名</label>
            <input class="form-control" type="text" placeholder="Email Or
Username" name="username">
    </div>
    <div class="form-group">
            <label>密码</label>
            <input class="form-control" type="password" placeholder="Password"
name="password">
    </div>
    <div class="form-group">
        <div class="checkbox mb-3">
```

```
        <label>
            <input type="checkbox" value="remember-me">
            Remember me
        </label>
    </div>
</div>
<div class="form-group">
    <button type="submit" class="btn btn-primary btn-block">Sign
in</button>
</div>
</form>
    {{if .Error}}
    <div class="card">

        <div class="alert-danger">
            <h4 class="alert-heading">Warning</h4>

            {{range .Error}}
                    {{.}}
            {{end}}

        </div>

    </div>
    {{end}}
</div>

{{end}}
```

需要对错误信息进行判断，使用模板的判断语句，如果有值，就加载出标签<div class="card"></div>内容。

相应的逻辑处理函数如下：

```
func login(writer http.ResponseWriter, req *http.Request) {
    currentPath, _ := os.Getwd()

    temp, _ := template.ParseFiles(
    path.Join(currentPath,"chapter10/simple/template/index.html"),
    path.Join(currentPath, "chapter10/simple/template/login.html"))

    var lgInfo loginInfo

    if req.Method == http.MethodGet {
        temp.Execute(writer, lgInfo)
        return
    }

    if err := req.ParseForm(); err != nil {
        return
    }
    UserName := req.PostFormValue("username")
    Password := req.PostFormValue("password")

    lgInfo.UserName = UserName
    lgInfo.Password = Password
```

```go
    errFunc := func(values string) error {
        v := values
        // 验证密码长度
        if len(v) < 8 || len(v) == 0 {
            return fmt.Errorf("the length should be larger 8")
        }
        // 验证密码包含的字符
        if unicode.IsNumber(rune(v[0])) {
            return fmt.Errorf("should not start number")
        }
        return nil
    }

    if errFunc(lgInfo.UserName) == nil && errFunc(lgInfo.Password) == nil {
        http.Redirect(writer, req, "/", http.StatusSeeOther)
        return

    } else {
        if errFunc(lgInfo.UserName) != nil {
            lgInfo.Error = append(lgInfo.Error, fmt.Errorf("username is not
suitable"))
        }
        if errFunc(lgInfo.Password) != nil {
            lgInfo.Error = append(lgInfo.Error, fmt.Errorf("password is not
suitable"))
        }
        log.Println(lgInfo)
        temp.Execute(writer, lgInfo)
    }
}
```

　　具体的登录操作是 POST 请求，第一步需要根据 Request 判断请求的方法是 GET 还是 POST，如果是 GET，就直接加载登录界面。此时，用户名和密码判断得出的错误信息为空，就不会加载标签<div class="card"></div>中的内容，如果是 POST 请求，就根据网络请求获取到的用户名和密码，对用户名和密码的格式进行判断，比如长度小于 8 或者内容为空，则产生错误信息，如果通过验证，重定向到主页。

　　这里有两个新知识点：

- 获取到网络请求的方法和参数。
- 重定向到其他逻辑处理函数。

　　网络请求对应的具体逻辑处理函数如下：

```go
func (writer http.ResponseWriter, request *http.Request)
```

writer 负责写入响应信息，提供的方法有：

```go
type ResponseWriter interface {
    Header() Header
    Write([]byte) (int, error)
    WriteHeader(statusCode int)
}
```

常用的写入响应信息的方法有：

```
- writer.Writer([]byte(string(content))
- fmt.Fprintf(writer, content)
- io.WriterString(writer, content)
- template.Execute(writer, content)
- json.NewEncoder(writer).Encode(content)
```

其中主要使用到了 Go 语言的 Interface 接口特性，ResponseWriter 实现了 Write([]byte)(int, error)的方法，所以也就实现了 io.Writer 方法，可作为 io.Writer 的类型。

```
// io.go , package io
type Writer interface {
    Write(p []byte) (n int, err error)
}
```

- request负责处理网络请求，网络请求遵循HTTP协议，有请求方法、请求路径、请求标头信息、请求参数等内容。

```
type Request struct {
    Method string
    URL *url.URL
    Proto      string // "HTTP/1.0"
    ProtoMajor int    // 1
    ProtoMinor int    // 0
    Header Header
    Body io.ReadCloser
    GetBody func() (io.ReadCloser, error)
    ContentLength int64
    TransferEncoding []string
    Close bool
    Host string
    Form url.Values
    PostForm url.Values
    MultipartForm *multipart.Form
    Trailer Header
    RemoteAddr string

    RequestURI string
    TLS *tls.ConnectionState
    Cancel <-chan struct{}
    Response *Response
    ctx context.Context
}
```

结构体 Request 包含诸多与网络请求相关的属性和方法。

根据 HTTP 协议的规则，网络请求的重点在于：路由、请求参数、标头信息、请求方法。

结构体 Request 的重点也是处理这些内容，那么如何操作这些对象呢？

标头信息如下：

```
type Request struct {
    Header Header
```

```
   // 其他
}

type Header map[string][]string
```

请求标头信息是一个 Hash 字典，同时提供了 Add、Del、Get、Set 等方法，在构建 Web 服务中一般用来设置标头信息，也即是调用 request.Header.Add(key string, value string)方法。

请求方法如下：

```
type Request struct{
   Method string
   // 其他
}
```

使用内置库设计 Web 服务时，不能一眼看出路由对应的请求方法是 POST、GET 或者其他。可以通过 request.Method 获取值，再判断请求方法。内置的方法以常量的形式定义好了：

```
const (
   MethodGet     = "GET"
   MethodHead    = "HEAD"
   MethodPost    = "POST"
   MethodPut     = "PUT"
   MethodPatch   = "PATCH" // RFC 5789
   MethodDelete  = "DELETE"
   MethodConnect = "CONNECT"
   MethodOptions = "OPTIONS"
   MethodTrace   = "TRACE"
)
```

请求参数如下：

对于网络请求的参数有这么几种情况，如果请求是 GET，就获取路径中的请求参数，GET 请求无须传入消息体，比如请求为：localhost:9999/person?query=age&name=x，query=age&name=x，就是路径中的请求参数；如果请求是 POST、PUT、PATCH 等，那么如何获取请求中消息体的参数呢？

路径中的请求参数可使用 FormValue 进行单个字段的解析，也可以一次性获取所有路径中的请求参数：Form。

```
func HelloWorld(writer http.ResponseWriter, request *http.Request){
   fmt.Println(request.FormValue("query"))
   fmt.Println(request.FormValue("name"))
   fmt.Println(request.Form)
   writer.Write([]byte("Hello"))
}
func main() {
   http.HandleFunc("/hello", HelloWorld)
   log.Fatal(http.ListenAndServe(":9999", nil))
}
```

上面的例子表示访问 localhost:9999/hello?query=age?name=x 会打印出 age、x、map[query:[age] name:[x]]。

　　为什么可以这么操作？因为 Request 结构体中的 Form 属性实质上是一个 map，所以保存着路径请求参数。

```
type Request struct {
    // Form contains the parsed form data, including both the URL
    // field's query parameters and the POST or PUT form data
    // This field is only available after ParseForm is called
    // The HTTP client ignores Form and uses Body instead
    Form url.Values

    // 其他

}

type Values map[string][]string
```

　　上面的源代码已经展示，在 POST 或者 PUT 请求方法中调用了 ParseForm 方法才能获取消息体中的参数。FormValue 用于解析 Form 字典中某个 key 的 value 值。

　　消息体中的参数：

```
func HelloWorldPost(writer http.ResponseWriter, request *http.Request){
    if err := request.ParseForm();err!=nil{
        panic("request parse form fail")
    }
    param1 := request.PostForm["username"][0] //
request.PostFormValue("username")
    param2 := request.PostForm["password"][0]
    params := request.PostForm
    paramsQueryField := request.Form
    fmt.Println(param1)
    fmt.Println(param2)
    fmt.Println(params)
    fmt.Println(paramsQueryField)
    writer.Write([]byte("POST"))
}

func main() {
    http.HandleFunc("/hello/post", HelloWorldPost)
    log.Fatal(http.ListenAndServe(":9999", nil))
}
```

　　访问 localhost:9999/hello/post?query=age&name=x，传入消息体参数 username:Go, password: Hello Golang。

　　输出如下：

```
Go
Hello Golang
map[username:[Go] password:[Hello Golang] undefined:[]]
map[username:[Go] password:[Hello Golang] undefined:[] query:[age] name:[x]]
```

　　POST 或者 PUT 操作，获取消息体的操作需要先调用 ParseForm 方法，获取单个消息体参数 PostForm[key]，返回一个列表。PostForm 返回所有消息体参数，Form 既包含消息体参数，又包含路径中的请求参数。

结论如下：

对网络请求的处理包含两个层面：http.ResponseWriter 和 http.Request，一个负责响应信息的处理，比如写入标头信息、写入响应信息；另一个负责网络请求的方法、路径、请求参数、消息体参数等的解析。

再回到登录页面的逻辑处理函数中：

```
func login(writer http.ResponseWriter, req *http.Request) {

    if req.Method == http.MethodGet {
        temp.Execute(writer, lgInfo)
        return
    }

    if err := req.ParseForm(); err != nil {
        return
    }
    UserName := req.PostFormValue("username")
    Password := req.PostFormValue("password")
    // 其余内容省略

}
```

根据调用请求的方法来判断是否为 POST 请求，如果不是，就显示登录界面，否则解析用户名和密码，获取到两者的值，再进行验证，比如长度以及是否包含非法字符等。

通过验证之后就直接调用 http.Redirect 方法重定向到符合路由的逻辑处理函数中，比如在此例中重定向到主页。

再总结一下关于登录页面的设计：

- 抽象出一个模板，模板内的html值是表单标签。
- 通过http.Request的方法和对请求参数、消息体参数的处理，完成对参数的验证（核对用户名和密码）。
- 不成功，输出报错信息。
- 否则调用http.Redirect重定向到主页。

4. API 文档界面

主页、文章详情页、登录页的一般流程如下：

- 明确设计的界面是怎样的，由前端设计。
- 抽象出动态加载的内容，定义相应的结构体。
- 加载模板，将抽象出的动态数据加载到模板内。
- 启动服务，访问后浏览器展示出内容，如图10-9所示。

API 文档界面包含表格和接口详情两部分的内容。

表格内容抽象出动态数据：ID（序号）、Name（名称）、Author（作者）、Time（时长）、Album（专辑），定义相应的结构体列表，再循环遍历即可。

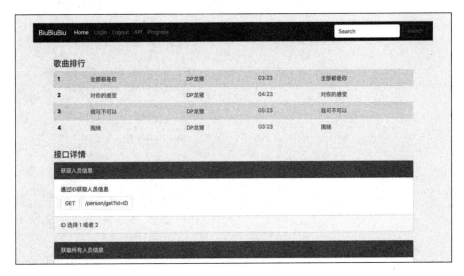

图 10-9　网页显示内容

接口详情可以抽象出动态数据：Title（接口标题）、Content（接口内容）、Method（接口请求方法）、Path（接口路径）、Comment（接口备注）。

定义动态数据的结构体：

```
// 表格内容
type singleSong struct {
    ID     int    `json:"id"`
    Name   string `json:"name"`
    Author string `json:"author"`
    Time   string `json:"time"`
    Album  string `json:"album"`
}

type songs []singleSong

// API 内容
type api struct {
    Title   string `json`
    Content string `json:"content"`
    Method  string `json:"method"`
    Path    string `json:"path"`
    Comment string `json:"comment"`
}

type apis []api
```

定义模板内容（song.html）：

```
{{define "content"}}
    <div class="container">
        <div class="container">
            <h4 class="text-muted">歌曲排行</h4>
            <div class="row">
                <div class="container">
                    <table class="table table-striped">
```

```
                        <tbody >
                        {{range .Songs}}
                           <tr>
                              <th >{{.ID}}</th>
                              <td class="text-muted">{{.Name}}</td>
                              <td class="text-muted">{{.Author}}</td>
                              <td class="text-muted">{{.Time}}</td>
                              <td class="text-muted">{{.Album}}</td>
                           </tr>
                        {{end}}
                        </tbody>
                     </table>
                  </div>
               </div>
            </div>
         </div>
         <br>
         <div class="container">
            <div class="container">
               <h4 class="text-muted">接口详情</h4>
               {{range .APis}}
               <div class="card">
                  <div class="card-header" style="background: #6c757d; color:
#f5f5f5">
                     {{.Title}}
                  </div>
                  <div class="card-body">
                     <h6 class="card-title text-muted">
                        {{.Content}}
                     </h6>
                     <button type="button" class="btn btn-default card-text
text-muted" style="border-color: #e1e1e1">
                        {{.Method}}
                     </button>
                     <button type="button" class="btn btn-default card-text
text-muted" style="border-color: #e1e1e1">
                        {{.Path}}
                     </button>
                  </div>
                  <div class="card-footer text-muted">
                     {{.Comment}}
                  </div>
               </div>
               <br>
               {{end}}
               <div class="card">
                  <div class="card-header"  style="background: #6c757d; color:
#f5f5f5">
                     意见反馈
                  </div>
                  <div class="card-body">
```

```
                邮箱: xie_wei_shu@shu.edu.cn
            </div>
        </div>
    </div>
</div>
<nav aria-label="Page navigation example">
    <ul class="pagination justify-content-center">
        <li class="page-item disabled">
            <a class="page-link" href="#" tabindex="-1">Previous</a>
        </li>
        <li class="page-item"><a class="page-link" href="#">1</a></li>
        <li class="page-item"><a class="page-link" href="#">2</a></li>
        <li class="page-item"><a class="page-link" href="#">3</a></li>
        <li class="page-item">
            <a class="page-link" href="#">Next</a>
        </li>
    </ul>
</nav>
{{end}}
```

编写逻辑处理函数:

```
func song(writer http.ResponseWriter, req *http.Request) {
    var ss songs
    ss = []singleSong{
        {
            ID:     1,
            Name:   "全部都是你",
            Author: "DP 龙猪",
            Time:   "03:23",
            Album:  "全部都是你",
        },
        {
            ID:     2,
            Name:   "对你的感觉",
            Author: "DP 龙猪",
            Time:   "04:23",
            Album:  "对你的感觉",
        },
        {
            ID:     3,
            Name:   "我可不可以",
            Author: "DP 龙猪",
            Time:   "05:23",
            Album:  "我可不可以",
        },
        {
            ID:     4,
            Name:   "围绕",
            Author: "DP 龙猪",
            Time:   "03:23",
            Album:  "围绕",
```

```
        },
    }
    var aps apis
    aps = []api{
        {
            Title:   "获取人员信息",
            Content: "通过 ID 获取人员信息",
            Method:  http.MethodGet,
            Path:    fmt.Sprintf("/person/get?id=ID"),
            Comment: fmt.Sprintf("ID 选择 1 或者 2"),
        },
        {
            Title:   "获取所有人员信息",
            Content: "获取内置所有人员的信息",
            Method:  http.MethodGet,
            Path:    fmt.Sprintf("/persons"),
            Comment: fmt.Sprintf("无须传入请求参数"),
        },
        {
            Title:   "创建人员信息",
            Content: "传入参数 id 和 telephone 创建新人",
            Method:  http.MethodPost,
            Path:    fmt.Sprintf("/person/post"),
            Comment: fmt.Sprintf("传入参数 id 或者 telephone"),
        },
        {
            Title:   "更新人员信息",
            Content: "传入参数 id 更新人员 telephone 信息",
            Method:  http.MethodPatch,
            Path:    fmt.Sprintf("/person/patch?id=ID"),
            Comment: fmt.Sprintf("传入路径参数 id 和请求参数 telephone"),
        },
    }
    var all = struct {
        Songs songs
        APis  apis
    }{
        Songs: ss,
        APis:  aps,
    }
    currentPath, _ := os.Getwd()
    temp, err := template.ParseFiles(
    path.Join(currentPath, "chapter10/simple/template/index:html"),
    path.Join(currentPath, "chapter10/simple/template/song.html"))
    if err != nil {
        log.Println(err)
        return
    }
    err2 := temp.Execute(writer, all)
    if err2 != nil {
        log.Println(err2)
```

```
        return
    }
}
```

访问地址为 localhost:999/apis，在浏览器中展现出接口详情页面。

5. 进度条页面

进度条的内容比较简单，包含标题栏（提示当前年份已过的百分比）和进度条（根据百分比自动加载占比）。

进度条的内容主要使用了 BootStrap 4.3.1 的进度条 `<div class="progress"></div>` 标签。

按照之前的处理步骤如下：

（1）抽象出动态数据：Year（当前年份）、Now（当前占比）。

（2）编写前端模板。

动态数据结构体：

```
type progressStatus struct {
    Now   float64 `json:"now"`
    Year  int      `json:"year"`
}
```

前端模板：

```
{{define "content"}}
<div class="row">
    <div class="container">
        <h1 class="text-warning" >{{.Year}} 年已经过去 {{ .Now }}%! <small
class="text-muted">计划都实现了吗？</small> </h1>
        <br>
        <div class="progress">
            <div class="progress-bar progress-bar-striped" role="progressbar"
style="width: {{.Now}}%;" aria-valuenow={{.Now}}% aria-valuemin="0"
aria-valuemax="100">{{.Now}}%</div>
        </div>
    </div>
</div>
{{end}}
```

这里的重点是如何通过当前的时间计算出已经过去的天数，再根据天数除以当年的总天数从而得出占比（%）。

逻辑处理函数：

```
func progress(writer http.ResponseWriter, req *http.Request) {

    var proStatus progressStatus

    monthDays := []int{0, 31, 59, 90, 120, 151, 181, 212, 243, 273, 304, 334}

    now := time.Now()

    y, m, d := now.Date()
```

```
    ok := 0
    sum := monthDays[time.Month(m)-1] + d
    if (y%400 == 0) || ((y%4 == 0) && (y%100 != 0)) {
        ok = 1
    }
    if (ok == 1) && (time.Month(m) > 2) {
        sum += 1
    }
    proStatus.Now, _ = strconv.ParseFloat(fmt.Sprintf("%.2f",
float64(sum)/float64(365)*100), 64)
    proStatus.Year = y
    currentPath, _ := os.Getwd()
    temp, _ := template.ParseFiles(
    path.Join(currentPath, "chapter10/simple/template/index.html"),
    path.Join(currentPath, "chapter10/simple/template/progress.html"))
    temp.Execute(writer, proStatus)
}
```

具体处理逻辑为：计算当前时间已经过去多少天，除以当年的总天数，得出进度占比。

6. 接口测试

前面的章节较为详细地描述了整个 Web 服务页面的编写，可以归纳为以下几个步骤：

- 抽象动态数据，定义结构体。
- 定义前端模板。
- 编写具体的逻辑处理函数，动态加载数据。

至此，所有的路由和相应的逻辑处理函数就编写完成了。

```
func main() {
    http.HandleFunc("/", logger(home))
    http.Handle("/2", middlewareLogger(http.HandlerFunc(home)))
    http.HandleFunc("/3", logger(Hello))
    http.HandleFunc("/persons", logger(getHandler))
    http.HandleFunc("/person/post", logger(postHandler))
    http.HandleFunc("/person/patch", logger(patchHandler))
    http.HandleFunc("/person/get", logger(getProfile))
    http.HandleFunc("/login", logger(login))
    http.HandleFunc("/logout", logger(logout))
    http.HandleFunc("/apis", logger(song))
    http.HandleFunc("/progress", logger(progress))
    http.HandleFunc("/passage", logger(passage))
    http.HandleFunc("/template", logger(HelloTemplate))
    log.Fatal(http.ListenAndServe(":9999", nil))
}
```

问题是如何在本地测试接口，尤其是需要传入消息体参数的请求？

下面介绍几个常用的方法：

- Curl：一个利用URL语法在命令行下工作的文件传输工具。

- HTTPie：一个HTTP的命令行客户端，目标是让CLI和Web服务之间的交互尽可能人性化。
- Postman：一款功能强大的网页调试与发送网页HTTP请求的工具。
- 其他：根据自己的开发环境（比如集成开发环境）可以安装相应的接口测试插件。

（1）Curl

安装网址为 https://curl.haxx.se/download.html，用户可以根据自己的操作系统选择对应的安装包即可。

为了演示方便，选择一个专门用来测试网络请求的网站 http://www.httpbin.org/，网站提供的请求可以在线访问，也可以在本地以启动容器的形式访问本地的请求。

命令行的使用方式是在终端输入：Curl+路由+参数。

```
// 命令
curl http://httpbin.org/ip

// 响应
{
  "origin": "116.227.77.197, 116.227.77.197"
}

// 命令
curl http://httpbin.org/get?query=name

// 响应
{
  "args": {
      qy
  },
  "headers": {
    "Accept": "*/*",
    "Host": "httpbin.org",
    "User-Agent": "curl/7.54.0"
  },
  "origin": "116.227.77.197, 116.227.77.197",
  "url": "https://httpbin.org/get"
}
```

默认使用 GET 的请求方法。

- -o将请求的响应保存在命名的文件内。

  ```
  // 命令
  curl -o get.json http://httpbin.org/get?query=name

  // 响应
  ```

  在同一个目录下，将请求的响应内容保存在get.json文件内。

- -H指定请求的标头信息参数。

  ```
  // 命令
  curl -H "content-type: application/json" http://httpbin.org/get
  // 响应

  {
  ```

```
    "args": {},
    "headers": {
      "Accept": "*/*",
      "Content-Type": "application/json",
      "Host": "httpbin.org",
      "User-Agent": "curl/7.54.0"
    },
    "origin": "116.227.77.197, 116.227.77.197",
    "url": "https://httpbin.org/get"
}
```

- -X显式地指定请求方法，默认以表单方式传给服务器: "Content-Type": "application/x-www-form-urlencoded"，指定以JSON字符串的形式传给服务器: "Content-Type": "application/json"。

```
// 命令
curl -X POST -d "data=name&language=go" http://httpbin.org/post
// 响应

{
  "args": {},
  "data": "",
  "files": {},
  "form": {
    "data": "name",
    "language": "go"
  },
  "headers": {
    "Accept": "*/*",
    "Content-Length": "21",
    "Content-Type": "application/x-www-form-urlencoded",
    "Host": "httpbin.org",
    "User-Agent": "curl/7.54.0"
  },
  "json": null,
  "origin": "116.227.77.197, 116.227.77.197",
  "url": "https://httpbin.org/post"
}
// 命令

curl -X POST -H "content-type: application/json" -d "data=name&language=go"
http://httpbin.org/post
// 响应

{
    "args": {},
    "data": "data=name&language=go",
    "files": {},
    "form": {},
    "headers": {
        "Accept": "*/*",
        "Content-Length": "21",
```

```
      "Content-Type": "application/json",
       "Host": "httpbin.org",
        "User-Agent": "curl/7.54.0"
    },
    "json": null,
    "origin": "116.227.77.197, 116.227.77.197",
    "url": "https://httpbin.org/post"
  }
```

其他短参数如下：

- -v: 显示具体的请求信息，包括请求参数、响应参数，可以对照着学习HTTP协议。
- -I: 显示标头信息。
- -F: 显示表单参数。

更多示例可查看官方网站（地址为 https://curl.haxx.se/docs/manual.html）。

（2）HTTPie

Curl 命令行工具面对复杂的网络请求时，编写请求参数就比较烦琐，有其他更高效的替代方案。HTTPie 就是一款可以替代 Curl 命令行工具的 HTTP 命令行客户端，让命令行和服务器端的交互更加便捷，比如高亮、格式化、支持 HTTPS、代理和授权验证等。文档地址为 https://httpie.org/。

HTTPie 是用 Python 编写的，各平台都可以使用。读者选择适合自己操作系统的版本，下载安装即可。

下面与 Curl 命令行一致，请求相同的网络请求：

```
// 命令
http http://httpbin.org/ip

// 响应
HTTP/1.1 200 OK
Access-Control-Allow-Credentials: true
Access-Control-Allow-Origin: *
Connection: keep-alive
Content-Encoding: gzip
Content-Length: 57
Content-Type: application/json
Date: Tue, 28 May 2019 16:07:59 GMT
Referrer-Policy: no-referrer-when-downgrade
Server: nginx
X-Content-Type-Options: nosniff
X-Frame-Options: DENY
X-XSS-Protection: 1; mode=block

{
    "origin": "116.227.77.197, 116.227.77.197"
}
// 命令
http http://httpbin.org/get?query=name
```

```
// 响应
HTTP/1.1 200 OK
Access-Control-Allow-Credentials: true
Access-Control-Allow-Origin: *
Connection: keep-alive
Content-Encoding: gzip
Content-Length: 194
Content-Type: application/json
Date: Tue, 28 May 2019 16:08:34 GMT
Referrer-Policy: no-referrer-when-downgrade
Server: nginx
X-Content-Type-Options: nosniff
X-Frame-Options: DENY
X-XSS-Protection: 1; mode=block

{
    "args": {
        "query": "name"
    },
    "headers": {
        "Accept": "*/*",
        "Accept-Encoding": "gzip, deflate",
        "Host": "httpbin.org",
        "User-Agent": "HTTPie/0.9.9"
    },
    "origin": "116.227.77.197, 116.227.77.197",
    "url": "https://httpbin.org/get?query=name"
}
// 命令：以 json 字符串的形成传给服务器
http POST http://httpbin.org/post data=name language=go

// 响应
HTTP/1.1 200 OK
Access-Control-Allow-Credentials: true
Access-Control-Allow-Origin: *
Connection: keep-alive
Content-Encoding: gzip
Content-Length: 276
Content-Type: application/json
Date: Tue, 28 May 2019 16:10:39 GMT
Referrer-Policy: no-referrer-when-downgrade
Server: nginx
X-Content-Type-Options: nosniff
X-Frame-Options: DENY
X-XSS-Protection: 1; mode=block

{
    "args": {},
    "data": "{\"data\": \"name\", \"language\": \"go\"}",
    "files": {},
    "form": {},
    "headers": {
        "Accept": "application/json, */*",
```

```
        "Accept-Encoding": "gzip, deflate",
        "Content-Length": "34",
        "Content-Type": "application/json",
        "Host": "httpbin.org",
        "User-Agent": "HTTPie/0.9.9"
    },
    "json": {
        "data": "name",
        "language": "go"
    },
    "origin": "116.227.77.197, 116.227.77.197",
    "url": "https://httpbin.org/post"
}
// 命令：以表单的形式传递给服务器
http -f  POST http://httpbin.org/post data=name language=go

// 响应
HTTP/1.1 200 OK
Access-Control-Allow-Credentials: true
Access-Control-Allow-Origin: *
Connection: keep-alive
Content-Encoding: gzip
Content-Length: 279
Content-Type: application/json
Date: Tue, 28 May 2019 16:11:34 GMT
Referrer-Policy: no-referrer-when-downgrade
Server: nginx
X-Content-Type-Options: nosniff
X-Frame-Options: DENY
X-XSS-Protection: 1; mode=block

{
    "args": {},
    "data": "",
    "files": {},
    "form": {
        "data": "name",
        "language": "go"
    },
    "headers": {
        "Accept": "*/*",
        "Accept-Encoding": "gzip, deflate",
        "Content-Length": "21",
        "Content-Type": "application/x-www-form-urlencoded; charset=utf-8",
        "Host": "httpbin.org",
        "User-Agent": "HTTPie/0.9.9"
    },
    "json": null,
    "origin": "116.227.77.197, 116.227.77.197",
    "url": "https://httpbin.org/post"
}
```

更多用法可见 https://httpie.org/。

两款命令行工具都是用来进行网络请求的，而 HTTPie 比 Curl 使用起来更加高效，并且以高亮显示的语法等功能对用户更为友好。读者可以根据自己的实际情况来选择。

（3）Postman

HTTPie 和 Curl 都是命令行工具，需要在终端输入命令，那么有没有图形界面的工具呢？答案是有的，Google 出品的专门用来进行 API 测试的图形界面工具深受前后端开发人员喜爱。如果一定要推荐测试 API 工具的话，那么 Postman 工具必居其一。该工具的官网地址为 https://www.getpostman.com/。

读者可以选择适合自己操作系统的 Postman 版本下载并安装，为了方便管理 API，下载安装之后需要注册账户并登录。

下面的示例与之前的示例一致。选择 GET 方法，输入：http://httpbin.org/get，如图 10-10 所示。

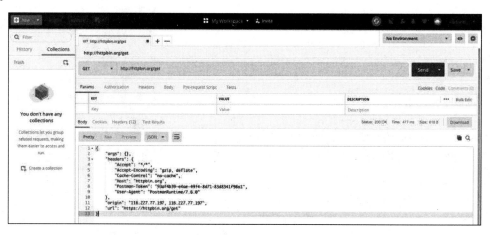

图 10-10　发起网络请求

选择 GET 方法，输入 http://httpbin.org/get?query=name，如图 10-11 所示。

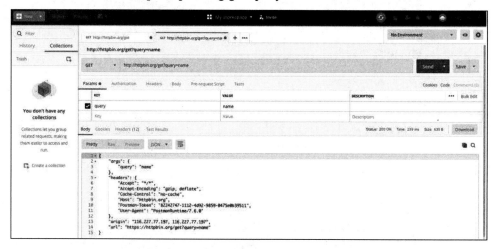

图 10-11　传入路径参数发起网络请求

选择 POST 方法，输入 http://httpbin.org/post，传入 JSON 字符串，如图 10-12 所示。

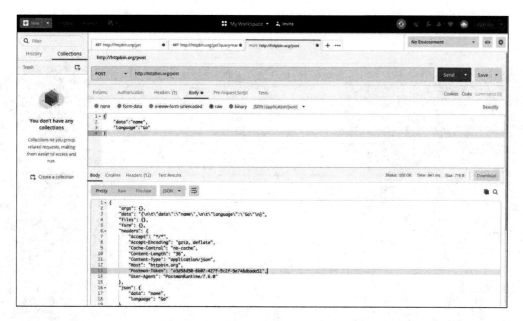

图 10-12　传入请求参数发起网络请求

选择 POST 方法，输入 http://httpbin.org/post，在表单内填入参数，如图 10-13 所示。

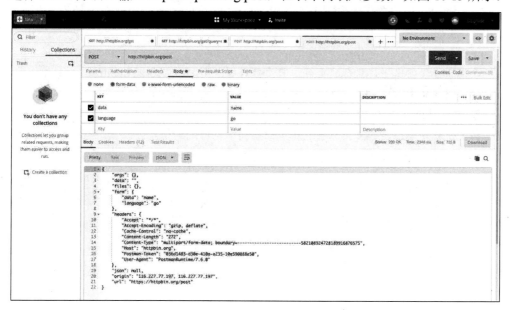

图 10-13　传入表单数据发起网络请求

（4）其他插件

VSCode（https://code.visualstudio.com/）是微软出品的一款非常好用的免费开源的轻量级代码编辑器，越来越多的程序员选择这款工具编写代码，其生态非常丰富，插件也非常多，极大地便利了开发者。

VSCode 中有一款插件，可以让使用者以文本的形式只输入网络请求和参数就能完成 API 的测试。

下载 VSCode 安装插件 REST Client（https://github.com/Huachao/vscode-restclient/），如图 10-14 所示。

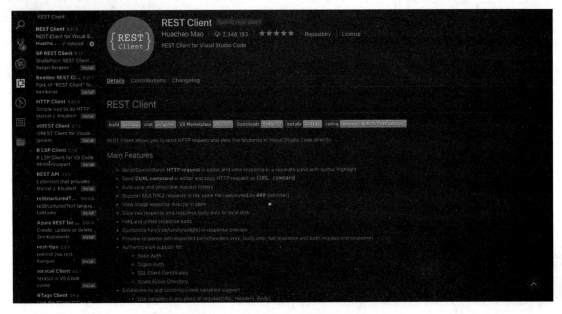

图 10-14　下载 VSCode 安装插件 REST Client

同样以前文的示例说明如何使用这个插件：

- 在任意目录创建任意名称的文件，且文件后缀名为.http，比如api.http。
- 每个测试的API以 ### 开头，换行后自动显示Send Request且可单击。
- 以GET、POST请求方法开头，后接请求路由。
- 如果需要指定标头信息，那么在请求路由的下一行编写标头信息。
- 如果需要指定请求消息体，就编写请求消息体。

```
// api.http 文件名称
###
GET http://httpbin.org/get HTTP/1.1

###
POST http://httpbin.org/post HTTP/1.1
Content-Type: application/json

data=name
&language=Go

###
POST http://httpbin.org/post HTTP/1.1
Content-Type: application/x-www-form-urlencoded

data=name
&language=Go
```

具体示例如图 10-15 所示。

单击 Send Request，右边显示响应信息，左边显示请求路由和参数等。

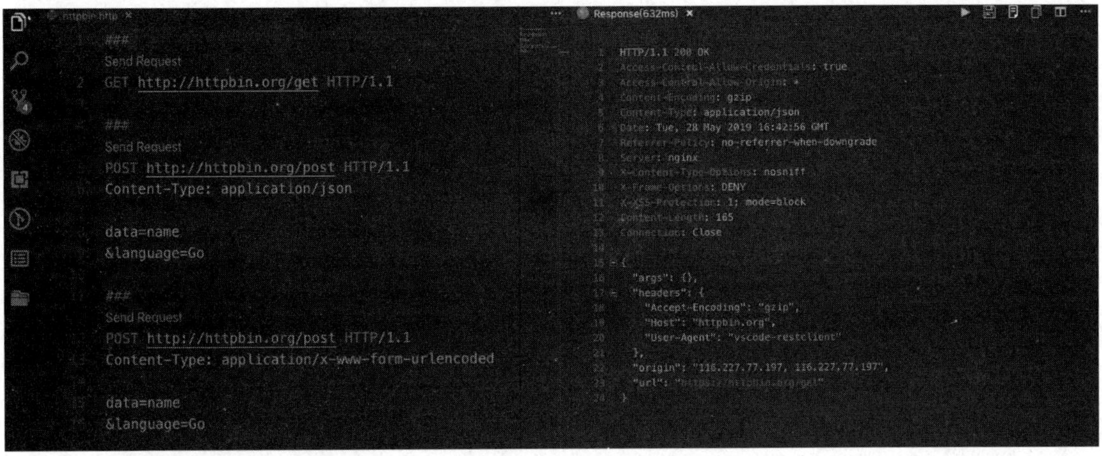

图 10-15　REST Client 进行接口测试

（5）小结

API 测试的目的是为了检验编写的服务器端的网络请求是否正确，合理地使用这些 API 测试工具能够在一定程度上保证服务器端编写的网络请求的正确性，是非常好的调试工具。

本节分别介绍了命令行工具 Curl、HTTPie、Postman 和图形界面工具 REST Client。

在使用的过程中，可以进一步了解 HTTP 协议的标准。

- 请求方法。
- 标头信息。
- 状态码。
- 响应信息。
- 协议版本。
- 其他。

本节的示例代码可参考：https://github.com/wuxiaoxiaoshen/GopherBook/tree/master/chapter10/simple。

10.2　使用 net/http 构建爱鲜蜂 Web 服务

前一节使用内置的模板引擎开发了一些简单的网页页面，它存在一些问题：

- 前端和后端耦合：前端页面中混合了后端的业务代码。
- 代码未按照某种方式组织，不易于拓展。
- 页面中设计的数据都是 Mock 数据，未使用持久化存储的数据库。

Web 应用流行的开发方式是：前后端分离，前端由前端人员负责，后端由后端人员负责，前端开发选择合适的开发框架（比如 React Vue 等），后端选择合适的编程语言（比如 Go、Java 等），两者之间的交互通过应用程序编程接口（API）。这种前后端开发的方式职责分明、耦合度低、容易及时发现潜在的问题等。

作为后端开发，重点在于设计具有 Restful 风格的 API。

为了尽量贴近企业开发，整体开发流程分为 4 部分：

- 需求流程梳理。
- 模型设计：数据库结构设计。
- 代码开发。
- 持续集成（CI）和持续部署（CD）。

10.2.1 需求流程梳理

产品经理在前期调研、规划、竞品分析等之后得出产品的定位，比如是生鲜产品、社交产品或者新闻客户端等。

产品定位之后，产品经理编制出产品需求文档（PRD），包括产品的定位、产品需求的描述、目标市场、目标用户等。对各阶段的功能都有清晰的描述，包括产品原型，在与设计人员沟通之后得出产品设计稿。产品设计稿通常划分为 Web 端和客户端（Android 和 iOS），加上需求澄清，结合设计稿，相应的开发人员就明确了自己的目标是什么，能够针对性地开发所需的各种功能。

为了讲述方便，这里列举市面上已经存在的产品：爱鲜蜂。

爱鲜蜂是一款定位为生鲜配送的产品，采用众包模式，致力于解决最后一公里的生鲜配送。产品的属性决定了产品的内容是一些生鲜——蔬菜、水果、酒水等，如图 10-16～图 10-19 所示。

图 10-16　爱鲜蜂页面 1

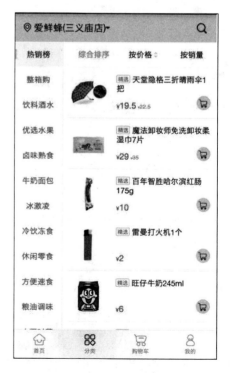

图 10-17　爱鲜蜂页面 2

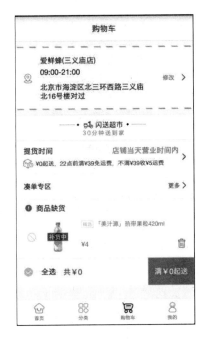

图 10-18　爱鲜蜂页面 3

图 10-19　爱鲜蜂页面 4

10.2.2　模型设计

模型设计是后端开发人员的一项重要能力，同时好的模型设计能够给开发带来很多便利，需求会不断变更，模型设计得好，对需求的不断变更也能灵活适应。模型设计对于开发来说重要的是关系型数据库表的设计能力，市场上包含诸多类型的数据库，但关系型数据库依然占据绝大多数份额。

简单看过爱鲜蜂产品的界面之后，下面尝试仅从产品界面的角度进行模型设计的讲解。模型设计主要分为 3 步：

（1）列出产品设计的实体。

（2）根据设计稿（界面）划分功能。

（3）数据库中各个数据表的设计：字段设计、类型设计以及 1 对 1、1 对多、多对多的实体设计。

另外，需要注意需求会变动，模型的设计也会变动，比如增加字段使其符合产品功能。

下面介绍爱鲜蜂模型设计。

列出产品实体：

- 主页：包含一些运营活动，将一些生鲜产品组合起来进行推广，活动是针对地区的，主页还包含位置管理功能。
- 分类页：包含各种分类的产品，产品实体是分类的标签和具体的产品型号（名称、规则、保质期等）。
- 购物车页：产品实体是配送地址管理、送货时间管理、产品列表、价格、数量、总价等。
- 个人页：账户信息、积分、券信息、订单信息、等级说明等。

根据产品设计界面和产品实体而总结的思维导图如图 10-20～图 10-22 所示。

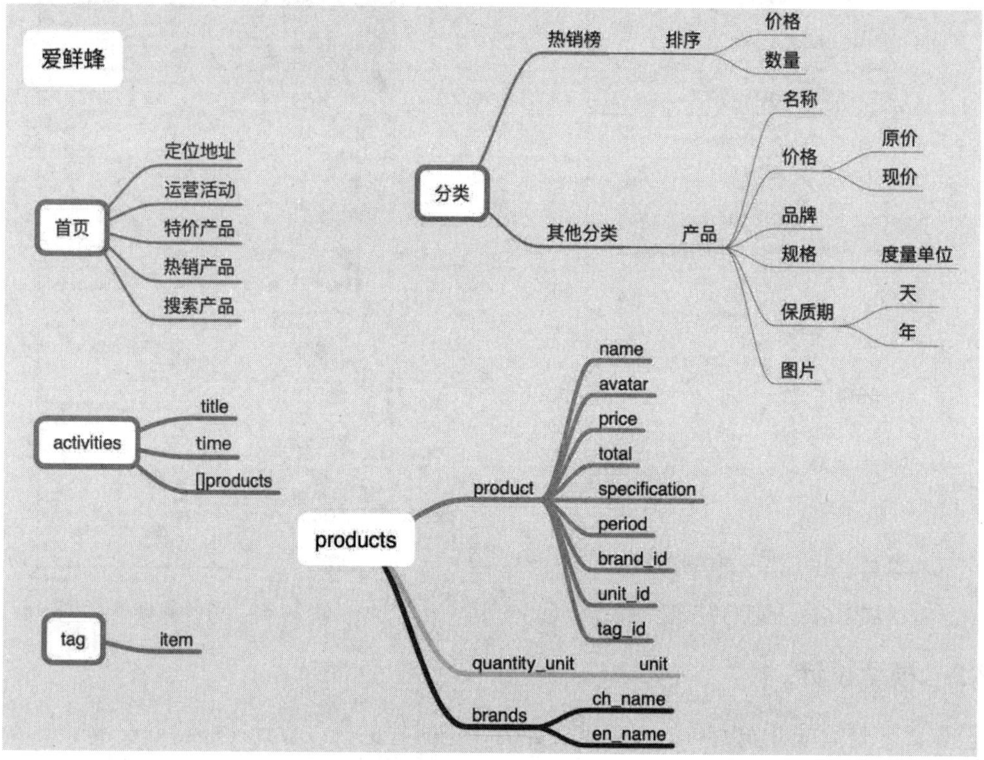

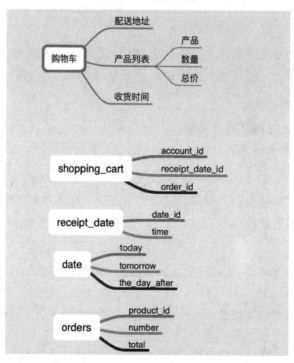

图 10-20　思维导图 1

图 10-21　思维导图 2

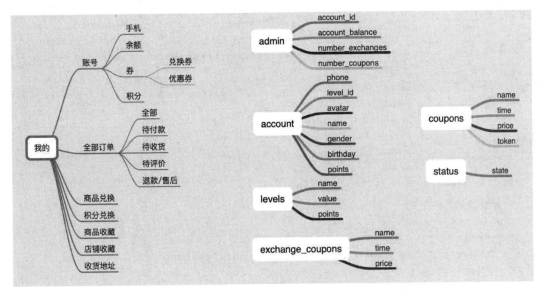

图 10-22　思维导图 3

实体设计的模型如下（将所有涉及的实体抽象出数据库的数据表结构）：

```go
// activities_model.go
package model

import (
    "time"

    "github.com/jinzhu/gorm"
)
// 活动结构体，定义字段
type Activity struct {
    gorm.Model
    Title    string   `gorm:"type:varchar" json:"title"`
    FromDate time.Time `gorm:"type:timestamp with time zone" json:"from_date"`
    ToDate   time.Time `gorm:"type:timestamp with time zone" json:"to_date"`
    Products []Product `gorm:"type:many2many: activity2products" json:"products"`
}

// product_model.go
package model

import (
    "database/sql"

    "github.com/jinzhu/gorm"
)
// 商品结构体，定义字段
type Product struct {
    gorm.Model
    Name    string         `gorm:"type:varchar" json:"name"`
    Avatar  string         `gorm:"type:varchar" json:"avatar"`
    Price   sql.NullFloat64 `json:"price"`
```

```
    Amount        int          `gorm:"type:integer" json:"amount"`
    Specification string        `gorm:"type:varchar" json:"specification"`
    Period        int          `gorm:"type:integer" json:"period"`
    BrandID       uint
    UintID        uint
    TagID         uint
}

// brand_model.go
package model

import "github.com/jinzhu/gorm"

// 品牌表结构的定义
type Brand struct {
    gorm.Model
    EnName string `gorm:"type:varchar" json:"en_name"`
    ChName string `gorm:"type:varchar" json:"ch_name"`
}

// unit_model.go
package model

// 单位表结构的定义
type Uint struct {
    Name string `gorm:"type:varchar" json:"name"`
}

// tag_model.go
package model

import "github.com/jinzhu/gorm"

// 标签表结构的定义
type Tag struct {
    gorm.Model
    Name string `gorm:"type:varchar" json:"name"`
}

// shopping_cart_model.go
package model

import "github.com/jinzhu/gorm"

// 购物车表结构的定义
type ShoppingCart struct {
    gorm.Model
    AccountID     uint
    ReceiptDateID uint
    OrderID       uint
    Order         Order
}

// order_model.go
package model

import "github.com/jinzhu/gorm"
```

```go
// 订单表结构的定义
type Order struct {
    gorm.Model
    OrderStatus   []OrderStatus
    Status        string `gorm:"type:varchar" json:"status"`
    ShoppingCartID uint
}

// 订单状态表结构的定义
type OrderStatus struct {
    gorm.Model
    Product Product
    Amount  int `gorm:"type:integer" json:"amount"`
}

// account_model.go
package model

import (
    "database/sql"
    "time"

    "github.com/jinzhu/gorm"
)

// 用户表结构的定义
type Account struct {
    gorm.Model
    LevelID  uint
    Phone    string    `gorm:"type:varchar" json:"phone"`
    Avatar   string    `gorm:"type:varchar" json:"avatar"`
    Name     string    `gorm:"type:varchar" json:"name"`
    Gender   int       `gorm:"type:integer" json:"gender"` // 0 男 1 女
    Birthday time.Time `gorm:"type:timestamp with time zone" json:"birthday"`
    Points   sql.NullFloat64
}

// receipt_date_model.go
package model

import (
    "time"

    "github.com/jinzhu/gorm"
)

type ReceiptDate struct {
    gorm.Model
    ReceiveDateID uint
    ReceiveDate   ReceiveDate
    FormTime      time.Time `gorm:"type:timestamp with time zone"
json:"form_time"`
    ToTime        time.Time `gorm:"type:timestamp with time zone"
json:"to_time"`
}
```

```go
type ReceiveDate struct {
    gorm.Model
    Item string `gorm:"type:varchar" json:"item"`
}

// admin_model.go
package model

import (
    "database/sql"

    "github.com/jinzhu/gorm"
)

// 账户表结构的定义
type Admin struct {
    gorm.Model
    AccountID       uint
    AccountBalance  sql.NullFloat64
    ExchangesNumber int `gorm:"type:integer" json:"exchanges_number"`
    CouponsNumber   int `gorm:"type:integer" json:"coupons_number"`
    Exchanges       []Exchange
    Coupons         []Coupon
}

//exchange_model.go
package model

import (
    "database/sql"
    "time"

    "github.com/jinzhu/gorm"
)
// 兑换券表结构的定义
type Exchange struct {
    gorm.Model
    Name     string   `gorm:"type:varchar" json:"name"`
    ZeroTime time.Time `gorm:"type:timestamp with time zone" json:"zero_time"`
    EndTime  time.Time `gorm:"type:timestamp with time zone" json:"end_time"`
    Price    sql.NullFloat64
}

// coupons_model.go
package model

import (
    "github.com/jinzhu/gorm"
)
// 优惠券表结构的定义
type Coupon struct {
    gorm.Model
    Exchange
    Token string `gorm:"type:varchar" json:"token"`
}
```

```go
// level_model.go
package model

import "github.com/jinzhu/gorm"

// 用户消费等级表结构的定义
type Level struct {
    gorm.Model
    Name      string `gorm:"type:varchar" json:"name"`
    ZeroValue int    `gorm:"type:integer" json:"zero_value"`
    EndValue  int    `gorm:"type:integer" json:"end_value"`
    Privilege string `gorm:"type:varchar" json:"privilege"`
    Validity  string `gorm:"type:varchar" json:"validity"`
}
```

可以看到，越是功能复杂的项目涉及的实体越多，涉及的表结构也就越复杂，字段也越多。

总结一下，上文我们是如何抽象出数据库模型的？

（1）根据设计稿（产品界面）抽象出各种实体，比如活动、产品。

（2）根据设计稿（产品界面）抽象出实体的各种字段，比如活动的时间、产品的价格等，这些字段就构成了实体的属性。

（3）根据上述两步的处理来定义模型。

10.2.3　代码开发

在前文的模型定义中使用到了 ORM 技术，也就是将结构体映射成数据库的数据表，使用到的库是 GORM。

模型设计中数据库的数据表设计完备之后，后续的工作就是进行相应的操作：查询记录、删除记录、更改记录、新增记录等，即常说的 CURD。

1. 原生的数据库操作

内置库 database/sql 提供了标准的 API，开发者可以根据定义的 API 来开发相应的数据库驱动。用法大同小异，主要包括这些操作：创建连接（连接数据库）、进行增删改查、事务等操作。

要使用内置库，开发者需要在代码中嵌入 SQL 语句。

具体示例如下：

```sql
// 数据表的结构
CREATE TABLE `wechat_persons` (
  `id` int(10) unsigned NOT NULL AUTO_INCREMENT,
  `created_at` timestamp NULL DEFAULT NULL,
  `updated_at` timestamp NULL DEFAULT NULL,
  `deleted_at` timestamp NULL DEFAULT NULL,
  `avatar` varchar(255) DEFAULT NULL,
  `nick_name` varchar(10) DEFAULT NULL,
  `account_string` varchar(15) DEFAULT NULL,
  `account_qr` varchar(255) DEFAULT NULL,
```

```
    `gender` int(11) DEFAULT NULL,
    `location` varchar(255) DEFAULT NULL,
    `signal_person` varchar(64) DEFAULT NULL,
    PRIMARY KEY (`id`),
    KEY `idx_wechat_persons_deleted_at` (`deleted_at`)
) ENGINE=InnoDB DEFAULT CHARSET=utf8 COLLATE=utf8mb4_0900_ai_ci;
```

根据数据表的结构定义相应的结构体，原生库不支持转换关系，即创建数据表、数据表的定义、数据库的定义都需要开发者编写相应的语句来完成。后续的 ORM 只需要定义相应的结构体即可，大大精简了开发的流程，提升了速率。

```go
package model

import "time"

type Base struct {
    ID        uint
    CreatedAt time.Time
    UpdatedAt time.Time
    DeletedAt *time.Time
}
// 定义人的属性
type Person struct {
    Base
    Avatar        string
    NickName      string
    AccountString string
    AccountQR     string
    Gender        int
    Location      string
    Signal        string
    Addresses     []Address
    Receipts      []Receipt
}

// 表的名称
func (Person) TableName() string {
    return "wechat_persons"
}

// 序列化结构体
type PersonSerializer struct {
    ID            uint      `json:"id"`
    CreatedAt     time.Time `json:"created_at"`
    UpdatedAt     time.Time `json:"updated_at"`
    Avatar        string    `json:"avatar"`
    NickName      string    `json:"nick_name"`
    AccountString string    `json:"account_string"`
    Gender        string    `json:"gender"`
    Location      string    `json:"location"`
    Signal        string    `json:"signal"`
}
```

```go
// 序列化函数
func (p Person) JSONSerializer() PersonSerializer {
    genderString := func(gender int) string {
        if gender == 0 {
            return "男"
        }
        return "女"
    }
    return PersonSerializer{
        ID:            p.ID,
        CreatedAt:     p.CreatedAt.Truncate(time.Hour),
        UpdatedAt:     p.UpdatedAt.Truncate(time.Second),
        Avatar:        p.Avatar,
        NickName:      p.NickName,
        AccountString: p.AccountString,
        Gender:        genderString(p.Gender),
        Location:      p.Location,
        Signal:        p.Signal,
    }
}
```

创建连接对象，只有连接数据库之后才可以进行数据库的相应操作。

注　意
相应的第三方库若没有存储在本地，则需要先使用 go get 获取到本地。

```go
package main

import (
    "database/sql"
    "encoding/json"
    "fmt"
    "github.com/wuxiaoxiaoshen/GopherBook/chapter10/Orm/origin_example/model"
    "log"
    "math/rand"
    "net/http"
    "strconv"
    "time"

    "github.com/go-sql-driver/mysql"
)

var db *sql.DB
var err error

func init() {
    var config mysql.Config
    config = mysql.Config{
        User:   "root",
        Passwd: "admin123",
        DBName: "person",
        Net:    "tcp",
        Addr:   "127.0.0.1:3306",
```

```
        ParseTime: true,
    }
    dsn := config.FormatDSN()
    originURL := "root:admin123@/person?charset=utf8&parseTime=true&loc=Local"
    fmt.Println(dsn, originURL)

    db, err = sql.Open("mysql", originURL)
    if err != nil {
        fmt.Println(err)
        return
    }
}
```

本地启动数据库的方式可以从官方网站下载 MySQL 及其相应的驱动，也可以使用容器的方式，推荐使用 Docker 启动相应的数据库服务。既可以直接使用 Docker 命令来启动，又可以使用 docker-compose 编排来启动。下面启动一个 MySQL 容器，创建用户名为 root、密码为 admin123 的账户，数据库的名称为 person，可以看出前文的连接配置中的信息和下面设置的一致。

```
// 在 docker-compose.yml 文件目录下执行命令，容器在后台启动

docker-compose up -d

// docker-compose
version: "3"

services:
  mysql:
    image: mysql:latest
    container_name: localMySQL
    volumes:
      - $PWD/mysql-data:/var/lib/mysql
    expose:
      - 3306
    ports:
      - 3306:3306
    environment:
      - MYSQL_ROOT_PASSWORD=admin123
      - MYSQL_DATABASE=person
      - MYSQL_USER=root
```

创建连接对象之后，可以直接调用数据库对象相应的方法，主要用法如图 10-23 所示。

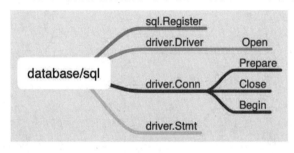

图 10-23　调用数据库对象相应的方法

要使用内置 database/sql 库，在代码中则需要嵌入 SQL 语句，比如删除数据表的命令。

```
// SQL 语句
DELETE FROM tableName;

func deleteTable() {
    stmt, _ := db.Prepare("DELETE  from  wechat_persons")
    stmt.Exec()

}
```

随机准备 10 条记录并插入数据库中：

```
// SQL 语句
INSERT INTO tableName (field1, field2...) VALUES ( value1, value2...);
func records() []model.Person {
    rand.Seed(time.Now().UnixNano())
    var result []model.Person
    for i := 0; i < 10; i++ {
        one := model.Person{
            Base: model.Base{
                ID:        uint(rand.Int31()),
                CreatedAt: time.Now(),
                UpdatedAt: time.Now(),
            },
            Avatar:        "https://images.pexels.com/photos/2326961/
pexels-photo-2326961.jpeg?auto=format%2Ccompress&cs=tinysrgb&dpr=1&w=500",
            NickName:      fmt.Sprintf("%d", uint(rand.Int31())),
            AccountString: strconv.Itoa(int(rand.Int31n(100000))),
            Gender:        1,
            Location:      fmt.Sprintf("北京: %d", uint(rand.Int31n(100000))),
            Signal:        fmt.Sprintf("走自己的路，让别人去说吧: %d",
uint(rand.Int31n(100))),
        }
        result = append(result, one)
    }
    return result
}

func insert() {
    for _, i := range records() {
        _, err := db.Exec("INSERT INTO wechat_persons (id, created_at,
updated_at, avatar, nick_name, account_string, gender,location,signal_person )
values ( ?,?,?,?,?,?,?,?,? )",
            i.ID, i.CreatedAt, i.UpdatedAt, i.Avatar, i.NickName,
i.AccountString, i.Gender, i.Location, i.Signal)
        if err != nil {
            log.Println(err)
            return
        }

    }
}
```

查询数据库记录，再将数据加载到对应的结构体内，调用结构体的序列化方法 JSONSerializer：

```
// SQL 语句
SELECT field1, field2 ... FROM tableName;

func query() []model.PersonSerializer {
    var (
        result []model.PersonSerializer
    )
    rows, err := db.Query("SELECT id, created_at, updated_at, avatar, nick_name,
account_string, gender, location, signal_person FROM wechat_persons")
    if err != nil {
        log.Println(err)
        return result
    }
    for rows.Next() {
        var one model.Person
        err := rows.Scan(&one.ID, &one.CreatedAt, &one.UpdatedAt, &one.Avatar,
&one.NickName, &one.AccountString, &one.Gender, &one.Location, &one.Signal)
        if err != nil {
            break
        }
        result = append(result, one.JSONSerializer())
    }
    return result
}
```

将数据的交互以 API 的形式供前端或者客户端相应的开发人员调用：

```
func apiGet(writer http.ResponseWriter, request *http.Request) {
    var result []model.PersonSerializer
    result = query()
    var values = make(map[string]interface{})
    values["data"] = result
    //writer.Write(Json(values))
    json.NewEncoder(writer).Encode(values)
}

func apiPatch(writer http.ResponseWriter, request *http.Request) {
    var result = make(map[string]interface{})
    request.Header.Add("content-type", "application/json")
    if request.Method != http.MethodPatch {
        result["code"] = http.StatusBadRequest
        result["detail"] = fmt.Sprintf("method is not allow")
        json.NewEncoder(writer).Encode(Json(result))
        return
    }
    request.ParseForm()

    id := request.FormValue("id")
    nickName := request.PostFormValue("nick_name")
    location := request.PostFormValue("location")
    log.Println(id, nickName, location)
```

```go
        row := db.QueryRow("SELECT id, nick_name, location FROM wechat_persons
where id = ?", id)
        var person model.Person
        err := row.Scan(&person.ID, &person.NickName, &person.Location)
        if err != nil {
            fmt.Println(err)
            return
        }

        if id == strconv.Itoa(int(person.ID)) && nickName != "" && location != "" {

            stmt, err := db.Prepare("UPDATE wechat_persons set nick_name = ? ,
location = ?, updated_at = ? where id = ?")
            if err != nil {
                log.Println(err)
                json.NewEncoder(writer).Encode(Json(result))
                return
            }
            _, err = stmt.Exec(nickName, location, time.Now(), id)
            row := db.QueryRow("SELECT id, created_at, updated_at, avatar, nick_name,
account_string,gender, location, signal_person FROM wechat_persons  where id = ?",
id)
            var one model.Person
            err = row.Scan(&one.ID, &one.CreatedAt, &one.UpdatedAt, &one.Avatar,
&one.NickName, &one.AccountString, &one.Gender, &one.Location, &one.Signal)
            if err != nil {
                log.Println(err)
                json.NewEncoder(writer).Encode(Json(result))
                return
            }

            result["data"] = one.JSONSerializer()
            result["code"] = http.StatusOK
            json.NewEncoder(writer).Encode(result)
            return
        }
    }

    func Json(value map[string]interface{}) []byte {
        content, _ := json.Marshal(value)
        return content
    }
```

启动 Web 服务：

```go
func main() {
    http.HandleFunc("/", apiGet)
    http.HandleFunc("/person", apiPatch)
    log.Fatal(http.ListenAndServe(":8080", nil))

}
```

调用 API 的形式：使用前文介绍的 API 调用工具 Curl、HTTPie 和 Postman 中的一种。

```
http http://localhost:8080
```

```
HTTP/1.1 200 OK
Content-Type: text/plain; charset=utf-8
Date: Sat, 08 Jun 2019 04:54:12 GMT
Transfer-Encoding: chunked

{
    "data": [
        {
            "account_string": "16348",
            "avatar": "https://images.pexels.com/photos/2326961/
pexels-photo-2326961.jpeg?auto=format%2Ccompress&cs=tinysrgb&dpr=1&w=500",
            "created_at": "2019-06-06T18:00:00+08:00",
            "gender": "女",
            "id": 250770615,
            "location": "上海",
            "nick_name": "xieweiwei",
            "signal": "走自己的路，让别人去说吧：48",
            "updated_at": "2019-06-06T19:21:16+08:00"
        },
                // 省略 8 条记录
        {
            "account_string": "81028",
            "avatar": "https://images.pexels.com/photos/2326961/
pexels-photo-2326961.jpeg?auto=format%2Ccompress&cs=tinysrgb&dpr=1&w=500",
            "created_at": "2019-06-06T18:00:00+08:00",
            "gender": "女",
            "id": 1823960809,
            "location": "北京：88257",
            "nick_name": "1612472921",
            "signal": "走自己的路，让别人去说吧：79",
            "updated_at": "2019-06-06T18:47:03+08:00"
        }
    ]
}
```

更新 ID 为 250770615 的记录中的 location 和 nick_name 字段。

```
http --form patch http://localhost:8080/person\?id\=250770615 nick_name=佩奇
location=北京
```

```
HTTP/1.1 200 OK
Content-Length: 392
Content-Type: text/plain; charset=utf-8
Date: Sat, 08 Jun 2019 05:15:50 GMT

{
    "code": 200,
    "data": {
        "account_string": "16348",
        "avatar": "https://images.pexels.com/photos/2326961/
pexels-photo-2326961.jpeg?auto=format%2Ccompress&cs=tinysrgb&dpr=1&w=500",
        "created_at": "2019-06-06T18:00:00+08:00",
        "gender": "女",
```

```
    "id": 250770615,
    "location": "北京",
    "nick_name": "佩奇",
    "signal": "走自己的路，让别人去说吧：48",
    "updated_at": "2019-06-08T13:15:51+08:00"
  }
}
```

注　意

记录的 ID 是随机生成的，因此读者使用时看到的记录会略有不同。

总结：前文使用内置的 database/sql 库和内置的 net/http 库构建了两个 API，一个获取数据库内的记录；另一个更新数据库指定的记录，响应的结果以 JSON 的形式展现出来。

构建 RESTful API 风格的 API，主要有下面几个要点：

- 路由设计：访问什么路径，获取什么样的资源，比如前文仅操作了person数据表，不能操作其他的数据表。
- 状态码、错误码：访问API会出现错误，这时需要显示状态码和错误码，方便及时定位问题。
- 响应信息：JSON是一种非常流行的数据交换格式，以JSON来展现，无论是对Web端还是客户端都比较友好，企业级的API开发也多采用JSON作为数据交换的格式。

使用内置库是可以完成任务，但没有让开发者把工作重心放在迭代开发核心逻辑上，比如让开发者的工作中充斥着 SQL 语句，解析请求参数，因而需要编写很多代码，进行多次的逻辑判断。

基于此，企业内多使用 Web 框架和 ORM 技术，让开发者聚焦于逻辑业务层面的开发，从而能够既正确又快速地完成开发任务。

2. ORM 技术

ORM 用于在结构体对象和数据库表之间进行相应的映射，这样开发者只需要操作结构体对象即可完成和数据库内记录之间的映射，因而精简了开发代码。

ORM 技术主要分为以下几种操作：

（1）连接数据库对象。

（2）结构体定义，完成对数据库中数据表的映射。

（3）数据表的操作：数据表的创建、删除、以及判断数据表是否存在等。

（4）记录的操作：增删改查、索引等。

开源社区比较流行的两个第三方库是 GORM 和 XORM。开发者使用前需要使用 go get 命令下载相应的库至本地。

下面通过同一个示例来对比使用两个库的异同：

（1）XORM模型定义（https://github.com/go-xorm/xorm）

```
package model
import "time"
```

```go
type Base struct {
    ID          uint        `xorm:"pk 'id'"`
    CreatedAt   time.Time   `xorm:"created"`
    UpdatedAt   time.Time   `xorm:"updated"`
    DeletedAt   *time.Time  `xorm:"deleted index"`
}
type Person struct {
    Base                    `xorm:"extends"`
    Avatar          string `xorm:"varchar(255)" json:"avatar"`
    NickName        string `xorm:"varchar(10)" json:"nick_name"`
    AccountString   string `xorm:" varchar(15)" json:"account_string"`
    AccountQR       string `xorm:" varchar(255)" json:"account_qr"`
    Gender          int    `xorm:" integer" json:"gender"`
    Location        string `xorm:" varchar(255)" json:"location"`
    Signal          string `xorm:" varchar(64)" json:"signal"`
    Addresses       []Address
    Receipts        []Receipt
}

func (Person) TableName() string {
    return "wechat_persons"
}
```

创建连接，同步数据库表：

```go
package main

import (
    "fmt"
    "github.com/wuxiaoxiaoshen/GopherBook/chapter10/Orm/xorm_example/model"
    "log"

    _ "github.com/go-sql-driver/mysql"
    "github.com/go-xorm/xorm"
    "xorm.io/core"
)

var engine *xorm.Engine

func init() {
    var err error
    engine, err = xorm.NewEngine("mysql", "root:admin123@/xorm_example?charset= utf8")
    if err != nil {
        log.Println(err)
        panic("mysql connect fail")
    }
    tbMapper := core.NewPrefixMapper(core.SnakeMapper{}, "wechat_")
    engine.SetTableMapper(tbMapper)
    engine.Logger().SetLevel(core.LOG_WARNING)
    dropTable()
    syncTable()

}
func dropTable() {
```

```
        engine.DropTables(&model.Receipt{})
    }
    func syncTable() {
        engine.Sync2(new(model.Person))
    }

    func main() {
        tables, err := engine.DBMetas()
        if err != nil {
            fmt.Println(err)
            return
        }
        for _, i := range tables {
            fmt.Println(i)
        }
    }
```

查询数据库：只操作结构体，数据库内就存在相应的数据表。

```
>> mysql -u root -p

>> show database;
+--------------------+
| Database           |
+--------------------+
| gorm_example       |
| information_schema |
| mysql              |
| performance_schema |
| person             |
| person2            |
| sys                |
| xorm_example       |
+--------------------+
8 rows in set (0.00 sec)

>> use xorm_example;
>> show tables;
+-----------------------+
| Tables_in_xorm_example |
+-----------------------+
| wechat_persons        |
+-----------------------+
1 row in set (0.00 sec)
>> describe wechat_persons;
+----------------+--------------+------+-----+---------+-------+
| Field          | Type         | Null | Key | Default | Extra |
+----------------+--------------+------+-----+---------+-------+
| id             | int(11)      | NO   | PRI | NULL    |       |
| created_at     | datetime     | YES  |     | NULL    |       |
| updated_at     | datetime     | YES  |     | NULL    |       |
| deleted_at     | datetime     | YES  | MUL | NULL    |       |
| avatar         | varchar(255) | YES  |     | NULL    |       |
| nick_name      | varchar(10)  | YES  |     | NULL    |       |
```

```
| account_string | varchar(15)  | YES  |   | NULL  |   |
| account_q_r    | varchar(255) | YES  |   | NULL  |   |
| gender         | int(11)      | YES  |   | NULL  |   |
| location       | varchar(255) | YES  |   | NULL  |   |
| signal         | varchar(64)  | YES  |   | NULL  |   |
| addresses      | text         | YES  |   | NULL  |   |
| receipts       | text         | YES  |   | NULL  |   |
+----------------+--------------+------+-----+---------+-------+
13 rows in set (0.01 sec)
```

（2）GORM模型定义（https://github.com/jinzhu/gorm）

```go
package model

import (
    "github.com/jinzhu/gorm"
)

type Person struct {
    gorm.Model
    Avatar        string `gorm:"type:varchar(255)" json:"avatar"`
    NickName      string `gorm:"type:varchar(10)" json:"nick_name"`
    AccountString string `gorm:"type:varchar(15)" json:"account_string"`
    AccountQR     string `gorm:"type:varchar(255)" json:"account_qr"`
    Gender        int    `gorm:"type:integer" json:"gender"`
    Location      string `gorm:"type:varchar(255)" json:"location"`
    Signal        string `gorm:"type:varchar(64)" json:"signal"`
    Addresses     []Address
    Receipts      []Receipt
}

func (Person) TableName() string {
    return "wechat_persons"
}
```

创建数据库连接，同步数据库的数据表：

```go
package main

import (
    "github.com/wuxiaoxiaoshen/GopherBook/chapter10/Orm/gorm_example/model"
    "log"

    "github.com/jinzhu/gorm"
    _ "github.com/jinzhu/gorm/dialects/mysql"
)

var engine *gorm.DB

func init() {
    var err error
    engine, err = gorm.Open("mysql", "root:admin123@/gorm_example?charset=utf8&parseTime=True&loc=Local")
    if err != nil {
        log.Print(err)
        panic("gorm connect to mysql failed")
```

```
    }
    engine.LogMode(true)
    syncTables()
    defer engine.Close()
}

func syncTables() {
    engine.DropTableIfExists(
        &model.Person{},
    )
    engine.AutoMigrate(
        &model.Person{},
    )
}

func main() {

}
```

查询数据库：

```
>>mysql -u root -p

>>show databases;
+--------------------+
| Database           |
+--------------------+
| gorm_example       |
| information_schema |
| mysql              |
| performance_schema |
| person             |
| person2            |
| sys                |
| xorm_example       |
+--------------------+
8 rows in set (0.00 sec)

>> use gorm_example;
>> show tables;

+-----------------------+
| Tables_in_gorm_example |
+-----------------------+
| wechat_persons        |
+-----------------------+
1 row in set (0.01 sec)

>> show create table wechat_persons\G
*************************** 1. row ***************************
       Table: wechat_persons
Create Table: CREATE TABLE `wechat_persons` (
    `id` int(10) unsigned NOT NULL AUTO_INCREMENT,
    `created_at` timestamp NULL DEFAULT NULL,
    `updated_at` timestamp NULL DEFAULT NULL,
    `deleted_at` timestamp NULL DEFAULT NULL,
```

```
    `avatar` varchar(255) DEFAULT NULL,
    `nick_name` varchar(10) DEFAULT NULL,
    `account_string` varchar(15) DEFAULT NULL,
    `account_qr` varchar(255) DEFAULT NULL,
    `gender` int(11) DEFAULT NULL,
    `location` varchar(255) DEFAULT NULL,
    `signal` varchar(64) DEFAULT NULL,
    PRIMARY KEY (`id`),
    KEY `idx_wechat_persons_deleted_at` (`deleted_at`)
) ENGINE=InnoDB DEFAULT CHARSET=utf8mb4 COLLATE=utf8mb4_0900_ai_ci
1 row in set (0.04 sec)

>> show columns from wechat_persons;
```

Field	Type	Null	Key	Default	Extra
id	int(10) unsigned	NO	PRI	NULL	auto_increment
created_at	timestamp	YES		NULL	
updated_at	timestamp	YES		NULL	
deleted_at	timestamp	YES	MUL	NULL	
avatar	varchar(255)	YES		NULL	
nick_name	varchar(10)	YES		NULL	
account_string	varchar(15)	YES		NULL	
account_qr	varchar(255)	YES		NULL	
gender	int(11)	YES		NULL	
location	varchar(255)	YES		NULL	
signal	varchar(64)	YES		NULL	

```
11 rows in set (0.01 sec)
```

可以看出，ORM 可以让开发者专注于业务逻辑的开发，而不是编写烦琐的 SQL 语句。当然，这两个第三方库都支持 SQL 语句的命令，那么开发者也就可以不用学习 SQL 语句，至少在业务代码内不应该包含过多的 SQL 语句。

两者将结构体映射成数据库的数据表都是从结构体的 Tag 入手，Tag 内可以定义字段的类型、列的名称、索引、多对多关系等。两者的 Tag 语法稍有不同，从语义角度分析，GORM 更加清晰。

如何进行选择呢？

（1）是否支持用户使用的数据库类型。

（2）从社区活跃度的角度考虑，避免开发过程中遇到过多的问题。

3. Web 框架

内置库 net/http 可以构建 Web 服务，但是存在以下几个问题：

（1）对参数的处理比较复杂。

（2）对路由的设计不够简便。比如前文的 API 需要编写诸多的代码来请求参数。

对于企业级项目，如果现有的框架不能满足需求，那么可以自己开发 Web 框架。而主流的第三方 Web 框架部分用于处理性能问题，部分用于处理路由层面的设计。

常见的 Web 框架有：

- Gin（https://github.com/gin-gonic/gin）：性能较好，处理请求参数也比较便捷。
- Echo（https://github.com/labstack/echo）：性能较好，和Gin的用法差不多。
- Iris（https://github.com/kataras/iris）：目前性能较好的框架，完备的MVC。
- Beego（https://github.com/astaxie/beego）：高性能Web框架。
- Go-Restful（https://github.com/emicklei/go-restful）：快速构建Restful风格的框架。

当然，还有很多框架，我们主要推荐以上这几款，它们在性能、请求参数、路由层面都具有优雅的设计。

下文使用 Iris 框架并对爱鲜蜂这款产品进行具有 RESTful API 接口的后台开发。

10.2.4　项目组织结构

为了提高系统的可扩展性，项目必须具备良好的项目组织结构，整个项目组织结构也是在需求开发的过程中不断进行微调的，以满足不断变化的需求。Web框架一般采用标准的MVC架构，即 Model（模型层）、View（视图层）、Controller（控制层）。

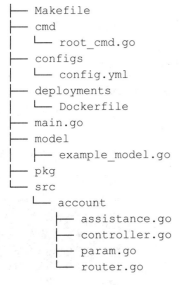

```
├── Makefile
├── cmd
│   └── root_cmd.go
├── configs
│   └── config.yml
├── deployments
│   └── Dockerfile
├── main.go
├── model
│   ├── example_model.go
├── pkg
└── src
    └── account
        ├── assistance.go
        ├── controller.go
        ├── param.go
        └── router.go
```

各个文件的功能说明如下：

- Makefile：项目构建，提供简易的命令（类UNIX操作系统的支持）。
- cmd：命令行工具，包括数据库中数据表的创建、迁移、数据导入等。
- configs：项目的配置文件，包括数据库的配置文件等。
- deployments：容器相关的文件。
- main.go：项目主入口。
- model：模型文件。
- pkg：项目的使用库。
- src：项目的核心逻辑。
    - account：产品实体的抽象。

- assistance.go：辅助函数。
- controller.go：控制器的核心处理。
- param.go：请求参数。
- router.go：路由。

1. 设计稿和需求文档

这一步的目的明确我们需要做什么，可能需要反复和产品经理磨合，确保我们理解的需求和产品经理的一致，从而减少后期的修改，甚至是推倒重做。

当然，阅读此书的读者绝大多数可能并没有接触过企业中的项目开发，更别说查看设计师的设计稿、产品经理的需求文档。是不是没有办法了？其实我们可以多关注一些已经在上线的 App，把已经上线的 App 当成是设计稿，我们的目的是从设计稿的角度分析出对象实体，进而进行模型设计和代码开发，完成最终的开发目标。

本小节就是使用已经上线的"爱鲜蜂"生鲜平台的客户端分析出对象实体，进而开发出具有 RESTful 风格的 API 接口。

2. 模型设计

模型设计是整个项目中重要的一环，模型设计简单来说就是数据库中数据表的设计，包括字段的设计、字段类型的设计、数据库中数据表名的设计等。

尽管市面上已经有各种各样的数据库，包括关系型数据库、基于键值对的数据库、基于文档的数据库等，但关系型数据库仍然是首选。一方面，关系型数据库诸如 MySQL、PostgreSQL 等都是开源免费的；另一方面，关系型数据库对数据的组织非常友好，能够满足绝大多数应用的需求，在业务量不是很大的情况下，关系型数据库完全足够满足需求。

然而，关系型数据库使用的前提是数据库数据表的设计，优秀的数据表设计有利于数据的存储、完成开发目的以及面对多变的需求能够很好地进行扩展。

如何进行模型设计呢？

模型设计的重点在于数据表的设计，数据表的设计包括两个方面：表名的设计、表中字段及字段类型的设计。模型是对实体的抽象，意味着设计数据表的结构首先需要明确实体是什么。如何知道这些实体？从设计图、需求文档中了解。

表名的设计要统一规范：数据库+实体的形式，比如 beeQuick_account。

下面参照已经成型的"爱鲜蜂"App 产品反推出模型设计。

（1）主页

主页如图 10-24 所示。

主页的逻辑是：选中某家店，加载出对应店的活动以及相应的商品。本质上活动是为了销售出商品，所以主页相关的实体是店铺和活动。

图 10-24　爱鲜蜂主页

店铺涉及具体的地址，涉及的实体是省市区和具体的街道地址。

主页的模型设计如下:

```go
// base_model.go
// 主键和时间的字段，每个数据表都需要，单独提取出一个结构体来
type base struct {
    ID          uint        `xorm:"pk autoincr notnull 'id'" json:"id"`
    CreatedAt   time.Time   `xorm:"created" json:"created_at"`
    UpdatedAt   time.Time   `xorm:"updated" json:"updated_at"`
    DeletedAt   time.Time   `xorm:"deleted" json:"deleted_at"`
}

// shop_model.go
// 商店模型设计
type Shop struct {
    base                    `xorm:"extends"`
    Location    string      `xorm:"varchar(255)" json:"location"`
    ProvinceId  int64       `xorm:"index"`
    Province    Province    `xorm:"-" json:"-"`
    Name        string      `xorm:"varchar(64)"`
}

// 商店名称
func (c Shop) TableName() string {
    return "beeQuick_shop"
}

type ShopSerializer struct {
    Id          int64               `json:"id"`
    CreatedAt   time.Time           `json:"created_at"`
    UpdatedAt   time.Time           `json:"updated_at"`
    ProvinceId  int64               `json:"province_id"`
    Province    ProvinceSerializer  `json:"province"`
    Name        string              `json:"name"`
    Location    string              `json:"location"`
}

func (c Shop) Serializer() ShopSerializer {
    return ShopSerializer{
        Id:         int64(c.ID),
        CreatedAt:  c.CreatedAt.Truncate(time.Second),
        UpdatedAt:  c.UpdatedAt.Truncate(time.Second),
        Province:   c.Province.Serializer(),
        ProvinceId: c.ProvinceId,
        Name:       c.Name,
        Location:   c.Location,
    }
}
```

每个模型单独编写一个序列化的结构体，用于前端或者客户端调用接口呈现出的字段。

```go
// province_model.go
// 省市区的数据表结构
type Province struct {
    base            `xorm:"extends"`
```

```go
    Name        string `xorm:"varchar(10)" json:"name"`
    AdCode      string `xorm:"varchar(10)" json:"ad_code"`
    CityCode    string `xorm:"varchar(6)" json:"city_code"`
    Center      string `xorm:"varchar(32)" json:"center"`
    Level       string `xorm:"varchar(10)" json:"level"`
}

func (p Province) TableName() string {
    return "beeQuick_province"
}

type ProvinceSerializer struct {
    Id          int         `json:"id"`
    CreatedAt   time.Time   `json:"created_at"`
    UpdatedAt   time.Time   `json:"updated_at"`
    Name        string      `json:"name"`
    AdCode      string      `json:"ad_code"`
    CityCode    string      `json:"city_code"`
    Center      string      `json:"center"`
    Level       string      `json:"level"`
}

func (p Province) Serializer() ProvinceSerializer {
    return ProvinceSerializer{
        Id:         int(p.ID),
        CreatedAt:  p.CreatedAt.Truncate(time.Second),
        UpdatedAt:  p.UpdatedAt.Truncate(time.Second),
        Name:       p.Name,
        AdCode:     p.AdCode,
        Center:     p.Center,
        Level:      p.Level,
        CityCode:   p.CityCode,
    }
}
```

省市区的资源一旦导入数据库中就不太会变更，所以针对省市区的模型，后续的 API 一般不会有更新或者删除操作。

活动模型如下：

```go
// 活动模型
type Activity struct {
    base        `xorm:"extends"`  // 组合基础字段
    Name        string              `xorm:"varchar(32)" json:"name"`
    Title       string              `xorm:"varchar(32)" json:"title"`
    Start       time.Time           `json:"start"`
    End         time.Time           `json:"end"`
    Avatar      string              `xorm:"varchar(255)" json:"avatar"`
    ShopIds     []int               `xorm:"blob" json:"shop_ids"`
    Status      int                 `xorm:"varchar(10)"`
}
// 活动模型的表名
func (a Activity) TableName() string {
```

```go
        return "beeQuick_activity"
}
// 活动模型序列化结构体
type ActivitySerializer struct {
    Id          uint                `json:"id"`
    CreatedAt   time.Time           `json:"created_at"`
    UpdatedAt   time.Time           `json:"updated_at"`
    Name        string              `json:"name"`
    Title       string              `json:"title"`
    Start       time.Time           `json:"start"`
    End         time.Time           `json:"end"`
    Avatar      string              `json:"avatar"`
    ShopIds     []int               `json:"shop_ids"`
    Status      string              `json:"status"`
}

func (a Activity) Serializer() ActivitySerializer {
    return ActivitySerializer{
        Id:         a.ID,
        CreatedAt:  a.CreatedAt.Truncate(time.Second),
        UpdatedAt:  a.UpdatedAt.Truncate(time.Second),
        Name:       a.Name,
        Title:      a.Title,
        Start:      a.Start,
        End:        a.End,
        Avatar:     a.Avatar,
        ShopIds:    a.ShopIds,
        Status:     ActivityStatus[a.Status],
    }
}
// 提供一些状态，用于表示活动的状态
const (
    DOING = iota
    PROGRESSING
    CANCEL
    FINISH
    ADVANCE
)

var ActivityStatus = make(map[int]string)
var ActivityStatusEn = make(map[int]string)

func init() {
    ActivityStatus[DOING] = "未开始"
    ActivityStatus[PROGRESSING] = "进行中"
    ActivityStatus[CANCEL] = "取消"
    ActivityStatus[FINISH] = "结束"
    ActivityStatus[ADVANCE] = "提前"

    ActivityStatusEn[DOING] = "DOING"
    ActivityStatusEn[PROGRESSING] = "PROGRESSING"
    ActivityStatusEn[CANCEL] = "CANCEL"
```

```
        ActivityStatusEn[FINISH] = "FINISH"
        ActivityStatusEn[ADVANCE] = "ADVANCE"
    }

    // 活动和商品：多对多关系
    type Activity2Product struct {
        ProductId  int64 `xorm:"index"`
        ActivityId int64 `xorm:"index"`
    }

    func (s Activity2Product) TableName() string {
        return "beeQuick_activity2Product"
    }

    // 商铺和活动：多对多关系
    type Shop2Activity struct {
        ShopId     int64 `xorm:"index"`
        ActivityId int64 `xorm:"index"`
    }

    func (s Shop2Activity) TableName() string {
        return "beeQuick_shop2Activity"
    }
```

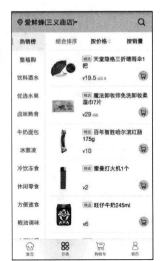

关于主页的模型，核心就是活动和店铺，其中店铺中设计省市区的一些资源，所以模型中又包括省市区实体。

可以看到，我们的做法是：

① 根据设计稿和需求列出实体包含哪些内容。
② 定义模型，模型提供一个序列化方法。

（2）分类

分类页面如图 10-25 所示。

从设计稿中可以看出，分类项主要包括分类标签（热销榜、整箱购、优选购等）和商品（名称、价格、品牌、规格、数量等）。

涉及的模型包括标签、商品、品牌、数量单位。

```
    // 商品模型
    type Product struct {
        base                        `xorm:"extends"`
        ShopId          int64       `xorm:"index"`
```

图 10-25　分类页面

```
        Name            string      `xorm:"varchar(128) 'name'" json:"name"`
        Avatar          string      `xorm:"varchar(255) 'avatar'" json:"avatar"`
        Price           float64     `xorm:"double 'price'" json:"price"`
        Discount        float64     `xorm:"double default(1) 'discount'"
json:"discount"` // 默认为 1
        Specification   string      `xorm:"varchar(128) 'specification'"
json:"specification"`
        BrandId         int64       `xorm:"index"`
        TagsId          int64       `xorm:"index"`
        Period          string      `xorm:"varchar(64)" json:"period"`
```

```go
    UnitsId         int64       `xorm:"index"`
    Units           Units       `xorm:"-"`
    Brands          Brands      `xorm:"-"`
    Shop            Shop        `xorm:"-"`
    Tags            Tags        `xorm:"-"`
}

// 商品表名称
func (p Product) TableName() string {
    return "beeQuick_products"
}

// 商品序列化
type ProductSerializer struct {
    Id              uint        `json:"id"`
    CreatedAt       time.Time   `json:"created_at"`
    UpdatedAt       time.Time   `json:"updated_at"`
    ShopId          int64       `json:"shop_id"`
    Name            string      `json:"name"`
    Avatar          string      `json:"avatar"`
    Price           float64     `json:"price"`
    DiscountPrice   float64     `json:"discount_price"`
    Period          string      `json:"period"`
    BrandId         int64       `json:"brand_id"`
    TagsId          int64       `json:"tags_id"`
    UnitsId         int64       `json:"units_id"`
    ShopName        string      `json:"shop_name"`
    UnitsName       string      `json:"units_name"`
    BrandsName      string      `json:"brands_name"`
}

func (p Product) Serializer() ProductSerializer {
    return ProductSerializer{
        Id:             p.ID,
        CreatedAt:      p.CreatedAt.Truncate(time.Second),
        UpdatedAt:      p.UpdatedAt.Truncate(time.Second),
        ShopId:         p.ShopId,
        Name:           fmt.Sprintf("%s%s/%s", p.Name, p.Specification,
p.Units.Name),
        Avatar:         p.Avatar,
        Price:          p.Price,
        DiscountPrice:  p.Price * p.Discount,
        Period:         p.Period,
        BrandId:        p.BrandId,
        TagsId:         p.TagsId,
        UnitsId:        p.UnitsId,
        ShopName:       p.Shop.Name,
        UnitsName:      p.Units.Name,
        BrandsName:     p.Brands.ChName,
    }
}

// 数量单位
```

```go
type Units struct {
    base           `xorm:"extends"`
    Name        string `xorm:"unique" json:"name"`
    EnName      string `xorm:"unique" json:"en_name"`
    ShortCode   string `xorm:"unique" json:"short_code"`
}
// 单位表名称
func (u Units) TableName() string {
    return "beeQuick_units"
}

type UnitsSerializer struct {
    Id          int64        `json:"id"`
    CreatedAt   time.Time    `json:"created_at"`
    UpdatedAt   time.Time    `json:"updated_at"`
    Name        string       `json:"name"`
    EnName      string       `json:"en_name"`
    ShortCode   string       `json:"short_code"`
}

func (u Units) Serializer() UnitsSerializer {
    return UnitsSerializer{
        Id:         int64(u.ID),
        CreatedAt:  u.CreatedAt.Truncate(time.Second),
        UpdatedAt:  u.UpdatedAt.Truncate(time.Second),
        Name:       u.Name,
        EnName:     u.EnName,
        ShortCode:  u.ShortCode,
    }
}

// 品牌表
type Brands struct {
    base `xorm:"extends"`
    ChName string `xorm:"unique" json:"ch_name"`
    EnName string `xorm:"unique" json:"en_name"`
}

// 品牌表名称
func (b Brands) TableName() string {
    return "beeQuick_brands"
}

type BrandsSerializer struct {
    Id          int64        `json:"id"`
    CreatedAt   time.Time    `json:"created_at"`
    UpdatedAt   time.Time    `json:"updated_at"`
    ChName      string       `json:"ch_name"`
    EnName      string       `json:"en_name"`
}

func (b Brands) Serializer() BrandsSerializer {
    return BrandsSerializer{
        Id:         int64(b.ID),
```

```
        CreatedAt:    b.CreatedAt,
        UpdatedAt:    b.UpdatedAt,
        ChName:       b.ChName,
        EnName:       b.EnName,
    }
}

// 分类标签模型
type Tags struct {
    base `xorm:"extends"`
    Name string `xorm:"unique" json:"name"`
}

// 分类表名称
func (t Tags) TableName() string {
    return "beeQuick_tags"
}

type TagSerializer struct {
    Id           int64        `json:"id"`
    CreatedAt    time.Time    `json:"created_at"`
    UpdatedAt    time.Time    `json:"updated_at"`
    Name         string       `json:"name"`
}

func (t Tags) Serializer() TagSerializer {
    return TagSerializer{
        Id:          int64(t.ID),
        CreatedAt:   t.CreatedAt,
        UpdatedAt:   t.UpdatedAt,
        Name:        t.Name,
    }
}

// 商铺和标签：多对多关系
type Shop2Tags struct {
    TagsId int64 `xorm:"index"`
    ShopId int64 `xorm:"index"`
}

func (s2t Shop2Tags) TableName() string {
    return "beeQuick_shop2Tags"
}

// 商品和标签：多对多关系
type Product2Tags struct {
    TagsId    int64 `xorm:"index"`
    ProductId int64 `xorm:"index"`
}

func (p2t Product2Tags) TableName() string {
    return "beeQuick_product2Tags"
}
```

基本步骤和主页的设计一致：根据设计稿和需求列出实体对象进行模型设计，得出模型关系是 1 对 1 关系、多对多关系等，通过相关记录的 id 进行维护。

（3）购物车

购物车页面如图 10-26 所示。

从设计稿可以看出，为了完成这个需求，涉及的实体包括：①配送地址和时间；②订单（商品、个数、总价、状态）。另外，只有在登录状态下才可以看到整个购物车页面。所以对资源的操作涉及登录状态和未登录状态，后续需要使用中间件的形式进行区分。

图 10-26　购物车页面

```go
const (
    // 准备状态、未付款状态、已付款状态
    READINESS = iota
    BALANCE
    PAID
)

var (
    STATUS_MAP    = make(map[int]string)
    STATUS_MAP_EN = make(map[int]string)
)

func init() {
    STATUS_MAP[READINESS] = "准备状态"
    STATUS_MAP[BALANCE] = "未付款状态"
    STATUS_MAP[PAID] = "已付款状态"
    STATUS_MAP_EN[READINESS] = "readiness"
    STATUS_MAP_EN[BALANCE] = "balance"
    STATUS_MAP_EN[PAID] = "paid"

}
// 订单表
type Order struct {
    base       `xorm:"extends"`
    ProductIds []int `xorm:"blob"`
    Status     int
    AccountId  int64
    Account    Account `xorm:"-"`
    Total      float64
}
// 订单表名称
func (o Order) TableName() string {
    return "beeQuick_order"
}

type OrderSerializer struct {
    Id        uint      `json:"id"`
    CreatedAt time.Time `json:"created_at"`
    UpdatedAt time.Time `json:"updated_at"`
```

```
    Status      string        `json:"status"`
    Phone       string        `json:"phone"`
    AccountId   uint          `json:"account_id"`
    Total       float64       `json:"total"`
    ProductIds  []int         `json:"product_ids"`
}
func (o Order) Serializer() OrderSerializer {
    return OrderSerializer{
        Id:         o.ID,
        CreatedAt:  o.CreatedAt.Truncate(time.Second),
        UpdatedAt:  o.UpdatedAt.Truncate(time.Second),
        Status:     STATUS_MAP[o.Status],
        AccountId:  o.Account.ID,
        Phone:      o.Account.Phone,
        Total:      o.Total,
        ProductIds: o.ProductIds,
    }
}
```

一个订单包含多个商品，所以是一对多的关系，使用一个数组的形式包含多个商品。

（4）个人中心

个人中心页面如图 10-27 所示。

个人中心页面的逻辑是登录之后才能看到这些内容，如果不是登录状态，就提示要先登录，涉及的实体比较多，核心是个人账户相关的内容（包括账号、优惠券、兑换券、会员体系等）。

```
const (
    MEMBER      = "会员"
    ADMIN       = "管理员"
    SUPEARADMIN = "超级管理员"
)
// 账户模型
type Account struct {
    base                        `xorm:"extends"`
    Phone         string        `xorm:"varchar(11) notnull unique 'phone'"
json:"phone"`
    Password      string        `xorm:"varchar(128)" json:"password"`
    Token         string        `xorm:"varchar(128) 'token'" json:"token"`
    Avatar        string        `xorm:"varchar(128) 'avatar'" json:"avatar"`
    Gender        string        `xorm:"varchar(1) 'gender'" json:"gender"`
    Birthday      time.Time     `json:"birthday"`

    Points        int           `json:"points"`
    VipMemberID   uint          `xorm:"index"`
    VipMember     VipMember     `xorm:"-"`
    VipTime       time.Time     `json:"vip_time"`
}
```

图 10-27　个人中心页面

```go
func (Account) TableName() string {
    return "beeQuick_account"
}

type AccountSerializer struct {
    ID          uint                    `json:"id"`
    CreatedAt   time.Time               `json:"created_at"`
    UpdatedAt   time.Time               `json:"updated_at"`
    Phone       string                  `json:"phone"`
    Password    string                  `json:"-"`
    Token       string                  `json:"token"`
    Avatar      string                  `json:"avatar"`
    Gender      string                  `json:"gender"`
    Age         int                     `json:"age"`
    Points      int                     `json:"points"`
    VipMember   VipMemberSerializer     `json:"vip_member"`
    VipTime     time.Time               `json:"vip_time"`
}

func (a Account) Serializer() AccountSerializer {
    gender := func() string {
        if a.Gender == "0" {
            return "男"
        }
        if a.Gender == "1" {
            return "女"
        }
        return a.Gender
    }

    age := func() int {
        if a.Birthday.IsZero() {
            return 0
        }
        nowYear, _, _ := time.Now().Date()
        year, _, _ := a.Birthday.Date()
        if a.Birthday.After(time.Now()) {
            return 0
        }
        return nowYear - year
    }

    return AccountSerializer{
        ID:         a.ID,
        CreatedAt:  a.CreatedAt.Truncate(time.Minute),
        UpdatedAt:  a.UpdatedAt.Truncate(time.Minute),
        Phone:      a.Phone,
        Password:   a.Password,
        Token:      a.Token,
        Avatar:     a.Avatar,
        Points:     a.Points,
        Age:        age(),
        Gender:     gender(),
```

```go
        VipTime:    a.VipTime.Truncate(time.Minute),
        VipMember: a.VipMember.Serializer(),
    }
}

type AccountGroupVip struct {
    Account    `xorm:"extends"`
    VipMember  `xorm:"extends"`
}

func (AccountGroupVip) TableName() string {
    return "beeQuick_account"
}
func (a AccountGroupVip) SerializerForGroup() AccountSerializer {
    result := a.Account.Serializer()
    result.VipMember = a.VipMember.Serializer()
    return result
}
const (
    // 兑换券、优惠券
    EXCHANGE = iota
    COUPON
)

var CouponType = make(map[int]string)

// 兑换券、优惠券
type ExchangeCoupon struct {
    base       `xorm:"extends"`
    Name       string        `xorm:"varchar(32) unique" json:"name"`
    Price      float64       `json:"price"`
    Total      float64       `json:"total"`
    Start      time.Time     `json:"start"`
    End        time.Time     `json:"end"`
    Token      string        `json:"token"`
    Type       int           `json:"type"` // 0,1 : 兑换券抵消价格，优惠券类似几折
}

func (exchange ExchangeCoupon) TableName() string {
    return "beeQuick_exchange_coupons"
}

type Account2ExchangeCoupon struct {
    AccountId          int64 `xorm:"index"`
    ExchangeCouponId   int64 `xorm:"index"`
    Status             int   `json:"status"` // 0，1，2：未使用，已使用，已过期
}

func (a2e Account2ExchangeCoupon) TableName() string {
    return "beeQuick_account2exchange_coupon"
}

const (
    // 未使用、已使用、已过期
    NEW = iota
```

```
        USED
        EXPIRE
    )

    var StatusMap = make(map[int]string)

    func init() {
        StatusMap[NEW] = "未使用"
        StatusMap[USED] = "已使用"
        StatusMap[EXPIRE] = "已过期"

        CouponType[EXCHANGE] = "兑换券"
        CouponType[COUPON] = "优惠券"
    }

    type ExchangeCouponSerializer struct {
        ID          uint        `json:"id"`
        CreatedAt   time.Time   `json:"created_at"`
        UpdatedAt   time.Time   `json:"updated_at"`
        Name        string      `json:"name"`
        Price       float64     `json:"price"`
        Total       float64     `json:"total"`
        Start       string      `json:"start"`   // 格式: 2006/01/02
        End         string      `json:"end"`     // 格式: 2006/01/02
        Status      string      `json:"status"`
        Type        string      `json:"type"`
    }

    func (exchange ExchangeCoupon) Serializer(status string)
ExchangeCouponSerializer {
        return ExchangeCouponSerializer{
            ID:         exchange.ID,
            CreatedAt:  exchange.CreatedAt.Truncate(time.Second),
            UpdatedAt:  exchange.UpdatedAt.Truncate(time.Second),
            Name:       exchange.Name,
            Price:      exchange.Price,
            Total:      exchange.Total,
            Start:      exchange.Start.Format("2006-01-02 15:04:05"),
            End:        exchange.End.Format("2006-01-02 15:04:05"),
            Status:     status,
            Type:       CouponType[exchange.Type],
        }
    }

    // 会员规则
    type RuleForExchangeOrCoupon struct {
        base        `xorm:"extends"`
        Question string `xorm:"unique"`
        Answer   string
        Type     int
    }

    func (RuleForExchangeOrCoupon) TableName() string {
        return "beeQuick_rule_coupon"
```

```go
}

type RuleForExchangeOrCouponSerializer struct {
    Id          uint        `json:"id"`
    CreatedAt   time.Time   `json:"created_at"`
    UpdatedAt   time.Time   `json:"updated_at"`
    Question    string      `json:"question"`
    Answer      string      `json:"answer"`
    Type        string      `json:"type"`
}

func (r RuleForExchangeOrCoupon) Serializer() RuleForExchangeOrCouponSerializer {
    return RuleForExchangeOrCouponSerializer{
        Id:         r.ID,
        CreatedAt:  r.CreatedAt.Truncate(time.Second),
        UpdatedAt:  r.UpdatedAt.Truncate(time.Second),
        Question:   r.Question,
        Answer:     r.Answer,
        Type:       CouponType[r.Type],
    }
}

const (
    V0 = iota
    V1
    V2
    V3
    V4
)

var validity = make(map[int]struct {
    Time    int
    Comment int
})

func init() {
    validity[V0] = struct {
        Time    int
        Comment int
    }{Time: 0, Comment: 0}

    validity[V1] = struct {
        Time    int
        Comment int
    }{Time: 1, Comment: 30}

    validity[V2] = struct {
        Time    int
        Comment int
    }{Time: 1, Comment: 169}

    validity[V3] = struct {
        Time    int
        Comment int
    }{Time: 1, Comment: 300}
```

```
        validity[V4] = struct {
            Time    int
            Comment int
        }{Time: 1, Comment: 500}
    }

    // 会员模型
    type VipMember struct {
        base       `xorm:"extends"`
        LevelName string `xorm:"varchar(2) notnull unique 'level_name'"
json:"level_name"`
        Start    int      `json:"start"`
        End      int      `json:"end"`
        Points   float64
        Comment string  `xorm:"varchar(128) notnull" json:"comment"`
        Period   int      `json:"period"`
        ToValue int      `json:"to_value"`
    }

    func (VipMember) TableName() string {
        return "beeQuick_vip_member"
    }

    type VipMemberSerializer struct {
        ID            uint    `json:"id"`
        LevelName    string `json:"level_name"`
        Start        int     `json:"start"`
        End          int     `json:"end"`
        Comment      string `json:"comment"`
        Period       int     `json:"period"`
        ToValue      int     `json:"to_value"`
        Points       float64 `json:"points"`
    }

    func (vip VipMember) Serializer() VipMemberSerializer {
        return VipMemberSerializer{
            ID:          vip.ID,
            LevelName:   vip.LevelName,
            Start:       vip.Start,
            End:         vip.End,
            Comment:     vip.Comment,
            Period:      vip.Period,
            ToValue:     vip.ToValue,
            Points:      vip.Points,
        }
    }

    // 默认的会员级别和相关的积分、特权
    func DefaultVipMemberRecord() []*VipMember {
        return []*VipMember{
            {
                LevelName:   strings.ToUpper("v0"),
                Start:       0,
                End:         29,
```

```
            Points:       0.5,
            Comment:      fmt.Sprintf("获取%.2f倍积分", 0.5),
            Period:       0,
            ToValue:      0,
        },
        {
            LevelName:    strings.ToUpper("v1"),
            Start:        30,
            End:          198,
            Points:       1.0,
            Comment:      fmt.Sprintf("获取%.2f倍积分", 1.0),
            Period:       1,
            ToValue:      30,
        },
        {
            LevelName:    strings.ToUpper("v2"),
            Start:        199,
            End:          498,
            Points:       1.5,
            Comment:      fmt.Sprintf("获取%.2f倍积分", 1.5),
            Period:       1,
            ToValue:      169,
        },
        {
            LevelName:    strings.ToUpper("v3"),
            Start:        499,
            End:          998,
            Points:       2.0,
            Comment:      fmt.Sprintf("获取%.2f倍积分", 2.0),
            Period:       1,
            ToValue:      300,
        },
        {
            LevelName:    strings.ToUpper("v4"),
            Start:        999,
            End:          0,
            Points:       3.0,
            Comment:      fmt.Sprintf("获取%.2f倍积分", 3.0),
            Period:       1,
            ToValue:      500,
        },
    }
}
```

当然，每个人设计的模型有可能细节上不太一致，字段也可能不同，但目标都是为了完成需求。为了更好地理解这些模型的设计方法，建议下载一个"爱鲜蜂"App，查看每个页面上存在哪些对象实体，再进行模型设计的修正，看看能不能符合要求。

4 个主要页面的模型设计都遵循了一致的方法：

- 根据设计稿抽象出实体对象，列出实体需要哪些字段。
- 模型的数据表统一使用xorm对字段和类型进行设计。

- 模型的表名称统一使用数据库+实体的方式进行命名。
- 模型统一使用一个序列化的方法，把需要暴露给调用者的字段序列化。
- 多对多关系需要维护第3张表，把id维护起来即可。

项目中的 model 层可进行模型的设计，后续需要把这些模型的定义转换成数据库中的数据表等。

3. 数据库连接

数据库选择 MySQL，使用容器启动即可，推荐使用 docker-compose 来启动。docker-compose.yml 文件内容如下：

```
version: "3"

services:
  mysql:
    image: mysql:latest
    container_name: localMySQL
    volumes:
      - $PWD/mysql-data:/var/lib/mysql
    expose:
      - 3306
    ports:
      - 3306:3306
    environment:
      - MYSQL_ROOT_PASSWORD=admin123
      - MYSQL_DATABASE=beeQuick_dev
      - MYSQL_USER=root
```

上段代码的意思是：

- 拉取最新的MySQL镜像。
- 容器启动的别名为localMySQL。
- 挂载的目录为$PWD/mysql-data:/var/lib/mysql，表示主机上当前目录的mysql-data和容器内的/var/lib/mysql一致。
- 暴露端口：3306。
- 环境变量设置：数据库的密码、数据库名称、数据库用户。

启动命令（启动之后 CONTAINER ID 值会有所不同）：

```
docker-compose up -d
// 查看
docker ps
CONTAINER ID        IMAGE            COMMAND                CREATED
STATUS              PORTS                                  NAMES
    a7115c72aa48       mysql:latest        "docker-entrypoint.s…"  2 weeks ago
Up 6 days           0.0.0.0:3306->3306/tcp, 33060/tcp         localMySQL
```

这种方式是使用以容器启动的数据库，我们也可以直接通过 MySQL 来操作数据库：

```
docker exec -it a7115c72aa48 bash
root@a7115c72aa48:/# mysql -u root -p
```

```
Enter password:
Welcome to the MySQL monitor.  Commands end with ; or \g.
Your MySQL connection id is 47
Server version: 8.0.15 MySQL Community Server - GPL

Copyright (c) 2000, 2019, Oracle and/or its affiliates. All rights reserved.

Oracle is a registered trademark of Oracle Corporation and/or its
affiliates. Other names may be trademarks of their respective
owners.

Type 'help;' or '\h' for help. Type '\c' to clear the current input statement.

mysql> show databases;
+--------------------+
| Database           |
+--------------------+
| beequick_dev       |
| gorm_example       |
| information_schema |
| mysql              |
| performance_schema |
| sys                |
| xorm_example       |
+--------------------+
9 rows in set (0.28 sec)
```

在项目中如何进行相关的连接呢？需要通过配置文件进行连接。

根据不同的场景连接不同的数据库，一般区分为生产、开发、测试环境。

```
production:
  mysql:
    db: beequick_production
    user: root
    password: admin123
  postgres:
    db: beequick_production
    user: root
    password: admin123
dev:
  mysql:
    db: beequick_dev
    user: root
    password: admin123
  postgres:
    db: beequick_production
    user: root
    password: admin123
test:
  mysql:
    db: beequick_test
    user: root
    password: admin123
```

```
        postgres:
          db: beequick_production
          user: root
          password: admin123
    configs/config.go
    package configs
    var ENV string
    // ENV 用于区分不同的环境
```

pkg/database.v1 进行数据库的连接操作:

```
    package database_v1
    import (
        "fmt"
        "github.com/go-xorm/core"
        "github.com/go-sql-driver/mysql"
        "github.com/go-xorm/xorm"
    )
    var BeeQuickDatabase *xorm.Engine
    var (
        drivenName string
        db         string
        port       string
        password   string
        user       string
        dsn        string
    )

    func init() {
        drivenName = "mysql"
        if drivenName == "mysql2" {
            config := mysql.NewConfig()
            config = &mysql.Config{
                User:   user,
                Passwd: password,
                DBName: db,
                Addr:   port,
            }
            dsn = config.FormatDSN()
        } else {
            //dsn = fmt.Sprintf("%s:%s@/%s?chartset=utf8&parseTime=
    true&loc=Local", user, password,db)
            dsn = fmt.Sprintf("root:admin123@/beequick_dev?charset=
    utf8&parseTime=true&loc=Local")
        }
    }

    func DataBaseInit() {
        var err error
        BeeQuickDatabase, err = xorm.NewEngine(drivenName, dsn)
        if err != nil {
            panic(err)
            return
```

```
    }
    BeeQuickDatabase.ShowSQL(true)
    BeeQuickDatabase.Logger()
    BeeQuickDatabase.Charset("utf8")
    BeeQuickDatabase.SetMapper(core.GonicMapper{})
    BeeQuickDatabase.SetTableMapper(core.SameMapper{})
}
```

具体的连接设置需要查看 xorm 的文档，文档地址为 https://github.com/go-xorm/xorm。

4. Iris 的简单使用

本项目选择的是 Iris Web 框架，在性能层面、参数的处理层面都非常到位，极大地精简了业务开发的流程。

构建 RESTful API 风格的 Web 项目包括 3 个要点：路由的设计、参数的处理（核对用户名和密码等）和响应的处理。

如何使用 Iris 启动项目呢？具体代码如下：

```
package main

import "github.com/kataras/iris"

func main() {
        // 默认的服务引擎
    app := iris.Default()
    // 路由：/ping
    // 控制逻辑：返回 JSON 格式的内容
    app.Get("/ping", func(ctx iris.Context) {
        ctx.JSON(iris.Map{
            "message": "pong",
        })
    })
    // listen and serve on http://0.0.0.0:8080.
    app.Run(iris.Addr(":8080"))
}
```

简易地使用 Iris 启动 Web 服务大概就是这样，当然框架提供了更为丰富的功能。

- 方法：Get、Post、Put、Patch、Delete 和 Options。
- 路径参数：直接设置类型或者自定义类型。

  ```
  /get/{id:int}
  ```

如何获取到路径中的参数？通过 iris.Context。

```
ctx.Params().GetInt("id")
```

其他的类型都提供了相应的方法。

- 路径中的请求参数：形如 ?name=value&first=1。

  ```
  /get?name=go
  ```

  ```
  ctx.URLParamDefault("name", "python")
  ctx.URLParam("name")
  ```

既可以使用默认值的形式，又可以直接获取传入的值。

- 请求参数：一般使用的HTTP方法是Post、Patch或者Put。

```
func main() {
    app := iris.Default()
    app.Post("/form_post", func(ctx iris.Context) {
    message := ctx.FormValue("message")
    nick := ctx.FormValueDefault("nick", "anonymous")

    ctx.JSON(iris.Map{
        "status": "posted",
        "message": message,
        "nick":    nick,
    })
})

    app.Run(iris.Addr(":8080"))
}

POST /post?id=1234&page=1 HTTP/1.1
Content-Type: application/x-www-form-urlencoded
name=manu&message=this_is_great
```

如上面的示例程序所述，需要把参数带入请求中以获取服务器的响应，既可以获取单个值，又可以获取默认值。

当然，也可以直接调用 ctx.ReadJSON 方法，一次性载入所有请求参数。

- 响应信息一般选择JSON作为数据交换格式，所以响应时统一使用ctx.JSON即可。

总结：本小节主要介绍了 Iris 的简单使用，Web 框架的使用需要注意如下要点：

- 如何启动服务。
- 如何根据不同的请求方法处理相应的请求参数，比如是URL中的参数还是请求体中的参数。
- 如何返回相应格式的响应。

5. 项目开发

在初步了解 Iris 之后，开始构建整个项目。根据之前整个项目结构的设计，为了方便扩展和维护，对各个项目都具有约束，都带有特定的目的，参照之前的项目结构对项目进行开发。

以命令行 cmd/root_cmd.go 的形式启动服务。

启动服务需要涉及以下内容：

- 数据库连接。
- Web服务启动。

```
var rootCMD = &cobra.Command{
    Use:   "root command",
    Short: "root command",
    Long:  "run web server",
    Run:   runRootCMD,
}
```

```go
func runRootCMD(cmd *cobra.Command, args []string) {

database_v1.DataBaseInit() // 数据库连接操作
iris.RegisterOnInterrupt(func() {
  database_v1.BeeQuickDatabase.Close()
})
app := router_v1.ApplyRouter() //  路由集合
err := app.Run(iris.Addr(":8080"), iris.WithCharset("UTF-8"))
if err != nil {
    log.Fatal(err.Error())
    }
}

func Execute() {
  if err := rootCMD.Execute(); err != nil {
    log.Println(err.Error())
    os.Exit(1)
    }
}
main.go
package main

import (
    "log"
import (
    "log"

    "github.com/wuxiaoxiaoshen/GopherBook/chapter10/BeeQuick.v1/cmd"
    "github.com/wuxiaoxiaoshen/GopherBook/chapter10/BeeQuick.v1/configs"
)

var ENV string

func main() {
    if ENV == "" {
        configs.ENV = "dev"
    } else {
        configs.ENV = ENV
    }
    log.Println("Running Web Server")
    cmd.Execute()
}
```

在开发过程中会频繁地编译、更新、迭代新版本，当然开发人员可以不断地运行 go build 命令进行编译，再运行 go run 命令启动新版本，不过这样的操作比较烦琐，企业级的项目一般使用 Makefile 来进行构建。

Makefile 是构建工具，类似于 Shell 脚本，命令格式如下：

```
<target> : <prerequisites>
[tab]  <commands>
```

- target是提供的命令。
- prerequisites表示前置条件，即执行命令之前会触发的命令。

- commands是实际需要执行的命令。

go 项目一般会频繁执行编译、启动程序的操作,所以把这些命令浓缩到 Makefile 文件中,之后只需执行 Makefile 提供的命令即可。

```
BINARY=BeeQuick

VERSION=1.0.0
BUILD=`date +%FT%T%z`
LDFLAGS=-ldflags "-X main.Env=production -s -w"
DEV_LDFLAGS=-ldflags "-X main.Env=dev"
TEST_LDFLAGS=-ldflags "-X main.Env=test"

default:
    go build -o ${BINARY} -v ${DEV_LDFLAGS} -tags=jsoniter
production:
    go build -o ${BINARY} -v ${LDFLAGS} -tags=jsoniter
dev:
    go build -o ${BINARY} -v ${DEV_LDFLAGS} -tags=jsoniter
test:
    go build -o ${BINARY} -v ${TEST_LDFLAGS} -tags=jsoniter
run:
    go run -v ${DEV_LDFLAGS} -tags=jsoniter main.go
.PHONY: default production dev test run
```

项目中有 Makefile 文件后,要执行 make、make production、make dev 等命令,就相当于将一些大段的执行命令精简为几个单词,其效果是一样的。如果执行命令时不带任何参数,那么默认执行第一个命令,即 make default。

如果使用 Makefile 构建工具,之后要启动服务只需在 Makefile 所在目录下执行 make 命令。

```
// 启动程序命令
make run
```

使用命令行工具对数据表进行迁移,即将定义的模型转换成 MySQL 数据库中具体的数据表。

```
var syncCMD = &cobra.Command{
    Use:   "sync2",
    Short: "xorm.Syn2(model)",
    Run:   sync2,
}

func sync2(cmd *cobra.Command, args []string) {
    if len(args) == 0 {
        log.Panic("You should add one argument at least")
        return
    }
    database_v1.DataBaseInit()
    if args[0] == "db" {
        for _, i := range tables() {
            if err := database_v1.BeeQuickDatabase.Sync2(i); err != nil {
                fmt.Println(err)
            }
        }
```

```
        }
        if args[0] == "vip" {
            vipMember()
        }
        if args[0] == "drop" {
            database_v1.BeeQuickDatabase.DropTables(new(model_v1.Order))
        }
    }

func tables() []interface{} {
    return []interface{}{
        new(model_v1.Account),
        new(model_v1.VipMember),
        new(model_v1.ExchangeCoupon),
        new(model_v1.Account2ExchangeCoupon),
        new(model_v1.RuleForExchangeOrCoupon),
        new(model_v1.Shop),
        new(model_v1.Province),
        new(model_v1.Activity),
        new(model_v1.Activity2Product),
        new(model_v1.Shop2Activity),
        new(model_v1.Product),
        new(model_v1.Product2Tags),
        new(model_v1.Tags),
        new(model_v1.Shop2Tags),
        new(model_v1.Brands),
        new(model_v1.Units),
        new(model_v1.Order),
    }
}

func vipMember() bool {
    if _, err := database_v1.BeeQuickDatabase.Insert(model_v1.
DefaultVipMemberRecord()); err != nil {
        return false
    }
    return true
}
```

对上面的示例代码略作解释：

- 提供了 sync2 命令，接受 db、vip、drop 三个子命令。
- db 表示对数据库中数据表的创建，核心是调用 xorm.Engine.Sync2 方法。
- vip 导入会员体系，即默认的会员 DefaultVipMemberRecord。
- drop 删除数据表结构。

```
// 修改 root_cmd.go 文件，使 sync2 成为其子命令
// 核心是使用 github.com/spf13/cobra 构建命令行工具，非常简便

func Execute() {
    rootCMD.AddCommand(syncCMD)
    if err := rootCMD.Execute(); err != nil {
        log.Println(err.Error())
```

```
            os.Exit(1)
        }
    }

    // rootCMD.AddCommand 使 syncCMD 成为其子命令
```

用于创建数据表结构的命令：

```
make default // 编译
./BeeQuick sync2 db // 创建数据表

// 创建命令日志已开启：BeeQuickDatabase.ShowSQL(true)
// 在终端可以看到类似的日志

 [xorm] [info]  2019/06/23 21:32:26.230609 [SQL] SELECT `COLUMN_NAME`,
`IS_NULLABLE`, `COLUMN_DEFAULT`, `COLUMN_TYPE`, `COLUMN_KEY`, `EXTRA`,
`COLUMN_COMMENT` FROM `INFORMATION_SCHEMA`.`COLUMNS` WHERE `TABLE_SCHEMA` = ? AND
`TABLE_NAME` = ? [beequick_dev beeQuick_tags]
 [xorm] [info]  2019/06/23 21:32:26.235318 [SQL] SELECT `INDEX_NAME`,
`NON_UNIQUE`, `COLUMN_NAME` FROM `INFORMATION_SCHEMA`.`STATISTICS` WHERE
`TABLE_SCHEMA` = ? AND `TABLE_NAME` = ? [beequick_dev beeQuick_tags]
 [xorm] [info]  2019/06/23 21:32:26.239562 [SQL] SELECT `COLUMN_NAME`,
`IS_NULLABLE`, `COLUMN_DEFAULT`, `COLUMN_TYPE`, `COLUMN_KEY`,
`EXTRA`,`COLUMN_COMMENT` FROM `INFORMATION_SCHEMA`.`COLUMNS` WHERE `TABLE_SCHEMA`
= ? AND `TABLE_NAME` = ? [beequick_dev beeQuick_units]
 [xorm] [info]  2019/06/23 21:32:26.244750 [SQL] SELECT `INDEX_NAME`,
`NON_UNIQUE`, `COLUMN_NAME` FROM `INFORMATION_SCHEMA`.`STATISTICS` WHERE
`TABLE_SCHEMA` = ? AND `TABLE_NAME` = ? [beequick_dev beeQuick_units]
 [xorm] [info]  2019/06/23 21:32:26.250876 [SQL] SELECT `COLUMN_NAME`,
`IS_NULLABLE`, `COLUMN_DEFAULT`, `COLUMN_TYPE`, `COLUMN_KEY`,
`EXTRA`,`COLUMN_COMMENT` FROM `INFORMATION_SCHEMA`.`COLUMNS` WHERE `TABLE_SCHEMA`
= ? AND `TABLE_NAME` = ? [beequick_dev beeQuick_vip_member]
 [xorm] [info]  2019/06/23 21:32:26.258744 [SQL] SELECT `INDEX_NAME`,
`NON_UNIQUE`, `COLUMN_NAME` FROM `INFORMATION_SCHEMA`.`STATISTICS` WHERE
`TABLE_SCHEMA` = ? AND `TABLE_NAME` = ? [beequick_dev beeQuick_vip_member]
```

至此，完成了数据表结构的创建等工作，剩下的便是进行核心业务逻辑的开发（内容比较多，但大体步骤一致，下面仅以资源账户 API 为例进行介绍）。

1. 路由集合

```
// pkg/router.v1/router.go

var (
    VERSION = "v0.1.0"
)

func ApplyRouter() *iris.Application {
    app := iris.Default()
    notFound(app)
    app.Handle("GET", "/", func(context iris.Context) {
        _, _ = context.JSON(iris.Map{
            "data": time.Now().Format("2006-01-02 15:04:05"),
            "code": http.StatusOK,
        })
```

```
    })

    app.Handle("GET", "/heart", func(c iris.Context) {
        c.JSON(iris.Map{
            "data": time.Now().Format("2006-01-02 15:04:05"),
            "code": http.StatusOK,
        })
    })

    v1 := app.Party("/v1")
    v1.Get("/version", func(context iris.Context) {
        context.JSON(
            iris.Map{
                "code":    http.StatusOK,
                "version": VERSION,
            },
        )
        return
    })

    app.UseGlobal(middleware.LoggerForProject)
    {

        account.Default.RegisterWithOut(app, "/v1")
        rule.Default.RegisterWithout(app, "/v1")
        province.Default.RegisterWithOut(app, "/v1")
        shop.Default.RegisterWithout(app, "/v1")
        activity.Default.Register(app, "/v1", false)
        unit.Default.Register(app, "/v1")
        brand.Default.Register(app, "/v1")
        tags.Default.Register(app, "/v1")
        product.Default.Register(app, "/v1")
    }

    app.Use(middleware.TokenForProject)
    {
        account.Default.RegisterWith(app, "/v1")
        vip_member.Default.Register(app, "/v1")
        exchange_coupons.Default.Register(app, "/v1")
        activity.Default.Register(app, "/v1", true)
        order.Default.Register(app, "/v1")
    }
    app.Logger().SetLevel("debug")
    return app
}

func notFound(app *iris.Application) {
    app.OnErrorCode(http.StatusNotFound, func(context iris.Context) {
        context.JSON(iris.Map{
            "code":   http.StatusNotFound,
            "detail": context.Request().URL.Path,
            "error":  "error found",
        })
    })
```

```
        return
    }
```

这里的逻辑是路由的集合，包括未匹配到路由（notFound）的报错信息、路由分组（app.Party）、使用中间件（app.Use）。

登录之后才能看到某些资源，因此需要对 API 的部分内容进行限制，即使用中间件的形式区分 API 的内容。

2. 中间件

```go
//pkg/middleware/middleware.go
package middleware

import (
    "net/http"
    "strings"
    "time"

    "github.com/wuxiaoxiaoshen/GopherBook/chapter10/BeeQuick.v1/model/v1"
    "github.com/wuxiaoxiaoshen/GopherBook/chapter10/BeeQuick.v1/pkg/
database.v1"
    "github.com/kataras/iris"
)

// 日志中间件
func LoggerForProject(c iris.Context) {
    c.Application().Logger().Debugf("Path: %s | IP: %s | Time: %s",
        c.Path(), c.RemoteAddr(), time.Now().Format("2006-01-02 15:04:05"))
    c.Next()
}

// 认证中间件
func TokenForProject(c iris.Context) {
    token := c.GetHeader("Authorization")
    tokenList := strings.Split(token, " ")
    if len(tokenList) != 2 || tokenList[0] != "Bearer" {
        c.JSON(iris.Map{
            "code": http.StatusNotFound,
            "err":  "Header Add Authorization: Bearer xxx",
        })
        return
    }
    realToken := tokenList[1]
    var account model_v1.Account
    if _, err := database_v1.BeeQuickDatabase.Where("token = ?",
realToken).Get(&account); err != nil {
        c.JSON(iris.Map{
            "code": http.StatusNotFound,
            "err":  err.Error(),
        })
        return
    }
    c.Values().Set("current_admin", account)
```

```
c.Values().Set("current_admin_id", account.ID)
c.Next()

}
```

对上面示例中的中间件代码略作解释：

- 日志中间件：在访问路由的过程中会打印某些日志，用于定义日志的格式。
- 认证中间件：请求的标头信息需要带上Authorization: Bearer XXX格式的字段，具体服务器端会到数据库内进行内容的匹配，确保标头信息带的认证信息在数据库中已经存在，即用户已登录。

之前已经约定过，核心业务逻辑开发的项目组织结构如下：

```
// src/account.go
├── assistance.go        // 辅助函数
├── controller.go        // 核心控制逻辑
├── param.go             // 请求参数的处理
├── response.go          // 响应信息
└── router.go            // 路由设计
```

3. router.go 设计

```
package account

import "github.com/kataras/iris"
type ControllerForAccount struct {
}

var Default = ControllerForAccount{}
func (controller ControllerForAccount) RegisterWithOut(app *iris.Application,
path string) {
    middleware := func(context iris.Context) {
        context.Next()
    }

    account := app.Party(path, middleware)
    {
        account.Post("/register", registerHandle)
        account.Post("/sign", signHandle)
    }
}

func (controller ControllerForAccount) RegisterWith(app *iris.Application,
path string) {
    middleware := func(context iris.Context) {
        context.Next()
    }

    account := app.Party(path, middleware)
    {
        account.Post("/logout", logoutHandle)
        account.Get("/account/{id:uint}", getAccountHandle)
    }
}
```

账户信息相关的 API 包括：

- 登录：把输入的用户名和密码在数据库中进行匹配，看是否存在记录/sign。
- 登出：退出信息/logout。
- 注册：使用手机号码注册新账户/register。
- 获取账户信息：/account/id。

4. controller.go（控制核心逻辑）

- 注册：/v1/register。
- 注册时的请求参数：phone、password。

```go
func registerProcessor(param RegisterParam) (model_v1.AccountGroupVip,
error) {
  var (
     account model_v1.AccountGroupVip
     errV1    error_v1.ErrorV1
  )
  if err := param.Valid().Struct(param); err != nil {
     return account, error_v1.ErrorV1{
        Code:    http.StatusBadRequest,
        Message: "param not valid",
        Detail:  "请求参数通不过检验，请检查参数",
     }
  }
  var vipMember model_v1.VipMember

  if _, dbErr := database_v1.BeeQuickDatabase.Where("level_name = ?",
strings.ToUpper("v0")).Get(&vipMember); dbErr != nil {
     return account, error_v1.ErrorV1{
     Code:    http.StatusBadRequest,
     Message: dbErr.Error(),
     Detail:  "会员等级未存在",
     }
  }
  account.VipMember = vipMember

  hashPassword, _ := generateFromPassword(param.Password, 8)
  hashToken := generateToken(20)

  account.Account = model_v1.Account{
     Phone:      param.Phone,
     Password:   string(hashPassword),
     Token:      hashToken,
     Points:     0,
     VipMemberID: vipMember.ID,
     VipTime:    time.Now(),
  }

  if _, err := database_v1.BeeQuickDatabase.InsertOne(&account.Account);
  err != nil {
    errV1 = error_v1.ErrorV1{
       Code:    http.StatusBadRequest,
```

```
                Message: err.Error(),
                Detail: "用户注册发生错误",
            }
            return account, errV1
        }
        return account, nil
    }

    func registerHandle(ctx iris.Context) {
        var param RegisterParam
        err := ctx.ReadJSON(&param)
        if err != nil {
            ctx.JSON(makeResponse(http.StatusBadRequest, err, true))
            return
        }
        account, err := registerProcessor(param)
        if err != nil {
            ctx.JSON(makeResponse(http.StatusBadRequest, err, true))
            return
        }
        ctx.JSON(iris.Map(makeResponse(http.StatusOK,
        account.SerializerForGroup(), false)))
    }
```

整体的处理步骤如下：

（1）读取请求参数，检验请求参数，比如手机号码位数不正确、密码不符合格式。

（2）提供默认的会员等级 v0。

（3）如果都符合，就在数据库中生成一条记录，记录当前注册账户的信息。

```
// param.go
type RegisterParam struct {
    Phone    string `form:"phone" json:"phone" validate:"required,len=11"`
    Password string `form:"password" json:"password"`
}
// 检验参数
func (param RegisterParam) suitable() (bool, error) {
    if param.Password == "" || len(param.Phone) != 11 {
        return false, fmt.Errorf("password should not be nil or the length of
phone is not 11")
    }
    if unicode.IsNumber(rune(param.Password[0])) {
        return false, fmt.Errorf("password should start with number")
    }
    return true, nil
}
// 检验参数使用 Tag 检查
func registerValidation(sl validator.StructLevel) {
    param := sl.Current().Interface().(RegisterParam)
    if param.Phone == "" && param.Password == "" {
```

```
        sl.ReportError(param.Password, "Password", "password", "password",
param.Password)
        sl.ReportError(param.Phone, "Phone", "phone", "phone", param.Phone)
    }
}

func (param RegisterParam) Valid() *validator.Validate {
    validate := validator.New()
    validate.RegisterStructValidation(registerValidation, RegisterParam{})
    return validate
}
```

参数在请求中需要注意的是对参数的检验，比如类型、长度以及是否符合特定的规则，如邮箱中需要包含@等。

有许多检验方法，下面列出一些常用的检验方法：

- 自定义结构体，设置结构体的方法进行检验，比如suitable方法。
- 使用Tag进行检验，主要使用gopkg.in/go-playground/validator.v9库。

```
//response.go
// 数据交换格式一般选择 JSON 格式
func makeResponse(code int, value interface{}, isError bool)
map[string]interface{} {
    result := make(map[string]interface{})
    result["code"] = code
    if isError {
        result["error"] = value
    } else {
        result["data"] = value
    }
    return result
}
```

区分响应信息：正确时的响应输出格式和遇到错误信息时的响应输出格式。

- 正确时使用：code、data的格式。
- 错误时使用：code、error的格式。

5. assistance.go

辅助函数一般是为核心处理逻辑提供帮助，即核心处理逻辑只专注在业务层面。

```
package account

import (
    "crypto/rand"
    "fmt"
    "golang.org/x/crypto/bcrypt"
)

func generateFromPassword(password string, cost int) ([]byte, error) {
    return bcrypt.GenerateFromPassword([]byte(password), cost)
}
```

```go
func compareHashAndPassword(hashed []byte, password []byte) bool {
    if err := bcrypt.CompareHashAndPassword(hashed, password); err != nil {
        return false
    }
    return true
}
func generateToken(length int) string {
    b := make([]byte, length)
    rand.Read(b)
    return fmt.Sprintf("%x", b)
}
```

辅助函数包括：

- 根据密码来加密生成密钥（不以明文存储的密码，不安全）：generateFromPassword。
- 根据密码对比Token：compareHashAndPassword。
- 生成Token，即密码和Token唯一对应：generateToken。

其他处理逻辑如下：

1. 登录

- 登录的逻辑：用户已经注册，即数据库包含用户的某些信息，用于登录时匹配。
- 请求参数：手机号码和密码。

为了丰富响应的信息，这里将账户数据表和会员数据表进行了 join 操作（数据库中数据表的连接操作）。

```go
func signProcessor(param RegisterParam) (model_v1.AccountGroupVip, error) {
    var (
        account model_v1.AccountGroupVip
        err     error
    )

    if err := param.Valid().Struct(param); err != nil {
        err = error_v1.ErrorV1{
            Code:    http.StatusBadRequest,
            Detail: "登录参数验证失败",
            Message: err.Error(),
        }
        return account, err
    }
    if _, err := database_v1.BeeQuickDatabase.Join("INNER",
"beeQuick_vip_member", "beeQuick_vip_member.id =
beeQuick_account.vip_member_id").Get(&account); err != nil {
        err = error_v1.ErrorV1{
            Code:    http.StatusBadRequest,
            Detail: "账号未注册",
            Message: err.Error(),
        }
        return account, err
```

```
    }
    if !compareHashAndPassword([]byte(account.Password),
[]byte(param.Password)) {
        err = error_v1.ErrorV1{
            Code:    http.StatusBadRequest,
            Detail:  "密码错误",
            Message: "password not correct",
        }
        return account, err
    }
    return account, nil
}

func signHandle(ctx iris.Context) {
    var param RegisterParam
    err := ctx.ReadJSON(&param)
    if err != nil {
        ctx.JSON(iris.Map(makeResponse(http.StatusBadRequest, err, true)))
        return
    }
    account, err := signProcessor(param)
    if err != nil {
        ctx.JSON(iris.Map(makeResponse(http.StatusBadRequest, err, true)))
        return
    }

    ctx.JSON(iris.Map(makeResponse(http.StatusOK,
account.SerializerForGroup(), false)))
    }
```

2. API 测试

之前的环节提供了几种供读者使用的 API 测试工具：Curl、HTTPie、Postman、VSCode 插件。本节主要使用 HTTPie 测试工具。

要测试注册路由，输入命令：http http://127.0.0.1:8080/v1/register phone='18717711830' password='admin123'。

```
// 响应的信息
HTTP/1.1 200 OK
Content-Length: 393
Content-Type: application/json; charset=UTF-8
Date: Sun, 23 Jun 2019 14:14:15 GMT
Proxy-Connection: keep-alive

{
    "code": 200,
    "data": {
        "age": 0,
        "avatar": "",
        "created_at": "2019-06-23T22:14:00+08:00",
        "gender": "",
        "id": 8,
```

```
        "phone": "18717711830",
        "points": 0,
        "token": "a817317eae338fbc9d09d2e76021afca7d1c3d7e",
        "updated_at": "2019-06-23T22:14:00+08:00",
        "vip_member": {
            "comment": "获取 0.50 倍积分",
            "end": 29,
            "id": 1,
            "level_name": "V0",
            "period": 0,
            "points": 0.5,
            "start": 0,
            "to_value": 0
        },
        "vip_time": "2019-06-23T22:14:00+08:00"
    }
}
```

注册时默认生成一些关联的配置，比如积分为 0、会员等级为 V0 等。

3. 获取信息

```
// 标头信息需要带 Token
http http://127.0.0.1:8080/v1/account/8 'Authorization:Bearer
a817317eae338fbc9d09d2e76021afca7d1c3d7e'

// 响应
HTTP/1.1 200 OK
Content-Length: 393
Content-Type: application/json; charset=UTF-8
Date: Sun, 23 Jun 2019 14:18:18 GMT
Proxy-Connection: keep-alive

{
    "code": 200,
    "data": {
        "age": 0,
        "avatar": "",
        "created_at": "2019-06-23T22:14:00+08:00",
        "gender": "",
        "id": 8,
        "phone": "18717711830",
        "points": 0,
        "token": "a817317eae338fbc9d09d2e76021afca7d1c3d7e",
        "updated_at": "2019-06-23T22:14:00+08:00",
        "vip_member": {
            "comment": "获取 0.50 倍积分",
            "end": 29,
            "id": 1,
            "level_name": "V0",
            "period": 0,
            "points": 0.5,
```

```
        "start": 0,
        "to_value": 0
      },
      "vip_time": "2019-06-23T22:14:00+08:00"
    }
}
```

请求正确时得出的响应信息会按照定义的格式：code 和 data 字段的格式，这是因为模型设计环节自定义了序列化的响应。

也就是将 account 模型的序列化和会员体系 vipmember 模型的序列化组合起来。

```
type AccountGroupVip struct {
    Account    `xorm:"extends"`
    VipMember  `xorm:"extends"`
}

func (AccountGroupVip) TableName() string {
    return "beeQuick_account"
}
func (a AccountGroupVip) SerializerForGroup() AccountSerializer {
    result := a.Account.Serializer()
    result.VipMember = a.VipMember.Serializer()
    return result
}
```

如果失败将如何响应呢？

```
http http://127.0.0.1:8080/v1/account/8 'Authorization:Bear no data'
// 响应
HTTP/1.1 200 OK
Content-Length: 57
Content-Type: application/json; charset=UTF-8
Date: Sun, 23 Jun 2019 14:21:58 GMT
Proxy-Connection: keep-alive

{
    "code": 404,
    "err": "Header Add Authorization: Bearer xxx"
}
```

// Token 不正确，产生报错信息

限于篇幅，其他 API 处理的思路基本是一致的：

- 对路由进行设计。
- 对请求参数进行检验。
- 逻辑处理，比如成功了就在数据库中记录数据；如果失败了就回滚，并提示报错信息。

本节的示例代码可参考：https://github.com/wuxiaoxiaoshen/GopherBook/tree/master/chapter10/BeeQuick.v1。

10.3　本 章 小 结

Web 开发是各种应用开发中一个非常重要的领域，涉及的知识非常繁多，Go 语言提供了内置的网络请求程序包（或称为库），它是一切网络框架的基石，这个框架的核心是对路由、请求参数和响应信息的处理。

学习 Web 开发需要了解很多知识：

- HTTP协议。
- 网络请求的流程。
- 设计Web服务。

本章的重点在于告诉读者如何构建 RESTful API 形式的 Web 服务，企业中 Web 开发的整体步骤也大致如此，但企业中涉及的流程、需求、体量等都非常庞大，需要不断地对整体的架构进行调整。

Web 服务的开发包括 4 个重要的步骤：

- 请求方法：决定了对服务器上的资源进行哪种操作，比如是创建还是获取。
- 请求参数：对请求参数的检验由具体的需求决定，比如数值型参数，可以检验大小关系；字符串型参数，可以检验长度关系是否为空等。
- 请求路由：决定了哪些路径能够获取到服务器上的哪些资源。
- 响应信息：决定了用户层面能够看到的服务器上资源的形式。

第 11 章

Web 开发手册

本章主要针对 Web 开发中遇到的问题进行总结，让读者对 Web 开发形成自己的一套知识体系，之后无论是使用内置的 net/http 库还是 Web 框架进行 Web 开发，都知道知识点是什么、遇到问题如何解决、Web 开发的难点是什么等。

11.1　再谈 HTTP

Web 开发是基于 HTTP 协议进行构建，用于完成客户端和服务器端之间的通信，发起请求的一方被称为客户端，提供资源响应的一方被称为服务器端。客户端常见的形式是 Web 网页（也就是通常说的前端）、Android 客户端、iOS 客户端；服务器端一般都是服务器实体，也就是将程序运行在服务器上提供资源的访问。

客户端向服务器端发起请求需要遵循 HTTP 协议，建立起通信之后，服务器端返回响应信息传输给客户端，客户端以网页等形式展示出来。

协议即一些约束，HTTP 协议约束了客户端和服务器端之间通信需要遵守的规定。读者要知道 HTTP 协议包含哪些知识，简单的方法是使用浏览器的调试功能（比如使用 Chrome 浏览器的 F12 键审查元素）查看请求的具体信息。

```
GET /v1/api/vote?vote_id=1 HTTP/1.1
Accept: */*
Accept-Encoding: gzip, deflate
Authorization: Beaer d757e670d62d16921edb
Connection: keep-alive
Host: localhost:7201
User-Agent: HTTPie/0.9.9

HTTP/1.1 200 OK
Content-Length: 573
Content-Type: application/json
Date: Mon, 15 Jul 2019 03:41:49 GMT

{
    "code": 200,
```

```
    "data": {
        "admin_id": 1,
        "choice": [
            {
                "choice_title": "学习",
                "created_at": "2019-07-14T11:42:33+08:00",
                "id": 1,
                "number": 1,
                "ratio": "100.0%",
                "updated_at": "2019-07-14T15:49:22+08:00",
                "vote_title": "辞职"
            },
            {
                "choice_title": "Java",
                "created_at": "2019-07-14T11:42:33+08:00",
                "id": 2,
                "number": 0,
                "ratio": "0.0%",
                "updated_at": "2019-07-14T11:42:33+08:00",
                "vote_title": "辞职"
            }
        ],
        "created_at": "2019-07-14T11:42:33+08:00",
        "dead_line": "2020-07-14T11:42:33+08:00",
        "description": "",
        "id": 1,
        "is_anonymous": false,
        "is_single": true,
        "title": "辞职",
        "updated_at": "2019-07-14T11:42:33+08:00"
    }
}
```

- 发起请求规定:访问方法、访问资源的路径、HTTP协议的版本、标头信息。
- 返回信息规定:协议版本、状态码、标头信息、响应消息的主体。

涉及 HTTP 协议的知识点如下:

- HTTP的请求方法分类和异同。
- HTTP状态码的分类和含义。
- 路由,即访问资源的具体路径。
- 响应信息。

11.2 设计 RESTful API

符合 REST(Representational State Transfer,表述性状态转移)设计规则的架构称为 RESTful 架构。该设计原则实际上是指使用 URL 来定位网络资源,使用 HTTP 请求描述操作的 Web 服务规范,而满足这些约束条件和原则的应用程序就是符合 RESTful 设计规则的应用程序。

资源表示的是网络上的一个实体，比如 GitHub 资源有仓库、用户、代码等，所以 RESTful API 是对这些资源的操作，比如删除、查看、修改、增加等。不同的操作需要使用不同的方法，比如 DELETE、GET、PUT、POST 等。资源以不同的形式展现出来，比如纯文本（text/plain）、HTML、XML、JSON、String 等格式。

在设计前后端分离的开发模式的过程中经常使用 RESTful 设计架构。后端开发人员负责开发出资源操作的 API，前端人员提供交互、展示等的 API 完成对资源的操作。RESTful API 是前后端之间的桥梁。

RESTful API 有一定的设计规范。这些设计规范的内容与 HTTP 协议的内容高度重合。

- 设计资源的访问操作。
- 设计路由，即资源的唯一访问地址URL。
- 设计状态码。
- 设计资源的响应格式。

11.2.1　资源的访问操作

首先知道 HTTP 协议支持如下操作：

HEAD、GET、POST、PUT、DELETE、OPTIONS。

具体的选择方案如下：

- 获取资源：GET。
- 创建资源：POST。
- 更新资源：PUT（PATCH通常部分更新）。
- 删除资源：DELETE。
- 查询服务器支持的方法：OPTIONS。
- 仅查询标头信息：HEAD。

在前端开发过程中发起网络请求，经常会接触到 CORS（Cross-Origin Resource Sharing）跨域，指的是浏览器除了可以访问当前页面的域之外，还可以访问其他的域，简单地说就是在网络请求过程中可以访问除本域名之外的其他 URL。跨域是如何实现的？一般都是靠服务器端对 HTTP 标头信息设置允许跨域，达到跨域的目的。

简单来说，Web 端向服务器端发起一个 OPTIONS 操作的请求，服务器端将支持的请求方法和一些标头信息返回给 Web 端，允许跨域之后，再真正地发起网络请求来操作资源。

```
// 经常在请求标头信息中有这么一个字段，用于表示本域，要在页面内请求其他网址就需要跨域
origin: https://www.google.com
```

这些设置大概如下：

```
Access-Control-Allow-Headers:
Origin,Content-Length,Content-Type,Authorization
Access-Control-Allow-Methods: GET,POST,PUT,HEAD,OPTIONS,DELETE,PATCH
Access-Control-Allow-Origin: *
Access-Control-Max-Age: 43200
```

Access-Control-Allow-Origin：表示允许的域名设置。

服务器端有时需要在响应的标头信息中自定义设置某些值。

```
// 类似于如下
X-RateLimit-Limit: 5000
X-RateLimit-Remaining: 4998
```

11.2.2 路由的设计

网络上都是通过 URL（Uniform Resource Locator，统一资源定位符）唯一定位到指定服务器上的资源。路由对应的是操作服务器上的资源，所以 RESTful 风格的路由设计一律抽象出资源的实体（选择对应资源的名词）。

具体来说，比如设计一个投票系统，如何设计路由？

这就需要抽象出投票的资源实体，定义为 vote。

发起一个投票：

```
POST /v1/api/vote
```

获取所有投票信息：

```
GET /v1/api/votes
```

获取单个投票信息，{vote_id}表示路径参数中的变量：

```
GET /v1/api/vote/{vote_id}
```

更新一个投票信息：

```
PATCH /v1/api/vote/{vote_id}
```

删除一个投票信息：

```
DELETE /v1/api/vote/{vote_id}
```

设计这些路由的原则是清晰、简洁，让使用者看到路由就明确对服务器上的资源做出哪些操作。

另外，需求是不断变更的，随着时间的推移，某些功能可能被废弃、某些功能又被添加，为了考虑兼容和升级需求，一般会在路由中增加版本信息。

```
/v1/api/*
```

当然，也有选择在响应的标头信息中显示版本信息。

```
X-GitHub-Media-Type: github.v3
```

11.2.3 参数

RESTful 设计中还涉及一个重要的话题，即如何处理参数。根据请求方法的不同分为不同类型的参数。

1. 查询参数

```
GET /v1/api/votes?search=golang&return=all_list&page=1&per_page=10
```

这种依靠&连接的参数称为查询参数。查询参数通过解析 URL 获得。通常将这些查询参数的函数进行封装，方便调用。

```
// 根据 key 获取值
func Query(request *http.Request, key string) string {
    return request.URL.Query().Get(key)
}

// 根据 key 获取值，若为空，则设置默认值
func QueryAndDefault(request *http.Request, key string, defaultValue string)
string {
    value := Query(request, key)
    if value == "" {
        return defaultValue
    }
    return value
}

// 获取所有请求参数
func Vars(request *http.Request) map[string]string {
    all := request.URL.Query()
    var results = make(map[string]string)
    for k, i := range all {
        results[k] = i[0]
    }
    return results
}
```

上面示例代码中的 3 个函数是常见的 Web 框架提供查询参数的方法（Method）。

2. 路径参数

```
GET /v1/api/vote/{vote_id}
```

像这种带{vote_id}的参数称为路径参数，常见的 Web 框架对这类路径参数进行了封装。经常还能看到指定类型或者包含通配符的路径参数。

```
// 指定类型为字符串
GET /v1/api/vote/{name:string}
```

```
// 指定类型为整数类型
GET /v1/api/vote/{id:int}
```

这种具体的路径参数在不同的 Web 框架中有所不同。

比如 Gin 框架，路径参数没有不指定类型，而是调用相应的方法进行转化，默认开发者知道路径参数的类型。

```
router.GET("/user/:name/*action", func(c *gin.Context) {
    name := c.Param("name")
    action := c.Param("action")
    message := name + " is " + action
    c.String(http.StatusOK, message)
})
```

又如 Echo 框架，其用法与 Gin 框架类似。

```
e.GET("/users/:name", func(c echo.Context) error {
    name := c.Param("name")
    return c.String(http.StatusOK, name)
})
```

再如 Iris 框架，可以指定数据类型和通配符，并且支持的类型众多。

```
app.Get("/limitchar/{name:string range(1,200) else 400}", func(ctx
iris.Context) {
    name := ctx.Params().Get("name")
    ctx.Writef(`Hello %s | the name should be between 1 and 200 characters length
    otherwise this handler will not be executed`, name)
})

app.Get("/users/{id:uint64}", func(ctx iris.Context) {
    id := ctx.Params().GetUint64Default("id", 0)
    ctx.Writef("User with ID: %d", id)
})
```

内置的 net/http 库并不支持这类路径参数，开发者可以自定义数据类型，对路由进行重新组织，使其获得支持。当然，另一种做法是不使用路径参数，而是直接使用查询参数。

比如获取 vote_id 为 1 的记录，完全可以将路径参数转化为查询参数。

```
GET /v1/api/vote/1
```

```
// 转化为查询参数
GET /v1/api/vote?vote_id=1
```

3. JSON数据

这类数据通常用于 POST、PATCH、PUT 等需要把参数传递给网络请求的路由中，而且可以带层级结构。

```
curl -X POST \
  http://localhost:8888/v1/api/vote \
  -d '{
    "data":{
        "title":"Golang",
        "description":"Golang Web"
    }
}'
```

对于这类 JSON 请求数据，我们一般将其绑定在某一个结构体上，方便后续操作，包括后面会讲到的参数检验。

一般使用下面的函数进行数据绑定。

```
func BindJson(request *http.Request, param interface{}) error {
    err := json.NewDecoder(request.Body).Decode(param)
    if err != nil {
        return err
    }
```

```
    return nil
}
```

上面的示例代码对应的结构体为：

```
type CreateVoteParam struct {
    Data struct {
        Title       string `json:"title" form:"title" validate:"required"`
        Description string `json:"description" form:"description" validate:"required"`
    } `json:"data" validate:"required"`
}
```

这样将请求中的 JSON 数据绑定在 CreateVoteParam 结构体上。下面是具体的示例代码：

```
func (c ControllerVote) PostOneVote(writer http.ResponseWriter, request *http.Request) {
    var param CreateVoteParam
    if err := make_request.BindJson(request, &param); err != nil {
        log.Println("err: ", err.Error())
        return
    }
    log.Println("Param: ", param)
}
```

11.2.4　参数检验

针对获取到的参数，无论是请求参数还是 JSON 数据，在具体的业务处理中一般都需要进行一步操作：检验参数，意思是参数需要符合相应的业务场景。

举一个具体的例子，登录注册是一个很常见的功能，比如使用手机号码或者邮箱注册，业务逻辑约束密码必须使用大于 8 位、小于 16 位的不是纯数字的字符串。

就这个例子而言，可以把参数抽象成结构体：

```
type Register struct {
    Account  string `json:"account"`
    Password string `json:"password"`
}
```

业务场景中限定了如下几个约束：

- 手机号码：纯数字11位。
- 邮箱：包含@。
- 密码长度最小为8，最大为16，且不是纯数字。

像这些描述就需要对获取的参数进行检验的操作。

对参数进行检验的一般处理方式是：

- 对结构体提供相应的方法，对参数进行检验。
- 使用结构体的标签Tag对参数进行检验。
- 两者混合使用。

方法一：调用结构体的方法进行检验

```
// 方法一：调用结构体的方法进行检验
type Register struct {
    Account  string `json:"account"`
    Password string `json:"password"`
}

func (r Register) ValidAccount() error {
    // 具体的 r.Account 检验
    return nil
}
func (r Register) ValidPassword() error {
    // 具体的 r.Password 检验
    return nil
}
```

方法二：使用结构体标签 Tag 进行检验

```
type Register struct {
    Account  string `json:"account" validate:"required"`
    Password string `json:"password" validate:"min=8,max=16"`
}
```

只需简单地定义 Tag 就能完成大部分的参数检验操作。这些检验具体的逻辑是使用反射机制获取到 Tag，再进行检验。

具体细节可以查看 https://godoc.org/gopkg.in/go-playground/validator.v9。

这些参数的检验一方面和自身的数据类型有关，另一方面和具体的业务挂钩，但都有规律可循。

比如，整数类型的参数检验一般是大小关系的约束：最大、最小等；数组的参数检验一般是数组的长度等；字符串的参数检验一般是长度、限定选项等。

参数检验的处理一般是在具体的业务之前，如果不符合要求，就无须执行后续操作，否则再进行后续的逻辑处理。

11.2.5　响应信息

RESTful 风格的响应信息推荐使用 JSON 格式，易读、易理解，解析起来也非常方便。响应有正确的，也有错误的，错误的信息也需要返回，便于开发者明确这是程序 Bug，还只是给用户呈现的报错信息。

推荐的返回格式如下（包含状态码和具体的信息）：

```
{
    "code": 200,
    "data": {
        "id": 1,
        "created_at": "2019-07-14T11:42:33+08:00",
        "updated_at": "2019-07-14T11:42:33+08:00",
        "title": "辞职",
        "admin_id": 1,
```

```
        "description": "",
        "choice": [
            {
                "id": 1,
                "created_at": "2019-07-14T11:42:33+08:00",
                "updated_at": "2019-07-14T15:49:22+08:00",
                "vote_title": "辞职",
                "choice_title": "学习",
                "number": 1,
                "ratio": "100.0%"
            },
            {
                "id": 2,
                "created_at": "2019-07-14T11:42:33+08:00",
                "updated_at": "2019-07-14T11:42:33+08:00",
                "vote_title": "辞职",
                "choice_title": "Java",
                "number": 0,
                "ratio": "0.0%"
            }
        ],
        "dead_line": "2020-07-14T11:42:33+08:00",
        "is_anonymous": false,
        "is_single": true
    }
}
```

报错时，要显示具体的报错信息和状态码：

```
{
    "code": 400,
    "error": "record not found"
}
```

当然，具体的格式可以有所差异，但根据笔者的开发经验一定要包含：状态码、正确时的响应信息，或者报错时的报错信息。

为 HTTP 协议提供的状态码如下：

- 1XX：相关信息。
- 2XX：成功。
- 3XX：重定向。
- 4XX：客户端错误。
- 5XX：服务器端错误。

状态码的个数非常多，使用起来难以做到非常精准，但是对开发者而言大方向不能错，比如请求成功一定是返回 2XX 这类的状态码。状态码只能用来显示请求的状态，所以响应信息中需要包含另一个字段：成功时为 data，错误时为 error。

具体代码如下：

```
func Response(w http.ResponseWriter, code int, data interface{}) {
```

```
var results = make(map[string]interface{})
results["code"] = code
w.Header().Set("Content-type", "application/json;charset=UTF-8")
if code == http.StatusOK {
    results["data"] = data
} else {
    results["error"] = data
}
enc := json.NewEncoder(w)
enc.SetIndent("", "")
err := enc.Encode(results)
if err != nil {
    log.Println("err : ", err.Error())
    return
}
}
```

Web 框架（比如 Echo、Gin、Iris、Mux 等）支持各种类型的响应信息：

- String（字符串）
- HTML数据
- XML数据
- JSON数据
- Blob文件
- Stream文件

针对 RESTful 架构的 API 设计，一般都选择 JSON 格式的数据，方便调用与解析。

11.3　数　据　模　型

RESTful API 中路由的设计采用的方法是将具体的资源抽象出实体，比如投票系统设计了这些 API：

```
// 获取多个投票信息
GET /v1/api/votes
// 获取单个投票信息
GET /v1/api/vote?vote_id=1
// 创建一个投票信息
POST /v1/api/vote
// 更新一个投票信息
PATCH /v1/api/vote?vote_id=1
// 删除一个投票信息
DELETE /v1/api/vote?vote_id=1
```

抽象出了实体 vote，那么 vote 资源包含哪些具体的信息呢？具体的信息都应该和具体的业务挂钩，而不是凭空想象。

假设产品经理和设计人员最终的设计稿如图 11-1 所示，那么对开发人员来说设计的字段如下：

```
type Vote struct {
    Title        string        // 标题
    AdminId      uint          // 用户
    Description  string        // 描述
    Choice       []Choice      // 选项
    DeadLine     time.Time     // 截止日期
    IsAnonymous  bool          // 是否匿名
    IsSingle     bool          // 投票单选
}

type Choice struct {
    VoteId uint                // 某个投票
    Title  string              // 选项标题
    Number int                 // 选项投票人数
}
```

图 11-1　投票设计稿

这种对资源的设计称为模型的设计，模型和资源一一对应，不同的领域抽象出的模型各不相同。

模型是由字段组成的，每个字段对应数据库中的一列，字段包含数据类型，每个模型对应数据库中的数据表。

模型的具体设计步骤如下：

- 明确具体需求。
- 针对需求抽象出资源实体。
- 将资源实体进行字段划分。
- 遵守数据库设计三范式，允许适量的数据冗余。

为什么模型设计非常重要？Web 开发中服务器上的资源不可避免地需要持久化存储，项目正常运行上线后，数据量逐渐增加，不可避免地会遇到 SQL 优化查询。这些设计要点最好在设计之初都考虑进去。

关于数据库，Web 开发会接触到哪些知识呢？

- 数据表设计：表名、字段设计、字段类型、创建、索引设置。
- 搜索资源：结构化查询。
- 更新资源：更新记录。
- 删除资源：删除记录。

关系型数据库支持多种数据类型，选择正确的数据类型是保持数据库查询高性能的第一步，选择数据类型一般依据下面几个要点：

- 更小的数据类型：选择可以正确存储数据的更小的数据类型，主要的考虑是符合业务需求以及占用更小的磁盘空间。
- 简单：简单的数据类型需要的 CPU 调度周期更少，比如整数类型数据处理的代价就比字符串类型数据处理的代价低。
- 尽量避免NULL：定义时决定好字段是否非空，比如主键索引等不允许为空。
- 时间数据类型：关系型数据库关于时间的类型有DATETIME、TIMESTAMP、YEAR、DATE等，通常选择TIMESTAMP，它占用更少的内存空间，且支持时区。

　　数据库操作在项目代码层面一般不会直接编写 SQL 语句来进行处理,选择的方案为 ORM,在 Go 语言中比较优秀的 ORM 方案有 GORM 和 XORM,这两个方案在 Web 项目开发中使用非常广泛。

　　关于数据库的操作,在项目中会涉及如下操作:

- 创建数据表。
- 操作记录。

　　ORM 可使这些操作非常便捷。下面分别讲解如何使用 ORM 操作数据库中的数据记录。
　　接下来根据上文的投票系统定义的字段来创建数据表。

11.3.1　GORM 方案

【示例】

```
package model

import (
    "time"
    "github.com/jinzhu/gorm"
)

type Vote struct {
    gorm.Model
    Title       string `json:"title" gorm:"type:varchar(32)"`
    AdminId     uint   `json:"admin_id"`
    Description string `json:"description" gorm:"type:varchar(64)"`
    Choice      []Choice
    DeadLine    time.Time
    IsAnonymous bool
    IsSingle    bool
}

type Choice struct {
    gorm.Model
    VoteId uint
    Title  string `gorm:"type:varchar(32)" json:"title"`
    Number int    `gorm:"type:integer(4)" json:"number"`
}
```

- 字段的定义是根据结构体的Tag来定义的(结构体的Tag在Go语言中使用频繁,比如ORM数据库中数据表的字段定义、类型定义,JSON序列化显示的字段,可用来检验参数的有效性等)。
- 一个结构体对应一张数据表。
- 不设置结构体Tag时,使用默认的数据类型。

11.3.2　XORM 方案

【示例】

```
package model

import (
```

```
    "time"
    "github.com/jinzhu/gorm"
)

// 基本的字段
type Base struct {
    Id        int64       `xorm:"pk notnull"`
    CreatedAt time.Time `xorm:"created" json:"created_at"`
    UpdatedAt time.Time `xorm:"updated" json:"updated_at"`
    DeletedAt *time.Time `xorm:"deleted" json:"deleted_at"`
}

// Tag 定义的字段类型
type VoteByXORM struct {
    Base            `xorm:"extends"` // 继承字段
    Title       string `xorm:"varchar(10) notnull" json:"title"`
    AdminId     uint   `xorm:"index" json:"admin_id"`
    Description string `xorm:"varchar(64) default(null)" json:"description"`
    Choice      []Choice
    DeadLine    time.Time `xorm:"timestamp" json:"dead_line"`
    IsAnonymous bool
    IsSingle    bool
}

// 显式定义的数据表名称
func (v VoteByXORM) TableName() string {
    return "vote_by_xorm"
}

type ChoiceByXORM struct {
    Base `xorm:"extends"`
    VoteId uint
    Title  string `xorm:"varchar(10) notnull" json:"title"`
    Number int    `xorm:"int(4)" json:"number"`
}

func (v ChoiceByXORM) TableName() string {
    return "choice_by_xorm"
}
```

上面的示例代码定义了结构体，结合结构体 Tag 的定义，相当于定义了数据表的结构，但还需要转换到数据库内。

为了更好地理解关系型数据库，需要理解关系型数据库的一般架构，在明确架构的基础上理解需要做什么，为什么这样做。

- 数据库是客户端/服务器端（C/S）架构。
- 本地启动数据库服务(可以下载相应的软件来启动，也可以直接使用容器启动数据库服务)。
- 客户端通过连接器和服务器端连接。
- 服务器端分析器对SQL语句进行语法分析，明确需要执行什么命令，命令有没有错误。
- 服务器端优化器对SQL语句进行优化分析，使用较优的方式执行SQL语句。
- 服务引擎执行器执行SQL语句，将结构返回给客户端。

由此可以看到，使用数据库的第一步是与数据库服务建立连接。GORM 和 XORM 方案建立连接的方式为：

```
package database

import (
    "log"

    _ "github.com/go-sql-driver/mysql"
    "github.com/go-xorm/xorm"
    "github.com/jinzhu/gorm"
)

// GORM 方案
var EngineMySQLGORM *gorm.DB

func EngineGORMInit() {
    db, err := gorm.Open("mysql", "root:admin123@/votes?charset=
utf8&parseTime=True&loc=Local")
    if err != nil {
        log.Fatal("CONNECT DB FAIL: ", err.Error())
        return
    }
    db.LogMode(true)
    EngineMySQLGORM = db
}

// XORM 方案
var EngineMySQLXORM *xorm.Engine

func EngineXORMInit() {
    db, err := xorm.NewEngine("mysql", "root:admin123@/votes?charset=
utf8&parseTime=True&loc=Local")
    if err != nil {
        log.Fatal("CONNECT DB FAIL :", err.Error())
        return
    }
    db.ShowSQL(true)
    EngineMySQLXORM = db
}
```

建立与数据库的连接需要提供用户名（root）、密码（admin123）、端口（3306默认）和数据库（votes）。建立好连接之后，客户端和服务器端之间就打通了，而后就可以执行SQL语句。

将定义好的结构体模型转换为数据库内的数据表：

```
package cmd

import (
    "context"
    "encoding/json"
    "fmt"
    "github.com/wuxiaoxiaoshen/GopherBook/chapter11/pkg/database"
    "github.com/wuxiaoxiaoshen/GopherBook/chapter11/pkg/middleware"
    "github.com/wuxiaoxiaoshen/GopherBook/chapter11/web/model"
    "github.com/wuxiaoxiaoshen/GopherBook/chapter11/web/vote"
```

```
        "log"
        "net/http"
        "os"
        "os/signal"
        "time"

        "github.com/spf13/cobra"
    )

func Execute() {
    err := RootCMD.Execute()
    if err != nil {
        log.Println("FAIL")
        return
    }
}

var RootCMD = &cobra.Command{
    PreRun: func(cmd *cobra.Command, args []string) {
        log.Println("Start Execute Command")
        database.EngineGORMInit()
        database.EngineXORMInit()
    },
    Run: func(cmd *cobra.Command, args []string) {
        MigrateByGORM()
        MigrateByXORM()
    },
    PostRun: func(cmd *cobra.Command, args []string) {
        database.EngineMySQLGORM.Close()
        database.EngineMySQLXORM.Close()
    },
}
func MigrateByGORM() {
    database.EngineMySQLGORM.AutoMigrate(model.Vote{}, model.Choice{})
}
func MigrateByXORM() {
    database.EngineMySQLXORM.CreateTables(model.ChoiceByXORM{},
model.VoteByXORM{})
}
```

- GORM使用数据库引擎的AutoMigrate方法。
- XORM使用数据库引擎的CreateTables方法。

创建数据库、数据表之后，可以直接操作结构体对象完成数据库的增加、删除、修改、查询等操作。

11.3.3 小结

ORM 将数据表和结构体对象直接相互映射，开发者只需操作结构体对象，便可以操作数据库的数据表完成对数据的增加、删除、修改、查询操作。

数据库模型的定义需要遵循的要点有哪些呢？

数据库模型的定义和需求紧密结合，模型设计需要遵循一些基本的设计要点：

（1）需要有主键，并且主键的选择是和业务无关的自增整数类型。

（2）字段划分最小化，即每一列不可再细分。

（3）字段的个数不要太多，建议最大上限为 20。

一般操作 ORM 完成数据库的操作步骤如下：

- 定义结构体字段和 Tag 完成数据库的数据表的定义（GORM 或者 XORM 任选其一即可）。
- 创建数据库连接。
- 迁移数据库，即每次更新表结构需要重新执行创建表的命令。
- 使用数据库对象操作完成业务需求。

11.4　中　间　件

在 Web 开发过程中，经常需要在请求和响应之间嵌入一些操作（比如日志、认证等），执行这些操作的函数称为中间件。中间件是"可插拔式的"，无须改变原有的业务逻辑，不影响具体业务的实现。Web 开发过程中各个框架都提供了一些默认的中间件，主要的分类有：

- 日志中间件。
- 认证中间件。
- 恢复重启中间件。
- 跨域中间件。

根据中间件所处位置的不同又可把中间件划分为不同的级别：

- RootLevel：请求前处理的一些中间件。
- GroupLevel：可以使用分组中间件对一组资源统一操作。
- RouteLevel：对单个路由进行操作。

上述 3 个级别的中间件作用范围依次减小。中间件的开发非常简单，但在 Web 开发过程中必不可少，内置的 net/http 库提供了一些默认的中间件。下面来看相关的源代码查看中间件的定义：

```
// 前缀中间件：过滤掉特定的前缀
func StripPrefix(prefix string, h Handler) Handler {
    if prefix == "" {
        return h
    }
    return HandlerFunc(func(w ResponseWriter, r *Request) {
        if p := strings.TrimPrefix(r.URL.Path, prefix); len(p) < len(r.URL.Path) {
            r2 := new(Request)
            *r2 = *r
            r2.URL = new(url.URL)
            *r2.URL = *r.URL
```

```
            r2.URL.Path = p
            h.ServeHTTP(w, r2)
        } else {
            NotFound(w, r)
        }
    })
}

// 超时中间件
func TimeoutHandler(h Handler, dt time.Duration, msg string) Handler {
    return &timeoutHandler{
        handler: h,
        body:    msg,
        dt:      dt,
    }
}
```

可以开发自定义的中间件，只要返回值是 http.Handler 接口即可：

```
type Handler interface {
    ServeHTTP(ResponseWriter, *Request)
}
```

比如开发自己定义的日志中间件：

```
func Logger(next http.HandlerFunc) http.HandlerFunc {
    return func(writer http.ResponseWriter, request *http.Request) {
        format := fmt.Sprintf("[ http_log ]: %s | %s | %s | %s", request.URL,
request.Host, request.Method, time.Now().Format(time.RFC3339))
        log.Printf("%s", Red(format))
        next.ServeHTTP(writer, request)
    }
}
func Red(message string) string {
    return fmt.Sprintf("\x1b[31m%s\x1b[0m", message)
}
```

该日志中间件在每次网络请求时打印出路由、服务器地址、请求方法、请求时间，在终端显示为红色。

这里为什么可以返回 http.HandlerFunc 呢？按理说不是应该返回 http.Handler 接口吗？继续查看 http.HandlerFunc 源代码的定义：

```
type HandlerFunc func(ResponseWriter, *Request)
// ServeHTTP calls f(w, r).
func (f HandlerFunc) ServeHTTP(w ResponseWriter, r *Request) {
    f(w, r)
}
```

自定义的中间件如何使用？直接作用在路由控制器上。

```
func main() {
    http.HandleFunc("/ping", middleware.Logger(func(writer
http.ResponseWriter, request *http.Request) {
        var results = make(map[string]interface{})
```

```
            results["code"] = http.StatusOK
            results["data"] = "ping"
            writer.Header().Set("Content-type", "application/json; charset=UTF-8")
            enc := json.NewEncoder(writer)
            enc.SetIndent("", "")
            enc.Encode(results)
        }))
    prefix := "/v1/api"
    var v vote.ControllerVote
    http.HandleFunc(fmt.Sprintf("%s/votes", prefix), middleware.Logger
(v.GetAllVote))
    http.HandleFunc(fmt.Sprintf("%s/vote", prefix), middleware.Logger
(v.VoteHandler))

    //服务启动
    go func() {
        if err := http.ListenAndServe(":8888", nil); err != nil {
            log.Println(err)
        }
    }()

    c := make(chan os.Signal, 1)
    signal.Notify(c, os.Interrupt)
    <-c
    _, cancel := context.WithTimeout(context.Background(), time.Hour)
    defer cancel()
    log.Println("shutting down")
    os.Exit(0)
}

http http://localhost:8888/ping
// 返回结果
HTTP/1.1 200 OK
Content-Length: 27
Content-Type: application/json;charset=UTF-8
Date: Sat, 20 Jul 2019 09:30:06 GMT
{
    "code": 200,
    "data": "ping"
}

// 在服务终端上显示日志
   2019/07/20 17:30:06 [ http_log ]: /ping | localhost:8888 | GET |
2019-07-20T17:30:06+08:00
```

明确了其基本原理之后，开发者可以根据自己的业务需求来定义相应的中间件。
比如跨域的中间件：

```
func CORS(next http.Handler) http.HandlerFunc {
    return func(writer http.ResponseWriter, request *http.Request) {
        writer.Header().Set("Access-Control-Allow-Origin", "*")
        next.ServeHTTP(writer, request)
    }
}
```

又如基本的认证中间件：

```
func BasicAuth(next http.Handler) http.HandlerFunc {
    return func(writer http.ResponseWriter, request *http.Request) {
        userName := request.Header.Get("username")
        password := request.Header.Get("password")
        if userName != "Go" && len(password) == 0 {
            var results = make(map[string]interface{})
            results["code"] = http.StatusBadRequest
            results["error"] = fmt.Sprintf("Add username and password in
requests header")
            if err := json.NewEncoder(writer).Encode(results); err != nil {
                log.Println(err)
            }
            return
        }
        next.ServeHTTP(writer, request)
    }
}
```

上述基本认证的中间件表示请求中需要带 username 和 password，并且指定 username = Go，password 不为空。

流行的 Web 框架的中间件的实现方式其实是大同小异的。

11.4.1　Gin 中间件

Gin 中间件的代码如下：

```
func main(){
    app :=gin.New()
    app.Use(gin.Logger()) // 全局日志中间件
    app.Run(":9999")
}
```

gin.Logger 源代码如下：

```
func Logger() HandlerFunc {
    return LoggerWithConfig(LoggerConfig{})
}
// LoggerWithConfig instance a Logger middleware with config.
func LoggerWithConfig(conf LoggerConfig) HandlerFunc {
    formatter := conf.Formatter
    if formatter == nil {
        formatter = defaultLogFormatter
    }

    out := conf.Output
    if out == nil {
        out = DefaultWriter
    }

    notlogged := conf.SkipPaths

    isTerm := true
```

```go
if w, ok := out.(*os.File); !ok || os.Getenv("TERM") == "dumb" ||
    (!isatty.IsTerminal(w.Fd()) && !isatty.IsCygwinTerminal(w.Fd())) {
    isTerm = false
}

var skip map[string]struct{}
if length := len(notlogged); length > 0 {
    skip = make(map[string]struct{}, length)
    for _, path := range notlogged {
        skip[path] = struct{}{}
    }
}

return func(c *Context) {
    // Start timer
    start := time.Now()
    path := c.Request.URL.Path
    raw := c.Request.URL.RawQuery

    // Process request
    c.Next()

    // Log only when path is not being skipped
    if _, ok := skip[path]; !ok {
        param := LogFormatterParams{
            Request: c.Request,
            isTerm:  isTerm,
            Keys:    c.Keys,
        }
        // Stop timer
        param.TimeStamp = time.Now()
        param.Latency = param.TimeStamp.Sub(start)
        param.ClientIP = c.ClientIP()
        param.Method = c.Request.Method
        param.StatusCode = c.Writer.Status()
        param.ErrorMessage = c.Errors.ByType(ErrorTypePrivate).String()
        param.BodySize = c.Writer.Size()
        if raw != "" {
            path = path + "?" + raw
        }
        param.Path = path
        fmt.Fprint(out, formatter(param))
    }
}
}
```

11.4.2　Echo 中间件

Echo 中间件的代码如下：

```go
func main(){
    app := echo.New()
    app.Use(middleware.Logger())
    s := &http.Server{
        Addr:           ":1323",
```

```
        ReadTimeout:  20 * time.Minute,
        WriteTimeout: 20 * time.Minute,
    }
    app.Logger.Fatal(app.StartServer(s))

}
```

middleware.Logger()源代码如下：

```
func Logger() echo.MiddlewareFunc {
    return LoggerWithConfig(DefaultLoggerConfig)
}

type MiddlewareFunc func(HandlerFunc) HandlerFunc
```

11.4.3 Iris 中间件

Iris 中间件的代码如下：

```
func main(){
    app := iris.New()
    app.Use(logger.New(logger.DefaultConfig()))
    app.Run(iris.Addr(":8080"))
}
```

logger.New 源代码如下：

```
func New(cfg ...Config) context.Handler {
    c := DefaultConfig()
    if len(cfg) > 0 {
        c = cfg[0]
    }
    c.buildSkipper()
    l := &requestLoggerMiddleware{config: c}

    return l.ServeHTTP
}
```

11.4.4 小结

中间件主要用于请求和响应之间，它本质上是一个函数。中间件在 Web 开发中非常常见，能处理诸多的任务。开发中间件也非常简单，既可以使用默认的中间件，又可以自定义中间件。一般流行的中间件主要是处理这几个方面：跨域、日志和认证信息。

- 跨域主要是为了解决前端开发的同源策略。
- 日志主要是为了更友好地查看网络请求。
- 认证信息主要是为了解决对资源的限制问题。

11.5 响 应 信 息

对于前后端分离的开发模式，前端通过 API 接口调用服务器端的资源，后端负责开发 RESTful API 风格的 API 接口。数据的交换格式一般选择 JSON 格式。

之前的章节已经讨论过响应信息，最好包含两个信息特征：

- 状态码。
- 具体的信息。

运行正确时，响应信息的格式如下：

```
{
    "code": 200,
    "data": "message..."
}
```

发生错误时，响应信息的格式如下：

```
{
    "code": 400,
    "error": "error message..."
}
```

那么正确时响应信息的具体是哪种格式呢？返回的字段是如何定义的呢？

11.5.1　正确时的响应信息

一般正确时，响应的信息及格式与模型定义环节紧密相关。返回的响应信息一般和模型定义内的字段一致，当然也可以根据前端的需求恰当地进行变更。具体的示例更容易理解。

路由：

```
GET /v1/api/votes
```

模型设计：

```
// 投票的模型
type Vote struct {
    gorm.Model
    Title       string `json:"title" gorm:"type:varchar(32)"`
    AdminId     uint   `json:"admin_id"`
    Description string `json:"description" gorm:"type:varchar(64)"`
    Choice      []Choice
    DeadLine    time.Time
    IsAnonymous bool
    IsSingle    bool
}
```

一般给模型定义一个方法：Serializer。

```
// 指定前端需要的字段和显示的格式
type VoteSerializer struct {
    ID          uint      `json:"id"`
    CreatedAt   time.Time `json:"created_at"`
    UpdatedAt   time.Time `json:"updated_at"`
    Title       string    `json:"title"`
    AdminId     uint      `json:"admin_id"`
    Description string     `json:"description"`
    DeadLine    string    `json:"dead_line"`
```

```
        IsAnonymous string    `json:"is_anonymous"`
        IsSingle    string    `json:"is_single"`
}
// 模型的 Serializer 方法
func (v Vote) Serializer() VoteSerializer {
    var isAnonymous = func(key bool) string {
        if key {
            return "匿名"
        }
        return "公开"
    }
    var isSingle = func(key bool) string {
        if key {
            return "单项选择"
        }
        return "多项选择"
    }

    return VoteSerializer{
        ID:          v.ID,
        CreatedAt:   v.CreatedAt,
        UpdatedAt:   v.UpdatedAt,
        Title:       v.Title,
        AdminId:     v.AdminId,
        Description: v.Description,
        DeadLine:    v.DeadLine.Format("2006-01-02 15:04:05"),
        IsAnonymous: isAnonymous(v.IsAnonymous),
        IsSingle:    isSingle(v.IsSingle),
    }
}
```

具体的做法如下：

- 定义模型的字段（比如Vote）。
- 定义一个同模型类似的结构体，具体的字段和前端需求或者业务需求相对应（比如 VoteSerializer）。
- 给模型定义一个序列化方法，序列化方法返回的值是同模型类似的结构体（比如 Vote.Serializer方法返回VoteSerializer）。

这是正确响应时的处理方式。当然也存在其他处理方式，不过还是那条规则，编写易于理解的代码，注意代码风格的统一。

```
// 响应的处理函数
func Response(w http.ResponseWriter, code int, data interface{}) {
    var results = make(map[string]interface{})
    results["code"] = code
    w.Header().Set("Content-type", "application/json;charset=UTF-8")
    if code == http.StatusOK {
        results["data"] = data
    } else {
        results["error"] = data
```

```
    }
    enc := json.NewEncoder(w)
    enc.SetIndent("", "")
    err := enc.Encode(results)
    if err != nil {
        log.Println("err : ", err.Error())
        return
    }

}
```

11.5.2　错误时的响应信息

错误时的响应信息只能看到状态码，并不能知道报错的具体详情，所以约定这类响应格式如下，其中 error 字段可以更丰富一些，提供报错的具体信息。

```
{
    "code": 400,
    "error": "error message"
}
```

这类错误响应只需要实现 Error 接口即可，可以自定义错误类型：

```
type ErrorForVotes struct {
    Code      int    `json:"code"`
    Detail    string `json:"detail"`
    Message   string `json:"message"`
    MessageZh string `json:"message_zh"`
}

func (e ErrorForVotes) Error() string {
    return fmt.Sprintf("Code: %d, Detail: %s, Message: %s, MessageZh: %s",
        e.Code, e.Detail,e.Message,e.MessageZh)
}
```

对于一些频繁使用的错误信息可以统一处理，以 Error_开头命名，方便识别：

```
var (
    ErrorParam  = ErrorForVotes{
        Code: http.StatusBadRequest,
        Detail: "param fail",
        Message: "param invalid",
        MessageZh: "参数检验失效"}
    ErrorInsert = ErrorForVotes{
        Code: http.StatusBadRequest,
        Detail: "insert data fail",
        Message: "insert data fail",
        MessageZh: "记录插入失败"}
)
```

按照上述步骤即可完成错误信息时的响应处理。

11.5.3　小结

针对 RESTful 风格的响应，一般选择的数据交换格式是 JSON。API 响应有成功的，也有失败的。成功时的响应信息和模型设计的字段几乎一致，开发者只需要定义同名的结构体并提供方法即可。当然，字段可以与模型不一致，具体与需求挂钩。

针对错误时的响应信息，自定义符合项目的错误类型，实现 Error 接口，自定义字段，针对常见场景的错误信息统一处理、统一调用即可。

11.6 项目组织结构

根据 Web 开发的特性对项目进行组织，每个开发者对项目的组织各不相同，但是依然建议保持风格统一。

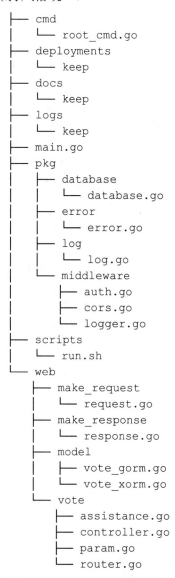

```
├── cmd
│   └── root_cmd.go
├── deployments
│   └── keep
├── docs
│   └── keep
├── logs
│   └── keep
├── main.go
├── pkg
│   ├── database
│   │   └── database.go
│   ├── error
│   │   └── error.go
│   ├── log
│   │   └── log.go
│   └── middleware
│       ├── auth.go
│       ├── cors.go
│       └── logger.go
├── scripts
│   └── run.sh
└── web
    ├── make_request
    │   └── request.go
    ├── make_response
    │   └── response.go
    ├── model
    │   ├── vote_gorm.go
    │   └── vote_xorm.go
    └── vote
        ├── assistance.go
        ├── controller.go
        ├── param.go
        └── router.go
```

为什么总是在强调选择一个较好的项目组织方案呢？其实这些经验来自于热门的项目，热门的 Web 开发项目推荐的代码组织方式经实践证明能够适应多变的需求变化。

✪ **Makefile**

用于一组命令的执行，自动化管理和编译项目，有一套语法规范，类似于 Shell 脚本。

✪ **cmd**

主要的功能是提供命令行工具，项目中有时需要提供命令行的方式迁移数据表结构，或者导入一些外部的数据，命令行的方式非常适合完成这种工作。推荐库为 github.com/spf13/cobra。

✪ **configs**

项目配置文件，主要是一些环境变量或者数据配置信息。

✪ **deployments**

镜像构建文件，Web 开发非常适合使用容器对其进行部署，主要使用的技术是 Docker。

✪ **docs**

主要提供项目的 API 文档，推荐的方式是 Swagger。

✪ **logs**

主要提供项目的日志记录，持久化的日志存储目录，日志对实际的项目开发非常重要，无论是报错日志、归档日志等。对于 Web 开发，持久化的日志一般是一些关键的信息点，方便开发人员遇到问题并及时排除问题。

✪ **main.go**

函数主入口。

✪ **pkg**

项目的库文件，包括数据库连接、中间件、自定义错误类型、日志级别等，以便在项目中使用。

✪ **scripts**

主要提供一些脚本，项目中经常会使用一些 Shell 脚本完成某些自动化功能。

✪ **web**

业务逻辑开发的核心内容，主要是完成 4 个任务：

（1）模型的定义（当然有些开发者把 model 和 web 同一层级处理）。
（2）参数处理，主要处理路径参数、请求参数、JSON 数据等。
（3）响应，提供 JSON 化响应。
（4）核心的业务开发。

有关业务逻辑的开发，根据笔者的经验划分为 4 个文件：

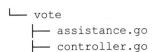
```
└── vote
    ├── assistance.go
    ├── controller.go
```

```
        ├── param.go
        └── router.go
```

每个资源包含一个文件夹，主要完成对该资源的操作，比如投票信息的资源。

- assistance.go：业务代码辅助函数，主要是一些和业务无关的函数。当然，如果是整个项目都需要的辅助函数，那么可以将其抽取出来，与pkg同一层级，供项目共同使用。
- controller.go：完成资源的操作，即路由对应的控制器。
- param.go：参数处理，对应资源操作需要的参数，包括参数字段的定义和有效性的检验。
- router.go：主要提供路由和控制器的对应关系。

整体项目组织的思维导图如图 11-2 所示。

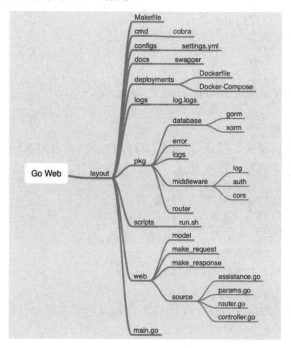

图 11-2　项目组织的思维导图

参考资源地址：https://github.com/golang-standards/project-layout。

11.7　代码管理和托管

作为开发者，如何管理自己的代码，代码可以随意地进行切换、回滚等操作吗？

Git 就是分布式版本控制系统中的一种，绝大多数互联网公司都使用 Git 对代码进行管理。著名的程序员社区 GitHub 就是这类代码托管平台的典型代表，同时也是较大的托管网站。许多开源项目都托管在 GitHub 上，比如 Go 源代码、Python 源代码等。

对于个人开发者而言，如何使用这个巨大的代码托管平台呢？

- 学习Git的使用，这几乎是入行程序员的标配，甚至是开发者的"个人名片"。
- 维护个人项目。

当然，与此类似的托管平台还有很多：

- GitLab：支持无限公有、私有项目，其网址为https://about.gitlab.com/。
- BitBucket：免费支持5个开发成员的团队创建无限私有代码托管库，其网址为https://bitbucket.org/。
- 开源中国：网址为http://git.oschina.net/。
- coding.net：网址为https://coding.net/home.html。
- 码云：网址为https://gitee.com/。

当然，用户可以在自己的服务器上进行部署，私有化管理自己或者公司的项目。

在日常开发过程中，如何使用 Git 进行开发？

- 维护主分支master。
- 维护开发分支dev。

维护三个分支：master 分支负责线上稳定运行；新功能在 dev 分支上维护；开发人员各自维护自己的开发分支，待开发完成后，合入测试分支，待测试人员测试通过后，将开发人员的开发分支合入 master 分支。

在日常开发过程中，需要不断地开发新功能，建议分支命名具有一定的规范性，提供一些命名规范。

- 功能开发：operator_feat_date，即开发者——功能开发——开发日期。
- 修复功能：operator_fix_date，即开发者——修复功能——修复日期。

还提供了一些提交记录的规范：

- 功能开发：git commit -m "feat: message"。
- 修复功能：git commit -m　"fix: message"。
- 重构代码：git commit -m "refactor: message"。

通过使用 GitHub 托管平台结合其他服务，比如 Travis CI 完成持续集成、Codecov 测试结果可视化。

尽管网上还有各种代码管理托管平台，但我们仍然建议使用 GitHub，因为该社区氛围浓厚，代码库多，是一个学习的好平台。建议每个开发者都维护好自己的 GitHub 账户，维护好个人的项目。

11.8　Make 构建工具

Make 是常用的构建工具，Makefile 是一个文本文件，遵循一套语法规范，可用来对复杂项目的构建、编译等流程定义一系列规则和指定执行的命令，类似于 Shell 脚本。通过 Makefile 文件的定义，最后执行 make command 便可执行相应的命令。

11.8.1　语法规范

Make 的语法规范如下：

```
<target> : <prerequisites>
[tab]  <commands>
```

- target: 命令。
- prerequisites: 前置条件，即执行target命令的前提条件。
- [tab]: 每个命令之前必须有一个Tab键，当然可以自定义其他的符号。
- commands: 具体的执行命令。

Makefile 文件就是由这样一套语法规则构成的，使用的命令是：make <target>。还支持一些其他的语法规范，整体使用起来和 Shell 脚本非常像。

（1）注释：#

```
# 注释
```

（2）变量

```
BINARY=go
```

（3）命令

```
<target>: <prerequisites>
[tab]  @<commands>
```

【示例】

```
PROJECT=go
default:
        go env
version:
        go version
noecho:
        @go version

.PHONY: default version noecho
```

在 Makefile 所在目录下执行命令：make 不带参数时，默认执行第一个命令。

```
make
>>
go env
GOARCH="amd64"
GOBIN="/Users/xiewei/go/bin"
GOCACHE="/Users/xiewei/Library/Caches/go-build"
GOEXE=""
GOFLAGS=""
GOHOSTARCH="amd64"
GOHOSTOS="darwin"
GOOS="darwin"
...
```

- make version实质是执行go version。

```
// 命令
make version
```

```
// 显示结果
go version  // 回显具体执行的命令语句
go version go1.12.7 darwin/amd64 // 执行命令的结果
```

- make noecho实质是执行go version，不显示具体的命令。

```
// 命令
make noecho
// 显示结果
go version go1.12.7 darwin/amd64
```

- .PHONY表示伪目标，内置的字段一般前置命令是所有的命令。

Make 构建工具使得项目的构建、编译等更加简便，用于在项目中简化各种命令的执行，一旦 Makefile 文件编写好，只需要执行 make 命令即可。

11.8.2　Go 项目的命令

在 GitHub 上的许多开源项目中都有 Makefile 文件的身影，用于项目编译、构建，配合自动化流水线，可以完成一整套的持续集成、持续部署操作。针对 Go 项目，开发者应该提供哪些命令来操作项目呢？在终端下输入 Go 命令，可以查看 Go 支持的命令。

比较重要且常用的是：

- 测试。
- 编译。
- 静态检查。
- 运行。
- 安装下载库。
- 格式化代码。

所以，一个适用于 Go 项目的 Makefile 文件也应该支持这些操作，具体可根据项目的实际需求而定，当然也可以自定义命令来完成相应的操作。

- make default: 编译。
- make install: 下载安装。
- make vet: 静态检查。
- make fmt: 格式化代码。
- make clean: 移除编译的文件。

比如下面这个示例：

```
BINARY="votes"
VERSION=1.0.0
BUILD='date +%FT%T%z'

PACKAGES=`go list ./... | grep -v /vendor/`
VETPACKAGES=`go list ./... | grep -v /vendor/ | grep -v /examples/`
GOFILES=`find . -name "*.go" -type f -not -path "./vendor/*"`

default:
    @go build -o ${BINARY} -tags=jsoniter
```

```
list:
    @echo ${PACKAGES}
    @echo ${VETPACKAGES}
    @echo ${GOFILES}

fmt:
    @gofmt -s -w ${GOFILES}

fmt-check:
    @diff=$$(gofmt -s -d $(GOFILES)); \
    if [ -n "$$diff" ]; then \
        echo "Please run 'make fmt' and commit the result:"; \
        echo "$${diff}"; \
        exit 1; \
    fi;

install:
    @govendor sync -v

test:
    @go test -cpu=1,2,4 -v -tags integration ./...

vet:
    @go vet $(VETPACKAGES)

docker:
    @docker build . -t wuxiaoxiaoshen/votes:latest -f
chapter11/deployments/Dockerfile

clean:
    @if [[ -f ${BINARY} ]] ; then rm ${BINARY} ; fi

.PHONY: default fmt fmt-check install test vet docker clean
```

Makefile 文件不但方便开发人员在本地编译、构建项目，而且可以配合自动化流水线，从而完成更多的前置任务。

比如在镜像构建环节，在构建之前进行测试等检验，进一步确保镜像构建的正确性。

11.9　容器化部署

容器是一种新型的虚拟化方式，与传统的虚拟机方式相比具有诸多的优势：

- 部署方便。
- 轻量级。
- 相同的运行环境。
- 持续交付，持续部署。

在容器化技术未出现之前，Web 服务的部署方式较为传统，比如将代码复制到服务器上，再安装相关的依赖并启动服务。传统的方式较为烦琐。容器技术的诞生使得部署更为简便，只需要构建相应的镜像，启动镜像的同时运行相应的代码，然后启动服务即可。

11.9.1　Docker 容器的使用

Docker 容器有三大组件：镜像（Image）、容器（Container）和仓库（Repository）。要了解容器技术，建议查看相关的文档（https://www.docker.com/），这里仅进行简单的介绍。

- 镜像：一个特殊的文件系统，提供容器运行时的程序、库、配置等，属于静态数据。
- 容器：实质是进程，和宿主机上的进程有所不同，容器进程有属于自己独立的命名空间，有自己的root文件系统、网络配置等。
- 仓库：存储各种镜像文件。

对后端开发人员而言，需要掌握如何操作镜像、容器和仓库。镜像是文件系统，也是一种资源，镜像的操作包括删除、构建、获取、查看等；容器是进程，容器的操作包括启动、停止、查看等；仓库是存储镜像的地方，仓库的操作包括推送、获取等。

Docker 容器采用 C/S（客户端/服务器端）架构，要使用 Docker，需要安装软件，启动 Docker 进程，之后可以对镜像、容器、仓库进行操作。后端开发用到的所有技术，比如 Ubuntu 系统、Nginx 服务、MySQL、Go、PostgreSQL 等都存在相应的镜像。有了 Docker 之后，再也不用费时费力地下载安装各种软件就可以使用所需的技术。比如需要使用 PostgreSQL 数据库，可以简单地执行下面的命令：

```
// 拉取远程镜像仓库中的postgres置于本地
docker pull postgres
// 启动容器
docker run --name some-postgres -e POSTGRES_PASSWORD=mysecretpassword -d
postgres
// 查看容器
docker ps
// 进入容器
docker exec -it a5d42af1e361 bash
// 切换用户
su posgres
// 进入数据库
psql -h localhost

postgres@a5d42af1e361:/$ psql -h localhost
psql (11.4 (Debian 11.4-1.pgdg90+1))
Type "help" for help.

postgres=#
```

上面是以 postgres 为例的一些简单使用，事实上各种服务都可以使用 Docker 来操作它们，而无须在本地安装和进行繁杂的配置。以后开发者想学习任何服务，优先使用容器版本，即可快速上手。

获取到镜像之后，各种镜像的配置参数不同，如何使用它们呢？可以查看 DockerHub 最大的镜像托管平台（https://hub.docker.com），网站上托管了许多官方和个人的镜像，查看相应的文档即可。

对个人开发者而言，构建自己的镜像无须从零开始，在官方的镜像基础上构建自己的镜像即可，这也是个人或者企业构建镜像的核心步骤。如何构建镜像呢？答案是编写 Dockerfile，官方提供了一套语法规范，按照规范编写 Dockerfile 文件即可。

```
# 示例
# 基础镜像
FROM golang:1.13.4
# 维护者信息
LABEL maintainer="XieWei"

# 工作目录
WORKDIR /go/GopherBook/chapter11
# 暴露端口
EXPOSE 8888
# 设置环境变量
ENV GO111MODULE=on
# volume 目录
VOLUME [ "/go/GopherBook/chapter11/logs" ]

# 下载安装依赖
RUN apt-get update && apt-get install -q -y vim git openssh-client cron bash
&& apt-get clean;
# 复制文件
COPY . .
# 执行命令
RUN make install
RUN make prod

# 容器启动时执行命令
CMD [ "bash", "-c", "/go/GopherBook/chapter11/votes;" ]
```

开发者只需要熟悉这样的一套语法规范，命令也不多，一共有 10 多个。

为什么这样操作，构建镜像的目的是什么？

开发者构建 Web 服务，在本地开发时直接在本地启动服务即可，比如 go web 项目，执行 go run 命令启动服务。那么想要在远程服务器上部署这套代码，怎么启动服务呢？答案是构建镜像，启动镜像的同时启动服务，这样开发者只需要提供 Dockerfile 文件就可以构建镜像，在镜像的基础上再执行 docker run 命令启动容器，即可启动 Web 服务。这就是容器这么受欢迎的原因，一套代码多处部署，使用非常方便。

对于个人开发者，如果有自己私有的服务器，那么可以配合 DaoCloud（https://www.daocloud.io/）搭建流水线，自动同步远端代码进行测试、构建等环节，自动构建镜像、部署容器。

11.9.2 小结

无论是个人项目还是公司项目，如何既维持一致的环境，又快速地部署系统呢？答案是使用 Docker。开发者只要了解镜像、容器和仓库三大组件，就了解了容器的整个生命周期，生产环境中多使用容器技术进行服务的部署，既方便管理又方便维护。

11.10　自动 CI/CD

开发人员编写完代码需要将代码构建成镜像，在服务器上拉取镜像，再启动容器即可。当然，生产环境的容器并不是单一的，容器相互之间有联系，进而构建复杂的系统架构。问题是每次更新代码后,有没有什么方法自动构建新的镜像、自动完成部署呢? 自动构建新的镜像、部署新的镜像的整个过程称为 CI(持续集成)/CD(持续部署)。有一个很明显的优势是,开发人员只需要设置一次自动 CI/CD 流程,之后只要关注开发功能,完成业务代码后只需要提交新代码,自动 CI/CD 拉取新代码、构建新镜像、完成部署,就可以完成一次功能开发过程。

对个人开发者而言,GitHub 是较大的代码托管平台,配合 GitHub 的代码,个人开发者的开源项目可以完成自动 CI/CD 流程。其中的典型代表就是 TravisCI,当然还有更多的免费或者收费的持续集成、持续部署工具,具体细节可参考地址 https://github.com/marketplace。下面以 TravisCI 为例来讲解整体步骤。

1. TravisCI

TravisCI 是持续集成、持续部署中的典型代表。使用 GitHub 账户,对开源项目免费,且支持绝大多数编程语言,这意味着我们的绝大多数代码都可以通过 TravisCI 进行持续集成。现阶段对托管在 GitHub 上的公开和私有的项目都能对接。公开项目使用的网址为 https://travis-ci.org/,私有项目使用的网址为 https://travis-ci.com/。

2. 使用步骤

(1)使用 GitHub 账号登录网站,网站会同步在 GitHub 上托管的代码,想要对哪个项目进行持续集成,只需选择相应的选项即可。

公开项目如图 11-3 所示。

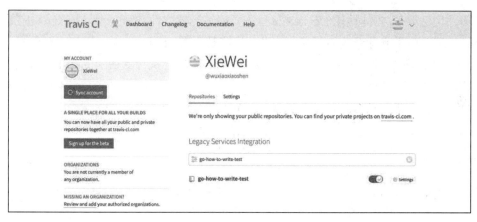

图 11-3　公开项目

私有项目如图 11-4 所示。

项目中的根目录下需要有 .travis.yml 配置文件,采用 YAML 格式指定项目的语言类型以及要执行的相关操作,当然需要遵守一套语法规范。

3. 语法规范

YAML 语法:键值对、列表、字符串、数值。

```
language: go
go:
  - "1.12"
```

```
  - '"1.12.x"
env:
  - GO111MODULE=on

script:
  - echo "Hello Golang"
  - echo "Hi!"
```

图 11-4　私有项目

Go 版本的 travis.yml 语法规范网址为 https://docs.travis-ci.com/user/languages/go/。

4. 处理流程

配置文件是项目中不可或缺的，比如 Go Web 项目，我们也会使用配置文件配置数据库等，一般采用 JSON 格式或者 YAML 格式，因为其可读性高。

在镜像构建环节，构建镜像 Dockerfile 也需要编写配置文件，遵守一套 Docker 约定的规范。

Travis 对于关联或者对接的项目，首先会检测是否有 .travis.yml 文件，如果有该文件，就执行 install 和 script 两个环节；如果没有该文件，Travis 就会执行默认的 install 和 script 环节。install 环节用来进行库的安装，对 Go 项目可以下载依赖库等，可以有多个命令；script 环节一般用来进行测试、静态检查、编码规范等，也可以有多个命令。

```
install: go get ./...

script:
  - echo "Hello Golang"
  - go fmt $(go list ./... | grep -v vendor)
  - go vet $(go list ./... | grep -v vendor)
```

这两个环节是必需的，若配置了对应的环节，则执行对应的命令，否则执行如下默认命令：

```
install: go get ${gobuild_args} ./...
script: go test ${gobuild_args} ./...
```

这两个环节又存在相应的钩子环节，即在环节之前或者环节之后要执行的操作。

- before_install：install阶段之前执行。
- before_script：script阶段之前执行。
- after_failure：script阶段失败时执行。
- after_success：script阶段成功时执行。
- before_deploy：deploy步骤之前执行。

- after_deploy: deploy步骤之后执行。
- after_script: script阶段之后执行。

5. Go 项目的.travis.yml

注册 DockerHub（https://hub.docker.com/）账户，该网站可以进行镜像托管。

- 代码托管在GitHub上。
- 根据项目是公开的还是私密的,选择对应的Travis(公开为travis-ci.org, 私密为travis-ci.com)。
- 在项目的根目录下创建.travis.yml。
- 指定编程语言，根据项目执行install、script环节或者相应的钩子环节。
- 在Travis网站配置DOCKER_USERNAME和DOCKER_PASSWORD环境变量。
- 在项目中的deployments下编写Dockerfile文件。
- 执行docker build构建镜像。
- 所有步骤结束后，将镜像推送至DockerHub。

比如，本项目的网址为 https://github.com/wuxiaoxiaoshen/GopherBook。
对应的.travis.yml 配置文件的内容如下：

```
language: go
go:
  - "1.12"
  - "1.12.x"
env:
  - GO111MODULE=on
notifications:
  email:
    recipients:
      - wuxiaoshen@shu.edu.cn
    on_success: change # default: change
    on_failure: always # default: always

before_script:
  - echo "$DOCKER_PASSWORD" | docker login -u "$DOCKER_USERNAME"
--password-stdin

script:
  - echo "Hello"
  - go fmt $(go list ./... | grep -v vendor)
  - go vet $(go list ./... | grep -v vendor)
  - make fmt
  - make vet
  - make

after_success:
  - docker build . -t wuxiaoshen/beequick:latest -f Chapter5/BeeQuick.v1/
deployments/Dockerfile
  - docker build . -t wuxiaoshen/votes:latest -f chapter11/deployments/
Dockerfile
  - docker push wuxiaoshen/beequick:latest
  - docker push wuxiaoshen/votes:latest
```

环境变量配置如图 11-5 所示。

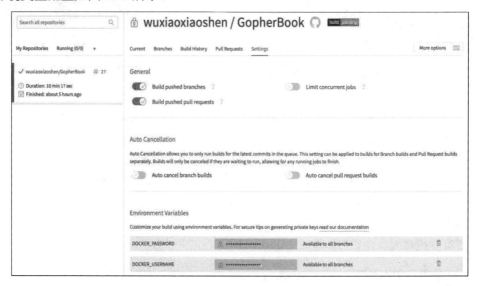

图 11-5　环境变量配置

提交新代码，Travis 会拉取新代码并执行 Travis 内的步骤，且可以看到执行操作的日志，如图 11-6 所示。

图 11-6　执行操作的日志

运行成功后，镜像推送至 DockerHub，但是镜像是公开的，免费用户暂时只能拥有一个镜像，如图 11-7 所示。

构建环节的成功能在一定程度上保证此次合入的新代码没有异常。之后，开发者只需要专注业务逻辑的开发即可，使整个过程自动化，从而简化了整个项目的流程。TravisCI 的语法约束会把很多检验（比如测试、静态检测等）放在 script 环节，只有这个环节通过了，才允许进行镜像的构建，否则就会失败。

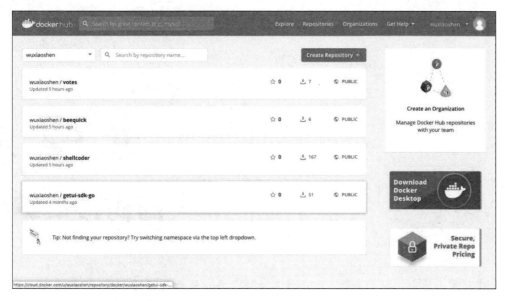

图 11-7　查看镜像

.travis.yml 文件保持精简，对于复杂的处理流程推荐使用 Make 或者 Shell 脚本进行处理和简化，比如使用 Makefile 对项目进行编译。

TravisCI 在各种开源项目中频繁地使用，对提交的代码进行检测，例如是否满足覆盖率、是否执行测试等，希望对大家有所启发。

真实的商业项目一般会选择各种云服务，比如阿里云、华为云等各种云厂商提供的服务，这类云厂商都会提供流水线对合入的新代码进行自动化 CI，满足条件时自动构建镜像，并在服务器上进行镜像替换。当然，也可以自己搭建一套符合公司项目的流水线，完成类似的功能，鉴于人力和学习成本，绝大多数中小企业仍然会选择云服务而专注在业务逻辑的开发上。

6. 小结

个人开源项目的自动 CI/CD 流程可以选择 Travis 服务，镜像托管在 DockerHub 上。整体的流程就是为了进行自动化处理，尽量做到人力不干预，完成持续集成和持续部署。希望后端开发人员对整体的流程有一定的认识。

11.11　本 章 小 结

本章介绍 Go Web 的各个方面，希望能够把握 Web 开发的整体流程，其中涉及的概念、技术、知识很多，需要反复地自我总结，形成自己的 Web 开发知识体系。在真实的商业项目中，每个环节会有所差异，但大体的思路是一致的。

- RESTful风格的API设计是重点。
- 模型的设计关系到业务逻辑的实现、查询性能等。
- 项目的良好组织是为了应对后续多变的需求。
- 容器化部署配合自动化CI/CD可以快速发布版本、修复功能。

第12章

面向接口编程

在日常工作中，绝大多数工作都是在处理业务，随着时间的推移，会越来越熟悉当前的工作，转而进入熟练阶段，也就是所谓的舒适区。不过，技术的迭代非常快，加上程序开发是一种需要持续学习的岗位，因此开发者需要不断地提高自己的开发能力。能力的提高一方面来自不断地解决工作问题的积累，另一方面需要靠开发者自身主动学习。

本章讲述开发者从开源领域和社区能学习到什么以及如何学习，主要分析的是开源软件 ElasticSearch。

12.1 开　　源

什么是开源？开源对开发者有哪些启示？

开源是一种开放源代码的行为。随着 Git 分布式版本管理成为事实上的版本管理标准，以及 GitHub 代码托管平台的流行，越来越多的开发者聚集在开源领域和社区。针对普通的开发者，对那些非常"火热"的技术，比如 Docker、Kubernetes、Etcd 等都有机会参与其中，甚至贡献代码，同时也有机会阅读相应的源代码，从而感受到顶尖开发者编写代码的魅力和美感。

由此可见，普通开发者也有能力将自己解决实际问题的代码开源出去，在开源社区内贡献自己小小的力量。

普通开发者如何在开源领域内学习相应的技术，以不断提高自己呢？

有以下几点值得注意：

- 以解决自身问题为主。
- 甄别高质量的开源软件。
- 模仿学习。
- 迭代学习。

1. 以解决自身问题为主

根据 GitHub 2019 年度报告（https://octoverse.github.com/），GitHub 上有超过 4000 万的开发者，热门项目被数百万其他存储库使用，托管着数以万计的顶级开源项目。开发者如果不聚焦在自身的领域、自身的问题，那么可能会陷入茫茫的开源软件内而迷失了自己。比如，如果读者遇到的问题与搜索相关，那么可能要关注的是 ElasticSearch 之类搜索相关的开源项目；如果读者遇到的问题是容器集群化部署，那么可能要关注的是 Kubernetes 之类容器编排部署相关的开源项目；如果读者遇到的是消息队列相关的问题，那么可能要关注的是 Kafka、RocketMQ 等消息队列相关的开源项目。

总之，我们需要聚焦在自身的领域、自身的问题，才能解决自己的问题。

2. 甄别高质量的开源软件

只有拥有高质量的开源软件，才值得深入学习，明白其用法和设计理念，进而借鉴学习，然后应用到自身的项目中，以提升系统的稳定性、可靠性等。

开源软件众多，解决同一种类型的问题也存在诸多的开源软件，如何甄别呢？

- 官方推出的开源软件。
- 社区活跃的开源软件。
- 大厂背书的开源软件。

针对各种问题，不乏有热心的开发者会开发对应的软件来解决问题，如果开发者水平高，那么当然可以选择其开源项目，否则建议优先选择官方组织的开源项目，官方意味着及时地更新功能、修复问题，同时也能吸引更多的开发者参与进来，这样的开源软件会逐渐趋于完善，这也是开源的魅力之一。

同样，开发者热衷参与官方的开源项目，整个社区就会更加活跃，能够解决的问题就更多，方案也就更多，我们所遇到的问题得到解决的可能性就更大，毕竟我们不会是第一批遇到此类问题的人。

诸多的顶级开源项目都是大型互联网公司参与开发或者直接开源的，比如容器编排 Kubernetes 的开源在云计算领域大放异彩，再如编程语言 Go 本身就是大厂开源的，设计理念先进，性能优秀，迭代速度非常快，内置很多库，常常是开发者深入学习编程语言的首选。

3. 模仿学习和迭代学习

顶级开源项目对普通开发者来说其实比较遥远，普通开发者想要完全掌握其原理非常耗时。所以还是聚焦在自身的领域和问题点，也许开源项目的部分内容就解决了普通开发者的疑惑。

仅仅读懂或者会用远远不够，较好的实践是模仿学习，能不能通过开发一个项目来解决某类问题。如果能模仿着学习，真正地解决问题，对提升自身能力和竞争力非常有帮助。

12.2　搜索引擎的基本使用

ElasticSearch 是一个基于 Lucene 的搜索服务器，是一个分布式多用户的全文搜索引擎，基于 RESTful Web API 接口，它是一种流行的企业级搜索引擎。典型的 ElasticSearch 使用场景有电商商品搜索、日志搜索等，各大互联网公司都选择其作为搜索引擎，比如 GitHub 中的代码搜索就是基于 ElasticSearch 实现的。下面介绍 ElasticSearch 的使用。

12.2.1　下载并安装

推荐读者使用 ElasticSearch 服务的容器版本，读者可以使用 docker-compose 启动 ElasticSearch 服务。

本地需要提前安装 Docker 和 docker-compose。

12.2.2　docker-compose 配置文件

配置集群名称为 es_clusername，节点名称分别为 es_01、es_02 和 es_03。

```yaml
version: '3'
services:
  elasticsearch:
    image: docker.elastic.co/elasticsearch/elasticsearch:7.5.0
    container_name: es_01
    environment:
      - "cluster.name=es-clustername"
      - "bootstrap.memory_lock=true"
      - "node.name=es_01"
      - "ES_JAVA_OPTS=-Xms512m -Xmx512m"
      - "discovery.seed_hosts=es_01,es_02,es_03"
      - "cluster.initial_master_nodes=es_01,es_02,es_03"
    ulimits:
      memlock:
        soft: -1
        hard: -1
    volumes:
      - esdata1:/usr/share/elasticsearch/data
    ports:
      - 9200:9200
    networks:
      - esnet
  elasticsearch2:
    image: docker.elastic.co/elasticsearch/elasticsearch:7.5.0
    container_name: es_02
    environment:
      - "cluster.name=es-clustername"
      - "bootstrap.memory_lock=true"
      - "node.name=es_02"
      - "ES_JAVA_OPTS=-Xms512m -Xmx512m"
      - "discovery.seed_hosts=es_01,es_02,es_03"
      - "cluster.initial_master_nodes=es_01,es_02,es_03"
    ulimits:
      memlock:
        soft: -1
        hard: -1
    volumes:
      - esdata2:/usr/share/elasticsearch/data
    networks:
      - esnet
  elasticsearch3:
```

```
    image: docker.elastic.co/elasticsearch/elasticsearch:7.5.0
    container_name: es_03
    environment:
      - "cluster.name=es-clustername"
      - "bootstrap.memory_lock=true"
      - "node.name=es_03"
      - "ES_JAVA_OPTS=-Xms512m -Xmx512m"
      - "discovery.seed_hosts=es_01,es_02,es_03"
      - "cluster.initial_master_nodes=es_01,es_02,es_03"
    ulimits:
      memlock:
        soft: -1
        hard: -1
    volumes:
      - esdata3:/usr/share/elasticsearch/data
    networks:
      - esnet
volumes:
    esdata1:
        driver: local
    esdata2:
        driver: local
    esdata3:
        driver: local

networks:
    esnet:
        driver: bridge
```

启动服务：docker-compose -f docker-compose.yml up -d。

这样就在本地启动了一个 ElasticSearch 集群。

```
// 输入命令查看服务
docker ps --format "{{.ID}}: {{.Names}} : {{.Ports}}"  | grep es
>>
f064b0cc429d: es_03 : 9200/tcp, 9300/tcp
a2743d6c7b99: es_02 : 9200/tcp, 9300/tcp
455eaf252d54: es_01 : 0.0.0.0:9200->9200/tcp, 9300/tcp
```

默认开放 9200 端口。

12.2.3　查看安装是否成功

```
// 调用 API 接口查看结果
curl http://127.0.0.1:9200
>>

{
    "name" : "es_01",
    "cluster_name" : "es-clustername",
    "cluster_uuid" : "SgkM5bSoR3iTZsc5bDp8ow",
    "version" : {
        "number" : "7.5.0",
```

```
        "build_flavor" : "default",
        "build_type" : "docker",
        "build_hash" : "e9ccaed468e2fac2275a3761849cbee64b39519f",
        "build_date" : "2019-11-26T01:06:52.518245Z",
        "build_snapshot" : false,
        "lucene_version" : "8.3.0",
        "minimum_wire_compatibility_version" : "6.8.0",
        "minimum_index_compatibility_version" : "6.0.0-beta1"
    },
    "tagline" : "You Know, for Search"
}
```

可以看到当前 ElasticSearch 的版本以及集群信息等。

如果我们需要可视化的效果，社区也提供了相应的插件和监控系统。整体的安装非常简便，对外暴露出各种 API。开发者可以根据自己的需求使用相应的 API，比如查看集群的信息（cluster API）、查看节点的信息（node API）、操作索引的信息（index API）、完成搜索信息（search API）等。ElasticSearch 的基本使用主要围绕这套 API 进行，为了完成核心的搜索功能，软件提供了极其丰富的 RESTful API。

12.3　客户端 go-elasticsearch 的使用

前文提到 ElasticSearch 提供了非常多的 RESTful API 操作搜索引擎，客户端需要做的事主要是封装 RESTful API。面对数以百计的 RESTful API 接口，读者难道不好奇官方是如何组织与设计的吗？作为普通开发者能从中学习到什么设计模式，比如如何组织项目、划分工作、应对版本升级带来的不确定性。

带着这个问题，我们想从中学习到：如何开发优雅的客户端工具，优雅地封装 RESTful API。

想了解其设计思想，首先要学习其基本的操作，如何学习其基本的操作呢？较好的方式是从其官方文档中学习，go-elasticsearch库项目地址为https://github.com/elastic/go-elasticsearch。

12.3.1　下载并安装

为了避免不必要的冲突问题，最好选择和服务器端相对应的客户端版本。

```
curl http://127.0.0.1:9200

>>

{
    "name" : "es_01",
    "cluster_name" : "es-clustername",
    "cluster_uuid" : "SgkM5bSoR3iTZsc5bDp8ow",
    "version" : {
        "number" : "7.5.0",
        ...
    },
    "tagline" : "You Know, for Search"
}
```

ElasticSearch版本是 7.5.0，下载符合这个版本的客户端：go get github.com/elastic/
go-elasticsearch/v7。

12.3.2　基本的使用

官方提供了两种方式操作其 RESTful，进而达到操作 ElasticSearch 的目的。

为了简便起见，我们仅操作 cat API 中的 health，即集群健康检查 API。原始的 API 调用
名可以如下操作：

```
curl http://127.0.0.1:9200/_cat/health

>>
1576828943 08:02:23 es-clustername green 3 3 24 11 0 0 0 0 - 100.0%
```

green 表示集群健康，创建的 ElasticSearch 服务没有什么问题。

转化为 Go 代码的示例如下：

```
package main

import (
    "context"
    "fmt"
    "github.com/elastic/go-elasticsearch/v7"
    "github.com/elastic/go-elasticsearch/v7/esapi"
)

type EsQueryByClientAction struct {
    client *elasticsearch.Client
}

type EsQueryByRequestAction struct {
    cat esapi.CatHealthRequest
}

var DefaultClient *elasticsearch.Client

func init() {
    DefaultClient, _ = elasticsearch.NewDefaultClient()
}

// 使用 client 调用 cat health 的形式
func Example1() {
    var es EsQueryByClientAction
    es.client, _ = elasticsearch.NewDefaultClient()
    res, _ := es.client.Cat.Health(es.client.Cat.Health.WithHuman())
    fmt.Println(res.String())
    // [200 OK] 1576825983 07:13:03 es-clustername green 3 3 24 11 0 0 0 0 -
100.0%
}

// 使用 catHealthRequest 的形式
func Example2() {
    var esRequest EsQueryByRequestAction
    esRequest.cat = esapi.CatHealthRequest{}
```

```
    res, _ := esRequest.cat.Do(context.TODO(), DefaultClient)
    fmt.Println(res.String())
    // [200 OK] 1576825983 07:13:03 es-clustername green 3 3 24 11 0 0 0 0 -
100.0%

}
func main() {
    Example1()
    Example2()
}
>>
[200 OK] 1576825983 07:13:03 es-clustername green 3 3 24 11 0 0 0 0 - 100.0%
[200 OK] 1576825984 07:13:04 es-clustername green 3 3 24 11 0 0 0 0 - 100.0%
```

可以看出，上面的示例提供了两种方式获取数据：Example1 是先构造 client，再调用 client 的方法进行操作；Example2 是直接构造 CatHealthRequest，再直接调用 CatHealthRequest 的 Do 方法。

读者可以在源码中看到上述两种方式的实现。

12.4 项目组织的形式

使用 Git 获取源代码进行研究：

```
git clone git@github.com:elastic/go-elasticsearch.git
```

对于项目组织的形式，笔者认为清晰、可扩展这两点非常重要。回顾一下，我们之前讲过 ElasticSearch 的使用主要围绕的是 RESTful API 的形式，官方提供了数以百计的 RESTful API，那么如何对这些 RESTful API 分门别类地进行组织呢？

官方开源代码将整个项目组织主要划分为 3 层：

- esapi: 所有API集合层。
- estransport: 真实地发起HTTP请求层。
- elasticsearch.go: 上游稳定暴露API层。

```
// 查看目录结构
>> tree -L 1 go-elasticsearch

├── esapi
├── estransport
├── esutil
├── elasticsearch.go
└── internal
...
```

相似的内容，官方保持了极其统一的风格，举一个例子查看一下 esapi 层。

```
├── api._.go
├── api.bulk.go
```

```
├── api.cat.aliases.go
├── api.cat.health.go
...
├── api.clear_scroll.go
├── api.cluster.allocation_explain.go
├── api.cluster.get_settings.go
...
├── api.index.go
├── api.indices.analyze.go
├── api.indices.clear_cache.go
├── api.indices.clone.go
├── api.indices.close.go
...
```

具体查看某个 API 的内容：cat api.cat.health.go。

```
func newCatHealthFunc(t Transport) CatHealth

type CatHealth func(o ...func(*CatHealthRequest)) (*Response, error)

type CatHealthRequest struct
func (r CatHealthRequest) Do(ctx context.Context, transport Transport)
(*Response, error)

func (f CatHealth) WithFormat(v string) func(*CatHealthRequest)
func (f CatHealth) WithH(v ...string) func(*CatHealthRequest)
...
```

其中，CatHealth 是一个函数类型，参数为不定参数 func(*CatHealthRequest)，其中 CatHealthRequest 是一个结构体，定义了 Do 方法。Example2 示例中的代码就是运行的这个结构体的方法。

查看其他的 API，无论是从函数、结构体命名、文件组织、入参等都保持了高度的统一风格。保持风格统一的另一个好处是：对开发者而言，能够快速地定位问题所在。

12.5　面向接口编程

Go 语言中实现面向对象的思想主要靠的是结构体。面向对象包含三大特性：封装、继承与多态。不过 Go 语言中没有继承的概念，转而推荐使用组合的形式来实现继承的特性。面向对象中大量使用继承会出现层级过深的问题，而组合的形式能够很好地避免这个问题，这也是 Go 语言中极力推崇的面向对象的思维方式。在编程中提升代码质量、提升代码通用性的一个主要设计原则是面向接口编程。

什么是接口？简单地说是一堆方法的集合，描述的是接口具备的能力，而不管其如何实现。具体的实现依靠的是相应自定义的结构体来实现其描述的方法，是一种比较抽象的描述。看上去比较晦涩，使用编程语言实现的示例如下：

```
package main

import (
    "fmt"
```

```
        "log"
)
// 定义接口：关键字 interface，是方法的集合
type Gopher interface {
    Go(string) string
}
// 定义具体用于实现的结构体
type JobGo struct {
}
// 结构体绑定 Go 方法：参数、返回值和接口中定义的完全一致
func (J JobGo) Go(v string) string {
    return fmt.Sprintf("实现了 Gopher Interface")
}

func ExampleWithGopher(v Gopher, value string) {
    log.Println(v.Go(value))
}

// 定义接口：方法的集合
type Pythoneer interface {
    Python(string) string
}
// 定义具体用于实现接口的结构体
type JobPython struct {
}
// 结构体绑定 Pyhton 方法：参数、返回值和接口中定义的完全一致
func (J JobPython) Python(v string) string {
    return fmt.Sprintf("实现了 Pythoneer Interface")
}

func ExampleWithPythoneer(v Pythoneer, value string) {
    log.Println(v.Python(value))
}

func main() {
    var g JobGo
    ExampleWithGopher(g, "JobGo")

    var p JobPython
    ExampleWithPythoneer(p, "JobPython")

}
>>
2019/12/20 18:38:40 实现了 Gopher Interface
2019/12/20 18:38:40 实现了 Pythoneer Interface
```

接口是一堆方法的集合，描述的是这个接口具备什么能力。具体由对应的结构体来实现，只需要结构体绑定的方法的参数、返回值与接口中定义的完全一致即可，事实上同一个结构体可以实现多个接口。

```go
package main

import (
    "fmt"
    "log"
)

type Gopher interface {
    Go(string) string
}
type Pythoneer interface {
    Python(string) string
}

type JobGo struct {
}

func (J JobGo) Go(v string) string {
    return fmt.Sprintf("实现了 Gopher Interface")
}

func (J JobGo) Python(v string) string {
    return fmt.Sprintf("同样实现了 Pythoneer Interface")
}

func ExampleWithGopher(v Gopher, value string) {
    log.Println(v.Go(value))
}

func ExampleWithPythoneer(v Pythoneer, value string) {
    log.Println(v.Python(value))
}

func main() {
    var g JobGo
    ExampleWithGopher(g, "JobGo")
    ExampleWithPythoneer(g, "JobGo")

}
>>
2019/12/20 18:45:43 实现了 Gopher Interface
2019/12/20 18:45:43 同样实现了 Pythoneer Interface
```

什么是组合？简单地说，将对应的接口或者结构体作为另一个接口或者结构体的属性。
描述起来有点晦涩，查看具体示例：

```go
package main

import (
    "fmt"
    "log"
)

type Gopher interface {
    Go(string) string
}
```

```
type Pythoneer interface {
    Python(string) string
}

type JobGo struct {
}

func (J JobGo) Go(v string) string {
    return fmt.Sprintf("实现了 Gopher Interface")
}

func (J JobGo) Python(v string) string {
    return fmt.Sprintf("同样实现了 Pythoneer Interface")
}

type JobPython struct {
}

func (J JobPython) Python(v string) string {
    return fmt.Sprintf("实现了 Pythoneer Interface")
}

type AwesomeDeveloper struct {
    JobGo
    JobPython
}

func (A AwesomeDeveloper) Go(v string) string {
    return fmt.Sprintf("实现了面向对象的多态特性")
}
func (A AwesomeDeveloper) Python(v string) string {
    return fmt.Sprintf("实现了面向对象的多态特性")
}

func ExampleWithGopher(v Gopher, value string) {
    log.Println(v.Go(value))
}

func ExampleWithPythoneer(v Pythoneer, value string) {
    log.Println(v.Python(value))
}

func main() {
    var awesome AwesomeDeveloper
    ExampleWithGopher(awesome, "AwesomeDeveloper")
    ExampleWithPythoneer(awesome, "AwesomeDeveloper")
}
>>
2019/12/20 18:51:06 实现了面向对象的多态特性
2019/12/20 18:51:06 实现了面向对象的多态特性
```

JobGo 和 JobPython 两个结构体作为 AwesomeDeveloper 结构体的匿名成员，自动具备 Go 和 Python 方法，同时 AwesomeDeveloper 自己具备 Go 和 Python 方法，因此"继承"的方法被覆盖。这也是为什么结果输出为 AwesomeDeveloper 方法本身的输出结果。

为什么要说明这些？面向接口编程有什么好处？

越抽象的设计使用面向接口的编程思想越能提高代码的灵活性，应对多变的需求，抽象是提高代码扩展性、可维护性的重要手段。

读者可能会有疑问：是先编写 Interface 描述能力，还是先编写具体的结构体，再抽取出 Interface 的方法？

当然是先描述 Interface 的方法，再使用具体的结构体去实现。Interface 本身是用来抽象组织代码的，而不是从具体的代码中抽取出来再进行描述，后者本末倒置了。

有部分读者会产生疑问：是否需要为每个具体实现的结构体定义相应的 Interface？

还是回到 Interface 本身的能力上来，Interface 是用来抽象描述能力的，如果实现的结构体不会经常变动，而且只有一种实现方式，那么使用具体的结构体实现即可。如果有多种可能的实现方式，那么优先定义 Interface。举一个例子，编写一个抓取多个平台数据的软件，比如网站甲、网站乙等，多个网站数据的具体解析、获取数据方法不一样，但是能力几乎一致，如获取网页源代码、解析数据、清洗、持久化存储。像这类问题，当然优先定义 Interface 描述其能力。

```
type Parser interface {
    Fetch(url string) *http.Response
    Clean(response *http.Response) *http.Response
    IntoDB(client interface{}) bool
}
```

读者需要具体问题具体分析，而不是一味"搬弄"设计原则。

go-elasticsearch 官方开源库多处使用了组合和面试接口的编程思想，正是这种设计原则的实践，使其能够应对繁复的 RESTful API。我们可以从源代码层面带大家一览其使用面向接口和组合的思想。

（1）esapi层

esapi 层完成的核心工作是对接口的操作，查看其目录结构：

```
>> tree -L 1 esapi

esapi
├── api._.go
├── api.bulk.go
├── api.cat.aliases.go
├── api.cat.allocation.go
├── api.cat.count.go
├── api.cat.fielddata.go
├── api.cat.health.go
...
├── doc.go
├── esapi.go
├── esapi.request.go
├── esapi.response.go
...
```

查看某个接口的代码组织，比如集群健康状态接口：

```
>> cat api.cat.health.go

func newCatHealthFunc(t Transport) CatHealth{}
type CatHealth func(o ...func(*CatHealthRequest)) (*Response, error)

type CatHealthRequest struct{}
func (r CatHealthRequest) Do(ctx context.Context, transport Transport)
(*Response, error)

func (f CatHealth) WithContext(v context.Context) func(*CatHealthRequest)
func (f CatHealth) WithFormat(v string) func(*CatHealthRequest)
func (f CatHealth) WithH(v ...string) func(*CatHealthRequest)
...
```

读者通过多查看几个文件就可以发现，关于 API 代码组织和命名完全保持统一的风格。给读者的启发是：编写代码中相似的功能需要具备相似的代码组织，在编程领域内称为风格统一。

继续深入研究，发现这些内容其实都是面向接口编程的（组织 Request 和 Response），ElasticSearch 对外暴露的是 RESTful 风格的 API。访问 API，无外乎会涉及这些内容：

- 如何处理URL，即网络请求，包括请求参数、路径参数等的处理。
- 如何处理响应信息，包括获取到的数据的展示、状态码等的处理。
- 如何处理异常信息，包括异常数据的展示等。

这些 API 有一个 Do 方法，接收 context.Context 和 Transport 两个参数。

```
>> cat esapi.request.go

type Request interface {
    Do(ctx context.Context, transport Transport) (*Response, error)
}

>> cat esapi.go

type Transport interface {
    Perform(*http.Request) (*http.Response, error)
}
```

其中，Request 描述了其有 Do 方法，可以获取到 API 请求的响应信息，Transport 描述了真实的网络请求操作。事实上，将 Transport Interface 作为方法的参数，只使用了其能发起网络请求的能力。

```
func (r CatHealthRequest) Do(ctx context.Context, transport Transport)
(*Response, error) {
    var (
        method string
        path   strings.Builder
        params map[string]string
    )

    method = "GET"

    path.Grow(len("/_cat/health"))
    path.WriteString("/_cat/health")

    params = make(map[string]string)
```

```go
    if r.Format != "" {
        params["format"] = r.Format
    }

    if len(r.H) > 0 {
        params["h"] = strings.Join(r.H, ",")
    }

    if r.Help != nil {
        params["help"] = strconv.FormatBool(*r.Help)
    }

    if len(r.S) > 0 {
        params["s"] = strings.Join(r.S, ",")
    }

    if r.Time != "" {
        params["time"] = r.Time
    }

    if r.Ts != nil {
        params["ts"] = strconv.FormatBool(*r.Ts)
    }

    if r.V != nil {
        params["v"] = strconv.FormatBool(*r.V)
    }

    if r.Pretty {
        params["pretty"] = "true"
    }

    if r.Human {
        params["human"] = "true"
    }

    ...
    req, err := newRequest(method, path.String(), nil)
    if err != nil {
        return nil, err
    }

    ...
    res, err := transport.Perform(req)
    if err != nil {
        return nil, err
    }

    response := Response{
        StatusCode: res.StatusCode,
        Body:       res.Body,
        Header:     res.Header,
    }

    return &response, nil
}
```

这个CatHealthRequest的Do方法，参数和响应与Request Interface一致，说明CatHealthRequest实现了Request Interface方法。事实上，CatHealthRequest只是借用了Transport能够发起网络。请求获取响应的能力（Perform方法），其他的工作都是在组织URL或者请求参数，具体组织如图12-1所示。此处为面向接口的编程思想之一。

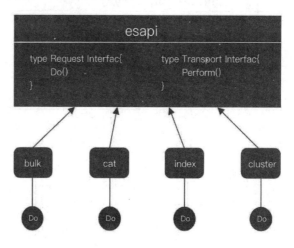

图 12-1　具体组织

最后，将所有实现了 Request Interface 的结构体进行组合。

```
>> cat api._.go
type API struct {
    Cat        *Cat
    Cluster    *Cluster
    Indices    *Indices
    Ingest     *Ingest
    Nodes      *Nodes
    Remote     *Remote
    ...
}

func New(t Transport) *API {
    return &API{
        ...
        Cat: &Cat{
            Aliases:     newCatAliasesFunc(t),
            Allocation:  newCatAllocationFunc(t),
            Count:       newCatCountFunc(t),
            Fielddata:   newCatFielddataFunc(t),
            Health:      newCatHealthFunc(t),
            Help:        newCatHelpFunc(t)
            ...
        }
    }
```

将所有子结构体组合成 API 结构体，自动具备相应字段体的方法和公开属性，如图 12-2 所示。

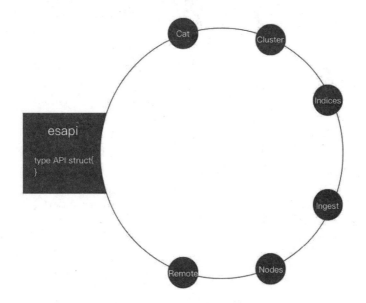

图 12-2　构建成 API 结构体

　　esapi 层主要完成对 API 的操作，包括请求参数的组织、请求方法的设置，使用了 Transport 发起网络请求获取响应的能力。最后使用组合的思想把所有 RESTful API 接口组合起来。

（2）estransport 层

　　estransport 层主要用来发起网络请求的真实实现，即实现 Transport Interface。当然，还包括一些重试、日志、客户端设置等操作。为什么分层？这样能够逻辑清晰地划分项目组织，方便后续的迭代。ElasticSearch 是在不断地迭代升级的，相应的 go-elasticsearch 客户端也需要不断地迭代升级。

```
>> cat estransport.go
type Interface interface {
    Perform(*http.Request) (*http.Response, error)
}
type Client struct {
    sync.Mutex

    urls     []*url.URL
    username string
    password string
    apikey   string

    ...

    transport http.RoundTripper
    logger    Logger
    ...
}
func (c *Client) Perform(req *http.Request) (*http.Response, error) {
    var (
        res *http.Response
```

```
            err error
        )

        ...

        for i := 1; i <= c.maxRetries; i++ {
            var (
                conn        *Connection
                shouldRetry bool
            )

            // Get connection from the pool
            c.Lock()
            conn, err = c.pool.Next()
            c.Unlock()
            if err != nil {
                if c.logger != nil {
                    c.logRoundTrip(req, nil, err, time.Time{}, time.Duration(0))
                }
                return nil, fmt.Errorf("cannot get connection: %s", err)
            }

            // Update request
            c.setReqURL(conn.URL, req)
            c.setReqAuth(conn.URL, req)

            if !c.disableRetry && i > 1 && req.Body != nil && req.Body
!= http.NoBody {
                body, err := req.GetBody()
                if err != nil {
                    return nil, fmt.Errorf("cannot get request body: %s", err)
                }
                req.Body = body
            }

            // Set up time measures and execute the request
            start := time.Now().UTC()
            res, err = c.transport.RoundTrip(req)
            ...
        return res, err
    }
```

查看源代码可以发现，真实的发起网络请求的实现部分是 c.transport.RoundTrip(req)，如图 12-3 所示。

（3）elasticsearch层

这一层完成的是最终对外的结构体，使用到了组合的编程思想，如图 12-4 所示。

```
>> cat elasticsearch.go

type Client struct {
    *esapi.API // Embeds the API methods
    Transport  estransport.Interface
}
```

```go
func (c *Client) Perform(req *http.Request) (*http.Response, error) {
    return c.Transport.Perform(req)
}
```

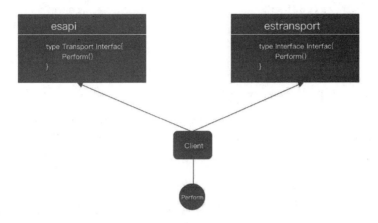

图 12-3　网络请求实现

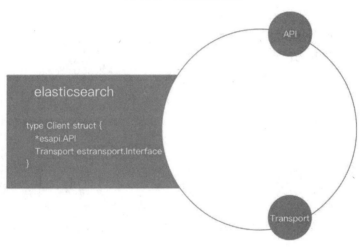

图 12-4　Client 组合了 *esapi.API 和 Transport

可以看到使用了组合的思想把 API 和 Transport 两者结合起来。再回过头来看我们给出的
go-elasticsearch 示例：

```go
// 使用 client 调用 cat health 的形式
func Example1() {
    var es EsQueryByClientAction
    es.client, _ = elasticsearch.NewDefaultClient()
    res, _ := es.client.Cat.Health(es.client.Cat.Health.WithHuman())
    fmt.Println(res.String())
    // [200 OK] 1576825983 07:13:03 es-clustername green 3 3 24 11 0 0 0 0 -
100.0%
}

// 使用 catHealthRequest 的形式
func Example2() {
    var esRequest EsQueryByRequestAction
```

```
    esRequest.cat = esapi.CatHealthRequest{}
    res, _ := esRequest.cat.Do(context.TODO(), DefaultClient)
    fmt.Println(res.String())
    // [200 OK] 1576825983 07:13:03 es-clustername green 3 3 24 11 0 0 0 0 -
100.0%

    }
```

Example1 直接使用 ElasticSearch 中的 client 调用其函数的形式。

Example2 直接调用 Request 的 Do 方法。

读者可以仔细阅读官方源代码，体会这种分层、面向接口、组合的编程思想，将复杂的问题简化，且具有较好的扩展性。这种面向接口、组合的编程思想使得上游代码非常稳定，几乎都不需要改动。如果 ElasticSearch RESTful API 发生变动，那么只需改动 esapi 层即可。

12.6 自己实现，学为己用

学习面向接口编程、组合的思想，如何更深入地理解所学的内容呢？较好的方式是自己动手实践，将整体思想应用到自己的项目中。

初学者较好的学习方式是模仿，那么如何模仿呢？

● 需求分析。
● 将项目分层组织。
● 面向接口，组合编程，代码实现。

1. 需求分析

这里准备实现一个搜索（Search）库，搜索的对象是微博和知乎，再对其搜索的结果进行聚合。

● 微博搜索：获取找人、文章、视频、图片、话题，如图12-5所示。

图 12-5　微博搜索界面

● 知乎搜索：获取话题，如图12-6所示。

图 12-6　知乎搜索界面

明确了目标，我们应该分析发起的真实请求和响应是什么结构。这一步其实利用的是设计网络爬虫程序的思想，对网页进行分析，分析出网络请求、响应等。

下面以微博找人为例分析需求，如图 12-7 所示。

网络请求：https://s.weibo.com/user?q=%E6%9D%A8%E5%B9%82&Refer=index。

请求参数：q=杨幂。

请求参数：Refer=index。

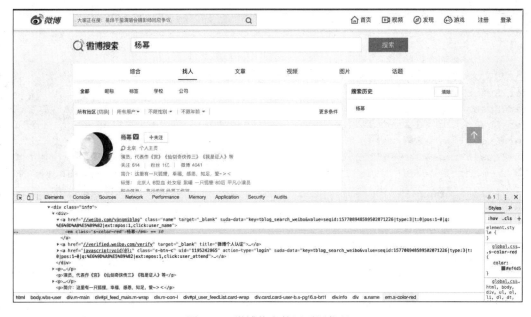

图 12-7　微博找人的网页源代码

响应信息如下：

```
<div class="info">
        <div>
                <a href="//weibo.com/yangmiblog" class="name" target="_blank"
suda-data="key=tblog_search_weibo&amp;value=seqid:15770897741659207l669|type:3
|t:0|pos:1-0|q:%E6%9D%A8%E5%B9%82|ext:mpos:1,click:user_name"><em class=
"s-color-red">杨幂</em></a>
                <a href="//verified.weibo.com/verify" target="_blank" title="微博
个人认证"><i class="icon-vip icon-vip-g"></i></a>
                                <a href="javascript:void(0);" class="s-btn-c"
uid="1195242865" action-type="login" suda-data="key=tblog_search_weibo&amp;
value=seqid:15770897741659207l669|type:3|t:0|pos:1-0|q:%E6%9D%A8%E5%B9%82|ext:
mpos:1,click:user_attend"><i class="wbicon s-color-a">+</i>关注</a>
                </div>
        <p>
                        <i class="icon-sex icon-sex-female"></i>
                北京
                <a href="//weibo.com/yangmiblog" target="_blank" class="wb_url"
suda-data="key=tblog_search_weibo&amp;value=seqid:15770897741659207l669|type:3
|t:0|pos:1-0|q:%E6%9D%A8%E5%B9%82|ext:mpos:1,click:user_profile">个人主页</a>
        </p>
        <p>演员，代表作《宫》《仙剑奇侠传三》《我是证人》等</p>         <p>
                <span>关注<a href="//weibo.com/1195242865/follow" target="_blank"
suda-data="key=tblog_search_weibo&amp;value=seqid:15770897741659207l669|type:3|t:
0|pos:1-0|q:%E6%9D%A8%E5%B9%82|ext:mpos:1,click:user_friends">614</a></span>
                <span>粉丝<a href="//weibo.com/1195242865/fans" target="_blank"
suda-data="key=tblog_search_weibo&amp;value=seqid:15770897741659207l669|type:3
|t:0|pos:1-0|q:%E6%9D%A8%E5%B9%82|ext:mpos:1,click:user_fans">1 亿</a></span>
                <span class="s-nobr">微博<a href="//weibo.com/1195242865/profile"
target="_blank" suda-data="key=tblog_search_weibo&amp;
value=seqid:15770897741659207l669|type:3|t:0|pos:1-0|q:%E6%9D%A8%E5%B9%82|ext:
mpos:1,click:user_wbcount">4041</a></span>
        </p>
        <p>简介：这里有一只狐狸，幸福，感恩，知足，爱~><</p>
        <p>标签: <a href="/user?tag=%E5%8C%97%E4%BA%AC%E4%BA%BA&amp;
Refer=Suser_tag">北京人</a><a href="/user?tag=B%E5%9E%8B%E8%A1%80&amp;
Refer=Suser_tag">B 型血</a><a href="/user?tag=%E5%A4%84%E5%A5%B3%E5%BA%A7&amp;
Refer=Suser_tag">处女座</a><a href="/user?tag=%E7%B4%AB%E6%9B%A6&amp;
Refer=Suser_tag">紫曦</a><a
href="/user?tag=%E4%B8%80%E5%8F%AA%E7%8B%90%E7%8B%B8&amp;Refer=Suser_tag">一只
狐狸</a><a href="/user?tag=80%E5%90%8E&amp;Refer=Suser_tag">80 后</a><a
href="/user?tag=%E5%B9%B3%E5%87%A1%E5%B0%8F%E6%BC%94%E5%91%98&amp;Refer=Suser_
tag">平凡小演员</a></p>

        <p>职业信息: <a
href="/user?work=%E5%98%89%E8%A1%8C%E4%BC%A0%E5%AA%92+%E6%9D%A8%E5%B9%82%E5%B7
%A5%E4%BD%9C%E5%AE%A4&amp;Refer=Suser_work">嘉行传媒 杨幂工作室</a></p>
        </div>
```

响应信息在\<div class="info"\>\</div\> 标签内。根据自身需求选择需要获取哪些响应信息，比如地点、认证信息、关注、粉丝、微博、简介、标签、职业信息等。读者需要多分析几个请求，查看一下哪些信息可能会缺省，比如搜索的结果不带有职业信息等。代码中需要进行兼容处理。

2. 项目组织

借鉴 go-elasticsearch 的项目组织思想，将项目划分为 3 个层级：

- seapi层：完成对各搜索结果的组织。
- setransport层：完成对真实的发起网络请求以获取响应层。
- search层：上游层，完成对外开放接口层。

同样借鉴 go-elasticsearch 的项目命名方式，将 seapi 层的代码组织成统一的风格：

```
>> tree -L 1 esapi
├── api._..go
├── api.interface.go
├── api.response.go
├── api.string.go
├── api.url.go
├── api.wechat.account.go
├── api.wechat.article.go
├── api.wechat.go
├── api.weibo.go
├── api.weibo.passage.go
├── api.weibo.passage_test.go
├── api.weibo.picture.go
├── api.weibo.picture_test.go
├── api.weibo.synthetically.go
├── api.weibo.topic.go
├── api.weibo.topic_test.go
├── api.weibo.user.go
├── api.weibo.user_test.go
├── api.weibo.video.go
├── api.weibo.video_test.go
├── api.zhihu.go
├── api.zhihu.topic.go
├── api.zhihu.topic_test.go
└── doc.go
```

3. 代码开发

（1）seapi层

① 定义接口：

```
// api.interface.go

type SearchApi interface {
    Do(ctx context.Context, transport Transport) (*Response, error)
}

type Transport interface {
    Perform(*http.Request) (*http.Response, error)
}
```

② 开发具体的模块，以微博找人为例：

```go
// api.weibo.user.go
// api 组合会使用到初始化操作
func newWeiBoUser(t Transport) WeiBoUser {
    return func(name string, o ...func(*WeiBoUserRequest)) (response *Response,
err error) {
        var r = &WeiBoUserRequest{
            Query: name,
            host:  defaultWBHost,
        }
        for _, f := range o {
            f(r)
        }
        return r.Do(context.TODO(), t)
    }
}

type WeiBoUser func(query string, o ...func(*WeiBoUserRequest)) (*Response,
error)

type WeiBoUserRequest struct {
    Query  string
    host   string
    format string
}

func (W *WeiBoUserRequest) Do(ctx context.Context, transport Transport)
(*Response, error) {
    var (
        method string
        path   strings.Builder
    )
    method = http.MethodGet
    path.WriteString("user")

    W.formatUrl(path.String())
    log.Println("user url", W.format)
    u, e := url.Parse(W.format)
    if e != nil {
        log.Println(e)
        return nil, e
    }
    // 设置请求参数
    query := u.Query()
    query.Set(defaultQueryKey, W.Query)
    query.Set(defaultReferKey, defaultReferUser)
    u.RawQuery = query.Encode()
    req, e := http.NewRequest(method, u.String(), nil)
    if e != nil {
        log.Println(e)
        return nil, e
    }
```

```
// 定义请求标头信息
req.Host = defaultWeiBoHost
req.Header.Add("User-Agent", defaultWeiBoUserAgent)

// 调用接口的能力
response, e := transport.Perform(req)
if e != nil {
    log.Println(e)
    return nil, e
}
results := W.parse(response)
if len(results) == 0 {
    log.Println("No Result")
    return nil, errors.New("no result")
}
// 重新组织响应
newResponse := newResponse(results, response)
return newResponse, nil

}
```

其中，Do 方法主要完成组织 URL，方便构造 http.Request，比如请求参数的组织、标头信息的定义等。

当然，其中调用了一些辅助方法，比如 W.format、W.parse。这些方法不可导出，只可在内部调用。

```
// 组织 url
func (W *WeiBoUserRequest) formatUrl(path string) {
    W.host = defaultWBHost
    W.format = fmt.Sprintf("%s/%s", W.host, path)
}

// 对 `<div class="info"></div>` 数据进行处理
// 主要使用 CSS 选择器对标签进行处理，获取数据
func (W *WeiBoUserRequest) parse(response *http.Response) []WeiBoUserResponse {
    doc, e := goquery.NewDocumentFromReader(response.Body)
    if e != nil {
        log.Println("goquery new document fail", e.Error())
        return nil
    }
    var results []WeiBoUserResponse
    doc.Find(".info").Each(func(i int, selection *goquery.Selection) {
        var result WeiBoUserResponse
        href, _ := selection.Find("div").First().Find("a").First().
Attr("href")
        result.Blog = fmt.Sprintf("https:%s", strings.TrimSpace(href))
        result.Name = strings.TrimSpace(selection.Find("div").First().
Find("a").First().Text())
        local := strings.TrimSpace(selection.Find("p").Eq(0).Text())
        replacer := strings.NewReplacer("\n", "", "个人主页", "", " ", "")
        result.Local = replacer.Replace(local)
        result.Description = strings.TrimSpace(selection.Find("p:contains(简
介)").Text())
```

```
    if selection.Find("p").Find("span").Size() == 3 {
        numbers := selection.Find("p")
        result.Following = numbers.Find("span").Eq(0).Text()
        result.Follower = numbers.Find("span").Eq(1).Text()
        result.PublishNumber = numbers.Find("span").Eq(2).Text()

    }
    if selection.Find("p").Eq(1).Find("span").Size() == 0 {
        result.Content = strings.TrimSpace(selection.Find("p").Eq(1).Text())
    }
    tags := selection.Find("p:contains(标签)")
    tags.Find("a").Each(func(i int, selection *goquery.Selection) {
        result.Tags = append(result.Tags,
strings.TrimSpace(selection.Text()))
    })
    result.Jobs = selection.Find("p:contains(职业信息)").Find("a").Text()
    //log.Println(fmt.Sprintf("%#v", result))
    results = append(results, result)
    })
    return results
}

type WeiBoUserResponse struct {
    Blog           string
    Name           string
    Local          string
    Description    string
    Content        string
    Follower       string       // 粉丝
    Following      string       // 关注
    PublishNumber  string       // 微博数目
    Tags           []string     // 标签
    Jobs           string       // 职业信息
}

type WeiBoUserResponses []WeiBoUserResponse
```

其他模块几乎参照同样的思路、命名规则、代码组织进行操作。

（2）setransport层

seapi 层只是调用了 Transport 的 Perform 能力，并没有真实地完成网络请求操作。setransport 层就是用来实现 Transport Interface 的。

```
// setransport/transport.go

type CacheTransport struct {
    mux  sync.Mutex
    Data map[string]io.ReadCloser
    Ori  http.RoundTripper
}

func newCacheTransport() *CacheTransport {
    return &CacheTransport{
        Data: make(map[string]io.ReadCloser),
```

```go
        Ori:  http.DefaultTransport,
    }
}

func (C *CacheTransport) set(r *http.Request, res *http.Response) {
    // 获取网络请求数据
    // key: 代表 url
    // val: 代表网络请求响应
    C.mux.Lock()
    defer C.mux.Unlock()
    body := ioutil.NopCloser(res.Body)
    C.Data[r.URL.String()] = body
}
func (C *CacheTransport) get(r *http.Request) (io.ReadCloser, error) {
    // 获取网络请求数据
    C.mux.Lock()
    defer C.mux.Unlock()
    if val, ok := C.Data[r.URL.String()]; ok {
        return val, nil
    }
    return nil, errors.New("key not found")
}

func (C *CacheTransport) RoundTrip(r *http.Request) (*http.Response, error) {
    if val, err := C.get(r); err == nil {
        return &http.Response{
            StatusCode: http.StatusOK,
            Header:     r.Header,
            Body:       val,
            Request:    r,
        }, nil
    }

    resp, err := C.Ori.RoundTrip(r)
    if err != nil {
        return nil, err
    }
    C.set(r, resp)
    return resp, nil
}
```

实现了一个带缓存的真实发起 HTTP 请求的模块，使用的是 http.RoundTripper，主要思路是获取缓存，如果存在就直接返回，否则将发起网络请求。

```go
// setransport/connect.go
type Client struct {
    Query     string `json:"query"`
    transport *CacheTransport
}

func NewClient(query string) *Client {
    return &Client{
        Query:     query,
```

```
        transport: newCacheTransport(),
    }
}

func (C *Client) newRequest() *http.Request {
    return nil
}

func (C *Client) Perform(r *http.Request) (*http.Response, error) {
    // 真实的数据处理，实现了 Transport 接口
    // 更底层的网络请求由 transport 来实现，先读取缓存，否则就发起请求
    return C.transport.RoundTrip(r)
}
```

定义客户端将带缓存的 CacheTransport 作为 Client 的属性，主要使用到组合的实现，其次 Client 具有 Perform 方法，实现了（seapi 层）Transport 接口。

（3）search层

对外暴露稳定的上游层，主要组合 seapi 层的 API 和 seapi 层的 Transport 接口。

```
// search.go
type ClientConfig struct {
    Query string `json:"query"`
}

func NewClientConfig(query string) *ClientConfig {
    return &ClientConfig{
        Query: query,
    }
}

// 组合
type Client struct {
    *seapi.API
    Transport seapi.Transport
}

func NewClient(cfg ClientConfig) *Client {

    // 实例化 Client 的 Transport 时调用了 setransport 的 NewClient
    transport := setransport.NewClient(cfg.Query)
    return &Client{
        Transport: transport,
        API:       seapi.New(transport),
    }
}
func (C Client) Perform(request *http.Request) (*http.Response, error) {
    return C.Transport.Perform(request)
}
```

4. 测试验证

```
// example/main.go
func Demo3WeiBoUser(query string) {
    req := seapi.WeiBoUserRequest{
```

```
        Query: query,
    }
    client := setransport.NewClient(req.Query)
    response, _ := req.Do(context.TODO(), client)
    log.Println(response.String())
}
func Demo4WeiBoUser(query string) {
    cfg := search.NewClientConfig(query)
    client := search.NewClient(*cfg)
    response, _ := client.WeiBo.User(cfg.Query)
    log.Println(response.String())
}

func main() {
    Demo3WeiBoUser("杨幂")
    Demo4WeiBoUser("杨幂")

}

>>
2019/12/23 16:59:00 user url https://s.weibo.com/user
2019/12/23 16:59:01 [200 OK] [{"Blog":"https://weibo.com/yangmiblog","Name":"
杨幂","Local":"北京","Description" ...

2019/12/23 16:59:01 user url https://s.weibo.com/user
2019/12/23 16:59:01 [200 OK] [{"Blog":"https://weibo.com/yangmiblog","Name":"
杨幂","Local":"北京","Description"...
```

同样使用两种方式实现了对微博找人数据的聚合。

读者可以根据同样的思路实现其他模块的开发，具体实施过程中其实涉及很多细节，但在开发之前不应该想过多的细节，而应该从整体进行思考。

参考源代码：https://github.com/wuxiaoxiaoshen/search。

另外，还有一个基于同样的思路实现的"卡通图表库"，参考地址为 https://github.com/wuxiaoxiaoshen/cartooncharts。

12.7　本 章 小 结

本章的主要内容是面向接口开发，阅读 go-elasticsearch 官方的客户端，研究其面向接口和组合的编程思想，进一步借鉴在自己的项目中，达到为己所用的目的。

作为开发者想要持续地进步，不可避免地需要学习先进的开发思想，不断地在项目中实践。

第13章

Go 学习路径

通过前面的学习，读者应该能够从各种项目示例中感受到 Go 具体可以用在哪些场景中，比如命令行、网络爬虫、Web 开发、图表库等。

本章将尝试总结适用于开发者的 Go 学习路径，希望对读者有所启发。

13.1 内 置 库

内置库是使用较为频繁的库，里面的诸多编程思想和实现都值得读者反复研究、认真琢磨。无数优秀的第三方库都是基于内置库完成的。

当然针对内置库，读者只需要明确基本的用法，在使用过程中能够快速地知道其方法即可，对自己要求高的读者可以认真研读其实现思想、项目组织、函数命名等。

13.1.1 访问官方文档

访问官方文档的方式有两种：第一，访问地址 https://golang.org/pkg/；第二，使用 godoc 命令本地访问。

在 Golang 1.13 版本中 godoc 命令被移除了，读者需要自行安装。

```
go get golang.org/x/tools/cmd/godoc
>> godoc --http=:8080
```

在浏览器中输入地址 http://localhost:8080 即可访问本地文档。

13.1.2 文档的组织

读者肯定会有疑问，这个官方文档如何呈现出页面中的内容？

答案：注释。官方对这种文档的组织有要求，比如 Package 层级的注释、函数层级的注释、示例的注释等都会映射在文档中。提醒读者注意这一点，编写代码最好带有统一的注释风格，一方面是具有可读性，另一方面是具有可维护性。

下面以官方内置库 bytes 为例来讲述如何对库进行文档组织，如图 13-1 所示。

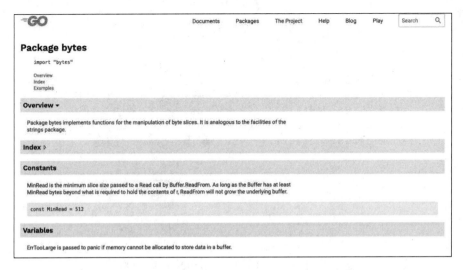

图 13-1　内置库文档

1. Package 层级

主要描述这个库的用途是什么，注释中以 Package 开头，即对应 Overview 显示的部分。

```
// bytes/bytes.go
// Package bytes implements functions for the manipulation of byte slices.
// It is analogous to the facilities of the strings package.
package bytes
```

2. 函数、结构体方法层级

主要描述各函数的作用、结构体的用途以及结构体的方法的用途，即图 13-1 中 Index 显示的内容，且只显示可导出的函数、结构体和方法（首字母大写）。在函数、结构体或者方法的上面编写注释，最后会转换成文档，如图 13-2 所示。

```
// bytes/bytes.go
// Contains reports whether subslice is within b.
func Contains(b, subslice []byte) bool {
    return Index(b, subslice) != -1
}
```

func Contains

```
func Contains(b, subslice []byte) bool
```

Contains reports whether subslice is within b.

▾ Example

```
package main
import (
        "bytes"
        "fmt"
)
func main() {
        fmt.Println(bytes.Contains([]byte("seafood"), []byte("foo")))
        fmt.Println(bytes.Contains([]byte("seafood"), []byte("bar")))
        fmt.Println(bytes.Contains([]byte("seafood"), []byte("")))
        fmt.Println(bytes.Contains([]byte(""), []byte("")))
}
```

Run　Format　Share

图 13-2　导出的函数注释会转换为文档

示例（Example）是如何显示的呢？

```
// bytes/example_test.go
func ExampleContains() {
    fmt.Println(bytes.Contains([]byte("seafood"), []byte("foo")))
    fmt.Println(bytes.Contains([]byte("seafood"), []byte("bar")))
    fmt.Println(bytes.Contains([]byte("seafood"), []byte("")))
    fmt.Println(bytes.Contains([]byte(""), []byte("")))
    // Output:
    // true
    // false
    // true
    // true
}
```

第 6 章曾描述过如何进行样本测试，即以 Example_ 开头的函数，其结果以注释的形式进行描述，最后在文档内都会显示成示例。

13.1.3　阅读内置库

笔者建议定期归纳总结内置库的使用方法，另外在《编写可读代码的艺术》一书中也建议定期性地对库进行总结，所谓温故而知新。

1. 学习其代码组织方式

比如 crypto 包中包含一系列的加密包。相似功能的内容几乎都有一致的代码组织方式、命名和组织结构。

```
>> ls crypto
aes
cipher
...
rsa
sha1
sha256
sha512
...
```

2. 学习其面向接口、面向对象的编程思想

内置库使用接口常见的库是 io 库，阅读源代码可以发现内置了一系列的 Interface 定义，也有一系列 Interface 接口的组合。

```
type Reader interface {
    Read(p []byte) (n int, err error)
}
type Writer interface {
    Write(p []byte) (n int, err error)
}
type Closer interface {
    Close() error
}
```

```
type Seeker interface {
    Seek(offset int64, whence int) (int64, error)
}
...
```

可以发现其命名规范也存在类似的特点，以 _er 结尾。

3. 多用思维导图来总结常用功能

比如第 4 章大量使用思维导图组织内置库的常用功能，这样使读者做到心中有数，在真实开发场景下能够快速迭代开发。

阅读内置库其实是一项非常繁重的"工程"，读者最好从自身的问题场景出发，针对性地研究其用法，比如 Web 开发经常用到 net/http 库，这时就可以阅读其源代码，针对性地解决自身的问题。

13.2　版 本 管 理

在官方没有推出正式的版本管理工具之前，社区存在许多的版本管理工具，比如 govendor、dep、glide 等，这些版本管理工具都从不同的侧重点管理项目中需要用到的第三方库，并没有一个统一的规范。

Go 已经推出 1.13.4 正式版本，新版本推荐使用 Go Module 进行版本管理，也是官方推荐的，几乎所有热门的开源项目都转用 Go Module 进行版本管理。

如何使用 Go Module 进行版本管理？下面以托管在 GitHub 上的项目为例进行介绍。

13.2.1　初始化

```
cd chapter14/project && go mod init github.com/wuxiaoxiaoshen/chapter14/project
```

初始化指定了 Package 的导入路径，意味着包内使用对应的结构体或者函数，需要导入的路径是 github.com/wuxiaoxiaoshen/chapter14/project。

```
// main.go
import (
    "fmt"
    "github.com/wuxiaoxiaoshen/chapter14/project/internal"
)

func main() {
    v := internal.NewVersion("v0.14")
    fmt.Println(v.GetValue())
}
```

内部 internal 定义了一个结构体 Version 和相应的方法 GetValue，内部导入需要显式地指定导入路径。

在项目内自动创建一个名为 go.mod 的文件，初始化时内容如下：

```
module github.com/wuxiaoxiaoshen/chapter14/project

go 1.13
```

13.2.2　下载

如果需要使用到第三方库，在项目内使用 go get 下载对应的包：

```
go get github.com/spf13/cobra
```

此时会自动编辑 go.mod、go.sum 文件，保持依赖关系和对应的版本。

```
module github.com/wuxiaoxiaoshen/chapter14/project

go 1.13

require github.com/spf13/cobra v0.0.5
```

Go Module 的原理就是依赖这两个文件进行版本管理。

如果克隆别人的开源代码，如何下载相应的依赖库呢？

```
go mod download
```

真实的库下载在$GOPATH/pkg/mod 目录下。

13.2.3　移除不需要的模块

```
go mod tidy
```

这个命令指的是项目中引入了不需要的库时，可以执行该命令进行移除操作。

Go Module 的亮点不仅仅在于提供简单的版本管理，还提供了以下功能：

- 使用Replace替换包。
- 语义化版本管理。
- 解决依赖库冲突的问题。
- 自动查找包依赖。

通常来说，使用 go mod init、go mod tidy、go mod download 这几个命令就能覆盖绝大多数应用场景。读者在项目内对 go.mod、go.sum 进行代码版本管理，这样别人使用时也能使用命令获取到依赖库。推荐读者使用这种方式。

13.3　测试驱动开发

读者需要充分使用测试驱动开发的原理，尽管绝对的测试驱动步骤比较严谨，但作为开发者，还是需要借鉴这种开发思路，辅助自己编写正确的代码。如果不是技能过硬，对于任何不确定的内容都需要编写相应的测试。

如果读者仔细阅读本书提供的相应源代码，那么经常会看到单元测试，用于及时地验证所编写代码的正确性。

```
// internal_test.go
package internal

import (
    "fmt"
```

```
    "testing"
)
func TestVersion(t *testing.T) {
    v := NewVersion("v0.15")
    fmt.Println(v.GetValue())
}
```

社区内有开发者借鉴测试驱动的思想学习编程：https://github.com/quii/learn-go-with-tests。

简单来说，单元测试的意义是：维护代码的正确性，尤其是项目越来越复杂，翻开任何一个开源项目都能看到测试。希望读者重视这种编程思想。

13.4 命 令 行

任何编程语言都可以编写命令行工具，那么编写命令行工具的重点是什么，是实现吗？笔者认为实现不是最重要的，重要的是如何组织命令、子命令、参数、结构化地显示结果等。这些才是用户最终能持续使用命令行工具的关键。

关于这些命令、子命令、参数的组织，无外乎前期讨论需求，开发者需要明确需求到底是什么。借用一些思维导图工具对预期的结果进行结构化的组织，最终的结果是显示 JSON、表格还是纯文本，需要斟酌着考虑。

建议读者阅读一些优秀的命令行工具，借鉴其组织方式，比如 Docker、Kubectl 这类对开发非常友好的命令行工具。当然，这进一步需要读者具备阅读源代码的能力。

对于命令行界面的开发，笔者只推荐这两个库：

- cobra: https://github.com/spf13/cobra
- urfave/cli:https://github.com/urfave/cli

13.5 Web 开发

开源社区存在许多 Web 框架，这些框架确实在某种层面上精简了开发者的代码，封装得非常优雅，对于业务开发选择任何一款流行的 Web 框架（比如 Gin、Echo、Iris），问题都不会太大，都可以实现业务需求。

然而，Web 开发的核心并不是熟练地使用这些 Web 框架，而是理解需求。

理解需求为什么这么重要？代码的实现便是需求的实现，理解需求不到位，代码写得再多也是浪费。读者需要花更多的时间用于前期思考，比如如何进行项目组织，能更大化地提高系统的可扩展性。具体到业务开发，如何处理请求、认证、响应信息、正确信息的返回、错误信息的返回等，这也是笔者为什么花大篇幅介绍 Web 开发的原因。

项目开发只是整个项目周期中的一环，要让项目稳定地运行还包含诸多环节，比如如何部署、多组件之间的交互、对项目进行监控与可视化、应对故障等。

Web 开发是 Go 应用的一个领域，框架能够提高开发的速度，但是归根结底，读者还需要掌握一套自己组织的 Web 开发的整体思路。

Web 开发框架推荐使用：

- iris：https://github.com/kataras/iris。
- gin：https://github.com/gin-gonic/gin。
- echo：https://github.com/labstack/echo。

13.6 SQL 与 ORM

使用持久化存储在项目中非常常见，比如关系型数据库有 MySQL、PostgresSQL，非关系型数据库有 MongoDB、Redis 等。

ORM 技术的出现精简了开发者在项目内频繁使用的 SQL 语句，因为 SQL 语句的可读性不高，代码内充斥着 SQL 语句会影响维护和阅读。推荐读者使用 ORM 技术。ORM 封装了 SQL 语句，比如查询、删除、增加、更新等。如何才能使用好 ORM 呢？

读者需要体会到：编程语言只是实现过程，编程整体是一个系统工程，编程实现只是其中小小的一环。

要使用好 ORM，其核心还是掌握关系型数据库的原理、优化、索引等。受自身项目所限，读者使用基本的 SQL 功能就能完成任务，如果数据量大了，那么势必会遇到查询缓慢的问题；如果服务失联，那么势必会遇到数据丢失的问题。这些才是关系型数据库使用的核心，读者需要懂得索引的原理、索引的优化，才能设计更加健壮的模型，完成任务的同时使系统具备持续迭代的能力。

建议读者熟练掌握编程语言的同时多研究基础原理，这些原理的掌握才是读者应对繁复变化的核心竞争力。

13.7 系 统 工 程

本节尝试给出一个整体的开发流程，希望对读者有所启发。

13.7.1 需求讨论

这一环节是让开发者明确该实现什么。真正的互联网公司需求讨论环节往往是产品经理负责，开发者在需求讨论环节要尽可能参与进去，这样才能明确需求，也能够培养开发者的沟通能力、对产品的把控能力以及对开发难度和时间的预估能力。

如果读者没有真实的需求，在实现项目的过程中，前期的准备工作也尽量按照这样的思路进行，比如给项目定一个实现的结果、预估一个实现的周期等，从而培养自己的能力。

13.7.2 迭代开发/测试

开发者根据需求进行项目开发。项目开发完全是由开发者决定的，由于开发过程中对用户不可见，因此开发者接收到的反馈意见就会比较少。开发者需要合理地组织自己的项目结构；如果没有思路，就借鉴别人优秀的项目组织结构。开发过程中也需要及时地编写单元测试，验证自身代码的正确性，测试是维护代码正确性非常重要的方法。

针对真实的产品，产品上线前往往有测试人员进行功能测试，这一步非常重要，可以进一步验证产品逻辑的正确性。鼓励读者编写程序后开源出来，接受更多用户的使用，及时迭代修复功能。

在开发过程中通常需要与其他组件交互，比如持久化存储 MySQL、缓存 Redis、搜索 ElasticSearch、消息队列 Kafka 等。

开发不是一个独立的环节，一套完善的系统需要应用许多技术。这些技术的选型都有对应的使用场景，随着技术的精进，面对不同的问题，开发者需要持续学习其他技术，以便完善整个系统。

13.7.3　代码版本管理

开发持续迭代，代码需要及时进行版本管理，推荐使用 Git 进行代码管理。那么代码是否托管在 GitHub 上呢？这个可以根据读者的喜好来选择，也可以选择市面上其他同类的产品，如 GitLab、BitBucket 等，开源的产品当然优先选择 GitHub。有些企业对代码比较重视，内部会搭建类似的托管平台。

代码版本管理一个比较重要的环节是分支管理。

一般的工作流程是维护两个分支：master 和 dev，master 是稳定的线上分支，dev 是测试分支。多个开发者协同开发，不断地从自己的分支上将代码合入 dev 分支，用于测试功能，待迭代结束，把开发者维护的分支合入 master 分支。

另一个重点是 commit message 的编写，建议开发者约束一个规范，而不是随意无意义地进行信息提交。

比如：

- feature：功能代码。
- fix：修复代码。
- release：预发布代码。

简单来说，规范很重要，具体怎么规范没有明确的要求，协同开发者协商一致即可。

规范的好处就是统一。开发者按照一致的规范进行开发，会给后期维护、排查问题等带来极大的便利。

13.7.4　持续集成（CI）

开源产品持续集成选择 GitHub Action 足够了。读者可能会有疑问，持续集成内需要进行什么操作？

针对 Go 项目，一般来说持续集成触发的动作有代码规范（go vet）、代码规整化（go fmt）、单元测试（go test）、镜像编译（docker build）等。事实上，具体的步骤完全可以由开发者自己决定，这里列举的是笔者认为相对重要的环节。

这些环节的作用是保障新合入的代码正确可用。

如果自己没有什么思路，那么可以参考一些开源的思路：

```
Awesome-actions: https://github.com/sdras/awesome-actions
```

13.7.5　持续部署（CD）

读者需要积极拥抱容器思维，将自己编写的服务容器化，即使用 Docker 构建镜像，好处是可以维护开发环境的一致性，跨平台部署非常方便。阅读开源项目，经常会看到项目内托管的 Dockerfile 文件，这些文件的作用就是构建镜像的具体执行命令：

```
Docker: https://www.docker.com/
```

13.7.6　多组件部署

应用或者服务容器化之后，如何部署呢？单节点部署其实很简单，在服务器上启动对应的容器即可，如果是多组件，那么可以使用 docker-compose 编排组件进行部署；如果是多节点部署组件服务，那么比较流行的做法是使用 Kubernetes，幸运的是 Docker、Kubernetes、Etcd 等组件都是使用 Docker 编写的，在容器、编排领域经常需要使用 Go 开发，所以云计算也是 Go 的一个非常重要的应用领域。Kubernetes 是多组件、多节点部署的流行方案，遇到这种场景可以选择这种方式编排部署容器。鉴于篇幅有限，这里不涉及 Kubernetes 领域的知识。

13.7.7　监控运维

Prometheus是近年来比较火的开源监控框架。Prometheus灵活性高，模块间比较解耦，比如告警模块、代理模块等都可以选择性配置。服务器端和客户端都是"开箱即用"的，不需要进行安装。

Prometheus 的界面看起来非常简单，我们还需要 Grafana 这个非常强大且常用的监控展示框架。这两种框架配合使用对运维监控效果非常好，建议读者遇到监控运维场景选择这种方案。

- Prometheus：https://prometheus.io/。
- Grafana：https://grafana.com/。

编程是一个系统工程，涉及许多环节，技术也不是孤立的，一个完备的系统需要许多技术的结合。希望读者能从这些简单的路径描述中明确开发的整体过程。